幼儿教师的沟通与表达

主　编　卢云峰　杨　毅　王艳冰　赵　倩

副主编　田立萍　王晓丹　郎少萍

北京理工大学出版社

BEIJING INSTITUTE OF TECHNOLOGY PRESS

内 容 简 介

本教材采用项目教学法，强化能力训练，将幼儿教师的沟通与表达归纳为五大项目，每一项目下又分若干任务，将简明理论、典型案例、能力训练融为一体，按照"学习目标"—"任务导入"—"知识要点"—"案例描述"—"拓展阅读"—"小贴士"的逻辑顺序展开。体例新颖、贴近现实、突出实用、强化实训是本书的基本特色。具体内容包括：项目一：幼儿教师的必备素养；项目二：幼儿园常规活动中的沟通技巧；项目三：幼儿园教育教学活动中的沟通技巧；项目四：幼儿教师与家长的沟通技巧；项目五：幼儿教师在其他工作中的沟通技巧。

图书在版编目（CIP）数据

幼儿教师的沟通与表达／卢云峰等主编 .—北京：北京理工大学出版社，2017.8
（2022.1 重印）

ISBN 978 - 7 - 5682 - 4517 - 3

Ⅰ.①幼…　Ⅱ.①卢…　Ⅲ.①幼教人员－人间关系　Ⅳ.①G615

中国版本图书馆 CIP 数据核字（2017）第 187156 号

出版发行／北京理工大学出版社有限责任公司
社　　址／北京市海淀区中关村南大街5号
邮　　编／100081
电　　话／（010）68914775（总编室）
　　　　　（010）82562903（教材售后服务热线）
　　　　　（010）68944723（其他图书服务热线）
网　　址／http：//www. bitpress. com. cn
经　　销／全国各地新华书店
印　　刷／涿州市新华印刷有限公司
开　　本／787 毫米×1092 毫米　1/16
印　　张／15　　　　　　　　　　　　　　　　责任编辑／李慧智
字　　数／353 千字　　　　　　　　　　　　　文案编辑／李慧智
版　　次／2017 年 8 月第 1 版　2022 年 1 月第 3 次印刷　　责任校对／周瑞红
定　　价／45.00 元　　　　　　　　　　　　　责任印制／李志强

幼儿教师的沟通与表达是学前教育专业的专业基础课，旨在使学前教育专业学生和幼儿教师比较全面、系统地掌握幼儿教师口语的基本理论，了解我国幼教政策法规，认识幼儿园教育教学的特点，切实提高口语交际能力和教育教学口语表达能力。

本教材与同类教材相比，有自己鲜明的特色。一是体例新。本教材将项目教学引入幼儿教师的沟通与表达，把幼儿教师的沟通与表达分为五大项目，每一项目下又分若干任务。按照"学习目标"—"任务导入"—"知识要点"—"案例描述"—"拓展阅读"—"小贴士"的逻辑顺序展开；例文贴近现实，突出实用，既可满足学生对知识的需求，又能适应学生择业的需求。二是立足幼儿教师岗位，强化实训教学设计，淡化理论，强化实践。精心选编具有典型性、代表性、普遍性且可借鉴的幼儿园教育教学过程案例，通过这些案例展现幼儿园教育教学的全过程，凸显幼儿园教育教学等工作中语言运用的实践性、可操作性。这些具有实操性和借鉴意义的案例，可以给学前教育专业学生以及幼儿教师以启发。

本教材的编写原则、内容和体例由盘锦职业技术学院的卢云峰教授确定，由具有多年教学经验的教研室主任王艳冰老师担任主审。全书共分五个项目，分工如下：卢云峰：项目二（幼儿园常规活动中的沟通技巧）的任务1；杨毅：项目三（幼儿园教育教学活动中的沟通技巧）的任务1、任务2、任务3；王艳冰：项目四（幼儿教师与家长的沟通技巧）；赵倩：项目二（幼儿园常规活动中的沟通技巧）的任务2；田立萍：项目一（幼儿教师的必备素养）；王晓丹：项目五（幼儿教师在其他工作中的沟通技巧）；郎少平：项目三（幼儿园教育教学活动中的沟通技巧）的任务4。

在编写本书过程中，我们借鉴了部分相关教材及网络资料，在此向有关人士致以诚挚的谢意。

编　者
2016 年 12 月

CONTENTS 目录

项目一
幼儿教师的必备素养

任务 1 沟通与表达的内涵
Misson one

 学习目标

1. 沟通与表达是处理人际关系的基础，有效了解沟通与表达的内涵有助于我们处理好幼儿、家长与教师之间的关系。

2. 掌握良好的沟通与表达原则、内容是教师基本功要求之一。

3. 识记沟通与表达技巧，达到学以致用的目的。

4. 有效运用沟通与表达原则、技巧是教师、家长、幼儿之间形成和谐融洽的社会、家庭关系的重要保障。

任务 1.1 沟通与表达的内涵及作用

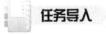 **任务导入**

一位妈妈为了照顾孩子辞去工作，全职在家。孩子语言表达能力很强，喜欢说甜言蜜语，每天被妈妈打扮得干干净净，很讨人喜欢，但是她自己动手的愿望不强，每次让小朋友自己洗手吃饭时总落到最后，并且对老师说："老师，你帮帮我吧。"此时老师都会说："你看其他小朋友都是自己的事情自己做。"她就说："就帮我这一次嘛，求求老师妈妈了。"放学的时候老师把这个情况告诉了家长，但没想到妈妈听了哈哈大笑，觉得孩子很可爱，说声"谢谢老师了"便带着自己孩子离开了学校。

思考：如果你是这位幼儿教师，你该如何与孩子家长沟通，让家长注意到孩子成长中的教育问题？

 知识要点

一、沟通与表达的内涵

语言是人与人交流中不可缺少的重要工具。语言的沟通与表达既是一门学问，也是一门艺术。诸葛亮曾经在赤壁战争中以"三寸之舌"达到了"强于百万之兵"的效果，足以说明语言沟通与表达的重要作用。在人类的生存活动中，没有一样是离得开语言的。在人际交往的过程中，语言总是能给人留下第一印象，会说话的人会让人感到春日般的温暖，而不会说话的人则会让人感到冬日般的严寒。

沟通指用一定的交流方式使双方彼此之间通达，是指为达到一定目的，将信息、思想和情感传送给对方，并期望得到对方做出相应反应的过程。在现实生活中，沟通有助于人与人之间的和谐相处、融洽交往，起到密切关系、促进工作的目的。教师的沟通技能已经被许多国家或地区列为教师的基本功，受到高度的重视。而在实际的工作中，我们也能够体会到沟通的重要性，特别是在幼儿园，对我们幼儿教师来说，具有良好的沟通技能尤为重要。

然而幼儿教师的沟通技能所涉及的范围非常广，如幼儿教师与幼儿之间的沟通，幼儿教师与家长的沟通，幼儿教师之间的沟通，幼儿教师与管理者之间的沟通，幼儿教师与社区人员的沟通，等等。其实讲话犹如演奏竖琴，既需要拨弄琴弦演奏出音乐，也需要用手按住琴弦不让其出声。所以了解幼儿教师的沟通与表达是我们形成良好人际关系的基础。

我们在幼儿园经常能看见这样的现象，有的班级教师只需轻轻摇摇铃鼓或一个手势、一个眼神孩子就能迅速地安静下来，孩子和教师融洽，家长支持教师的工作，班级开展什么工作都顺利。而在有的班级，教师却要用很大的声音或动作才能让孩子安静下来开展活动，孩子之间爱动手打闹，不是你被抓就是他被挠，家长对老师有意见，常常到园长处告状。为什么会有这样的差距呢？是有的教师的业务素质不过关吗？也许是，但也不尽然。有的教师上课水平一级棒，可她带的班级家长就是意见多，有的教师教学水平中等，可家长和孩子却很欢迎她。其实这就说明了一个重要的问题，有的教师善于和孩子、家长沟通，也就是我们常说的擅长交往，有的教师却不愿多和孩子或家长沟通，或沟通技能较欠缺，故而出现以上情况。

二、沟通与表达的作用

良好的沟通与表达是处理好人际关系的基础，幼儿教师与幼儿之间也是如此。幼儿是在与周围环境的相互作用中得到发展的。幼儿进入幼儿园后，接触的是人，人与人之间，就需要交流。教师要慢慢地开启幼儿的心灵，需要用语言或非语言的方式与幼儿交流，交流的过程就是在相互作用，也就是沟通。通过交流与沟通，可以达到相互理解，彼此接纳对方的观点、行为，创造彼此新关系的动力，达到彼此互相协调的默契。要达到这种相互协调的默契，就需要教师具有较强的沟通能力。这种沟通能力，就是幼儿教师的基本功。

（1）儿童与教师的沟通，可给予儿童发展了解自己及他人的机会，沟通态度的特色在于亲切、尊重个人、表现个性、积极支持、互相回应。

（2）幼儿教师鼓励幼儿与人沟通，并提供机会促进幼儿的社交情绪、身体素质及智力水平的发展。

 案例描述

午睡是幼儿园生活的重要组成部分，是保证幼儿睡眠、提高幼儿学习质量、促进幼儿健康成长的重要环节。在舒适的环境中，还往往有个别幼儿不愿意入睡。

镜头一：

午睡不久，孩子们就发出均匀的呼吸声，只有佳佳，一会儿仰着睡，一会儿卧着睡，不一会儿又侧着睡。老师叫她快睡，可她就是翻来覆去睡不着。

镜头二：

午睡已经有一会儿了，大家都已熟睡，我坐在佳佳边上，希望她也尽快入睡。时间在悄悄流逝，佳佳翻动的声音也几乎没有了，我以为她睡着了，凑过去一看，她的两只眼睛睁得溜圆，正在被窝里认认真真地玩被子。

镜头三：

起床的时候，我们抬床到边上，却发现角落里有一堆草席末。原来睡觉的时候，佳佳偷偷地把自己的草席挖了一个大洞洞。

 分析

（1）教师要把孩子的情况跟实际联系起来，而不是只空讲大道理。比如，提醒家长不要根据自己的喜好随意推迟孩子的睡眠时间，这将会影响孩子第二天的午睡。可以将一些国外的相关研究报告告诉家长：孩子睡觉时会分泌一种叫褪黑色素的荷尔蒙，它与预防癌症有关，分泌最多的时期在 1～5 岁。通常情况下，每天 22:00 开始分泌，23:00 逐渐上升，凌晨 2—3 点达到高峰，然后逐渐下降，所以家长要培养孩子早睡早起的好习惯。

（2）佳佳从小就没有午睡习惯，在家从来都不午睡，双休日家长也上班，没时间哄她睡午觉，久而久之她便养成了不爱午睡的习惯。

 对策

（1）采用"循序渐进"的方式促进其形成良好睡眠习惯。

好习惯需要慢慢培养，坏习惯也不是一天两天就能改掉。在教育佳佳时我没有一下子要求她改掉不午睡的坏习惯，而是采用了"循序渐进"的方式，不让她觉得睡午觉是一件苦恼的事。

（2）家园配合，共同培养其良好的午睡习惯。

 反思

家园配合是教育幼儿最好的渠道。如果孩子单在幼儿园午睡，而星期天及节假日在家不午睡的话，那也无法形成良好的睡眠习惯。为此，我和家长联系，要求家长和幼儿园配合，使孩子能在家中也养成午睡习惯。

 拓展阅读

我们作为幼儿教师应该怎样来和幼儿进行沟通呢？

（一）我们要重视非言语的沟通

在幼儿园，这一沟通方式特别重要，其主要原因为：第一，对幼儿来说，动作比语言更容易理解。教师的微笑、点头、抚摸、搂抱、蹲下与幼儿交流、看着幼儿的眼睛、倾听他们说话的态度，等等，远比语言更能表达教师对幼儿的尊重、关心、爱护、肯定。第二，幼儿需要教师的身体接触。心理学实验表明，身体肌肤的接触有利于安定幼儿的情绪，让幼儿感到温暖、安全，有助于幼儿清除紧张感等。例如，对新入园的孩子，我们亲切地拉拉他的手，抱抱他，甚至亲亲他，那么孩子就会较快地和你亲近，较快地适应幼儿园的生活。反之，你对他冷淡，对他的哭闹置之不理，让他感觉不到你对他的关心和爱，那他就会哭闹很久，即便不哭了也会对你没有感情，然后变得沉默，不愿入园。

非言语沟通的途径主要是在日常生活中进行，要持之以恒地用温情和爱对待孩子。另外，教师参与到孩子的活动中去也是沟通的重要途径。

（二）我们要利用言语沟通

教师与幼儿交谈，特别是个别或小组中的交谈是与幼儿分享情感、心灵交汇的重要途径，是教师对幼儿的尊重和理解。目前，我们在实际工作中发现，教师在和孩子沟通的时候常常存在一些问题：

（1）教师习惯自己讲、孩子听，孩子缺乏对自己的见闻、感受进行讲述的机会。

（2）教师在与孩子的谈话中，批评、否定多于表扬、肯定，指导、命令多于情感、经验的交流分享。

（3）教师缺乏倾听的耐心。

（4）谈话多在集体活动中，懒于进行个别交谈。

要克服这些存在的问题，最根本的是教师要转变观念，把自己的权威地位转到与幼儿平等交流、共同分享的地位上。

在此基础上注意掌握以下的一些技能：

（1）掌握引发交谈的技能。教师应善于发现幼儿感兴趣的话题，敏锐地抓住时机，创造谈话气氛。

（2）掌握倾听的技能。

① 倾听是一种主动的过程。

在倾听时要保持心理高度的警觉性，随时注意对方倾谈的重点，要能站在对方的立场仔细地倾听，不要用自己的价值观去指责或评价对方的想法，要与对方保持共同理解的态度。

② 鼓励对方先开口。

首先，倾听别人说话本来就是一种礼貌，愿意听表示我们愿意客观地考虑别人的看法，这会让说话的人觉得我们尊重他的意见，有助于我们建立良好的人际关系，彼此接纳。其

次，鼓励对方先开口可以降低谈话中的竞争意味，培养和谐的氛围。最后，对方先开口你就会在表达自己的意见之前，掌握双方意见一致之处。

③切勿多说话。

为了避免说得过多导致和说话者产生分歧，让说话者有不愉快的感受，我们听话者尽量少说多听。

④表示兴趣，保持视线接触。

聆听时我们必须学会看着对方的眼睛，人们判断你是否在聆听和吸收说话的内容，是根据你在谈话时是否看着对方的眼睛。

⑤专心、全神贯注，表示赞同。

告别心不在焉的举动与表现。你可以点头或者用微笑表示赞同正在说话的内容，表示你与说话人意见相合。

（3）掌握面向全体、注意差异、有针对性的谈话技能。教师不仅要和爱说话、聪明的孩子交谈，还更应该和内向、不爱说话甚至口齿不清的孩子多交流。

（4）要经常和孩子谈心。谈心应该在平等亲切的气氛中进行，在谈心过程中切记不要板着面孔训人而应尊重信赖孩子，以诚动人，借助情感的暖流达到教育成功的彼岸。

在幼儿园的工作中，还有一个对象是我们教师必须经常进行沟通交流的，那就是幼儿的家长。每到离园时间，家长们都会纷纷向教师询问孩子在园的情况。曾有一位家长在跟教师交流时，面对家长的询问，教师一上来对孩子就是一顿批评，在她眼里孩子没有优点，缺点却有一大堆。这位家长听得面红耳赤，几乎喘不过气来。双方的关系也因此弄得很僵。事实上，教师与家长很需要沟通，而真诚对话是最好的沟通桥梁之一。然而，为什么有的教师三言两语就能让家长接受意见，而有的教师苦口婆心家长却不领情？关键在于教师能否站在家长的角度上换位思考，能否把话说到家长的心坎里。教师和家长如何在开心、舒心中相互交流呢？

（一）首先要了解家长

了解家长是教师和家长沟通的前提，要通过多种方式观察、了解甚至揣摩家长，如家长对孩子教育的需求、性格、教育观念、职业、文化水平、待人接物等，了解了这些我们才好有的放矢地选择采取何种方式来沟通。比如：

1. 对孩子要求过高、急于求成的家长

与这类家长沟通时，教师应多向他们解释幼儿的年龄特点，让其明白过高、过急地要求孩子只会适得其反，使幼儿丧失自信心。如不少家长问"孩子念儿歌时总是手舞足蹈，怎么办？"教师最好这样回答："孩子的思维是具体形象的，他们需要用动作来帮助自己理解儿歌内容，这是符合孩子年龄特点的。"同时告诉家长，这还是一种很好的激发孩子学习兴趣的方式，平时给孩子讲故事或描述事物时也可采用这个方法来帮助幼儿记忆。

2. 对孩子期望过低、任其发展的家长

与这类家长沟通时，教师应客观地评价孩子，既有横向比较，又有纵向比较，使家长全面地了解自己孩子的发展水平，从而对孩子提出合适的要求。除常规沟通外，教师还可积极邀请家长参与开放日等活动，让家长直观地了解自己孩子的在园情况，促使他们反思自己的教育态度，改变原有的教育观念。

3. 对孩子漠不关心、寄希望于教师的家长

与这类家长沟通时，教师应向他们宣传家园合作的重要性，使家长明白言传身教对孩子具有重要影响，从而主动承担教育责任。教师应主动"出击"，利用双休日或晚上的时间进行家访，面对面地与家长恳谈。一方面，给他们提建议，告诉他们除了满足孩子的物质需求外，不能忽视孩子的精神营养。另一方面，争取与家长建立友谊，真诚地请他们支持幼儿园教育，共同为孩子的健康发展而努力。

4. 对孩子粗暴或指责教师的家长

与这类家长沟通时，教师应采取聊天的方式，先听听家长的想法，再逐步引导他们明白自己的认识误区，重新寻找适合孩子的教育方法。如孩子之间发生矛盾时，有的家长立刻对着孩子发脾气，还当着孩子的面找老师"兴师问罪"。对这种家长，教师可采取"降温"法——主动承担责任，同时向家长解释孩子之间发生摩擦是正常现象，成人最重要的是引导孩子学会如何与伙伴友好交往。此外，教师在今后的工作中应保持耐心，使家长感受到教师的爱心，理解教师的苦心，进而愿意与教师心平气和地交流。

（二）在沟通中我们要有情感投入

要知道，教师和家长的沟通是一种特殊的人与人的交流，其特殊性在于交流的双方都共同地爱着、关心着同一个孩子，为这个孩子负责。因此，沟通是要充满爱心、关心、热心、诚心、责任心的，不要演变成告状式的沟通。

（三）要利用好各种与家长沟通的方式

与家长沟通的方式方法有很多，我们可以侧重地选择适合自己所带班情况的方法。主要有：

1. 约谈

教师与家长约谈是沟通最重要和有效的方法之一。约谈前，我们双方都要有准备，教师应简要全面地汇报孩子在园的表现，着重谈孩子的进步和优点，展示孩子的作品，并提出需改进的地方，而家长则谈谈孩子在家的表现情况，存在的问题和需要教师帮助的地方。但在约谈时，面对不同的家长我们要有不同的方法，这点在后面进行表述。

2. 设置亲子园地

提供家长沟通的意见交流布告栏，作为资讯交流。如幼儿园的行政措施要点，有关幼儿教育、保育的简要信息等。

3. 设置家长信箱

家长有任何意见，均可用书面形式投入意见箱内。有的家长喜欢这样的方式，凡是具名投书的意见，不管接纳与否，都必须尽快反应，凡事要诚恳、坦然地处理。

4. 互留电话

很多家长希望与幼儿园保持电话联系，这样的方式进行沟通方便快捷。

5. 定期开展家长会、家长开放日活动，让家长深入地了解幼儿的在园生活和学习情况

方法还有很多，总之我们的教师在与家长沟通时要注意适合的才是最好的，要站在家长的角度考虑问题，应把家长放在平等的位置上，不要把家长当成是受教育者、服从者，而应以对朋友的方式商量、恳谈，这样才会打消家长的顾虑，使家长愿意找教师沟通，从而实现双向沟通。

 小贴士

做一个好听众，鼓励别人说说他们自己。

——戴尔·卡耐基

任务1.2　沟通与表达的原则及策略

 任务导入

当代家庭是以独生子女为核心的结构模式，家长的娇惯、爷爷奶奶的溺爱使很多的孩子为所欲为。特别是有很多家长，从来不关心孩子的教育问题，只要孩子想拥有的都会尽自己最大的努力去帮助他们实现。这种情况下，很多家长最不喜欢别人指责自己的孩子。王老师是一位刚刚参加工作的幼儿教师，而且王老师班级的孩子都是富有家庭的独生子女，所以每次家长来询问孩子在幼儿园的表现时，王老师都很紧张，感觉不知道说什么、怎么说。

请问：如果你是王老师，你怎么办？

 知识要点

一、沟通与表达的原则

沟通能力是教师的基本功，需要教师和幼儿的相互配合，如果只是教师讲，幼儿听，这显然不是沟通。但是幼儿可能更倾向于和小朋友沟通，对于教师，或多或少都存在一点敬畏，不敢很自然地和教师讲话，一般都是一问一答式。如何使幼儿对教师畅所欲言，这是需要教师学习和思考的。教师在与幼儿沟通时应该注意以下问题：

（一）善于倾听

古诗曰：风流不在谈锋健，袖手无言味正长。倾听本身就是一种教育，即使没有给孩子指导和帮助。有的幼儿因为年纪太小，说话口齿不清，语言表达也不明确，你耐心地倾听也会给孩子幼小的心灵带来如沐春风之感，因为他们感受到了来自大人的尊重，会使幼儿感觉到"老师很喜欢听我说话"。也只有多倾听孩子的对话，多倾听孩子的心声，才能真正走进孩子的心灵，成为孩子的良师益友。

（二）适时沟通

所谓适时，就是教师要把握与幼儿沟通的时机，不是随时随地都适合沟通。沟通时要考虑时间、地点、幼儿的生理状况及情绪等。只有把握好这些，沟通才能达到好的效果。如一个幼儿正在全神贯注地看动画片或是做一件事时，教师走过去和他沟通一定会影响幼儿的心情，不如等到他所做的事情结束时再去，既不影响幼儿也可以针对幼儿刚才所做的事情展开话题，将会收到意想不到的效果。

（三）态度温和，语言易于理解

谈话的时候，教师要耐心听幼儿讲话，有些幼儿说话比较含糊，有些幼儿说话比较慢，千万不可打断他们讲话，也不可催促，要面带微笑地听完之后再提出来。当然，在谈话过程中必须注意的是，教师所讲的话要简单易懂。幼儿园的小朋友不是天才，如果在谈话中出现许多专业的词语或者是成语，幼儿肯定听不明白，那这个谈话就作废了。所以，语言易于理解这是关键。

二、沟通与表达的策略

在幼儿园里除了与幼儿的沟通之外，最重要的就是与幼儿家长的沟通，与家长沟通是实施家园共育的有效途径。那么，身为幼儿教师如何能与家长达到有效的沟通？

沟通的成功与否，与其说在于交流沟通的内容，不如说在于交流沟通的方式。要达到好的沟通效果，取决于交流的对方是否认可你所传递的信息。决定沟通的因素包括沟通的主体、沟通的内容和沟通的地点。因此，沟通的策略要从这3个方面入手，选择因人而异、因事而异以及因地而异的方式，才能进行有效沟通。

（一）因人而异的沟通策略

1. 根据家长性别的不同，选择不同的沟通策略

在调查中，我们发现女性家长比男性家长会更多地主动和教师交流，而且也会耐心听取教师的意见。而男性家长则很少主动和教师交流，其中部分原因是因为教师也是女性。因此，女性家长与教师之间更容易沟通，也最易成为幼儿园工作强有力的支持者。对于男性家长，他们更多的是当孩子出现了急需解决的问题时希望从教师那里获得方法或帮助。因此教师可以用简洁的语言给予反馈，或者直接告诉他们明确的建议和可行性的方法。

2. 根据家长年龄的不同，选择不同的沟通策略

在调查和观察中，我们发现年纪大的家长，特别是隔代家长，更关注幼儿的身体、饮食等生活方面的情况，对孩子过于娇惯，而很少关注幼儿其他方面的表现。年轻的家长，也就是父母，他们更关注孩子的在园表现。所以，对于年纪大的家长，教师不仅要反映孩子在园的生活情况，还要用浅显的语言宣传幼儿全面发展的观念，同时，要注意保持诚恳、尊重、亲切的态度，先做晚辈后做教师。对于年轻的家长，教师要尽量争取他们对于教育工作的支持，因为现在的家长看到激烈的社会竞争，会更理性地重视幼儿的发展，所以，教师在沟通时，可通过各种现代化的手段进行联系，听取他们的建议。

3. 根据家长对孩子的期望值，选择不同的沟通策略

在调查和访谈中，我们发现每一位家长对于自己的孩子期望值是不一样的，有的要求很高，有的则"很低"，甚至不对幼儿提任何要求。因此，针对期望过高型家长，教师要从客观、全面和发展的角度反映孩子，否则就会伤及家长的自尊心，使家长对孩子产生过激情绪。在措辞方面，教师要尽量委婉，运用先扬后抑的方法，让家长便于接受。针对期望值低的家长，像溺爱骄纵型、放任武断型的家长，教师可以提出严格的教育要求，阐述如此发展下去的不良后果，以引起家长的注意。

4. 根据家长的受教育程度，选择不同的沟通策略

家长受教育程度不同，对于孩子的教育观念也不同。现在很多受教育程度较高的家长，对于孩子的教育关注较高，在观察中发现，受教育程度较高的家长教育观念往往会出现两个极端，一个是对孩子要求过于严格，他们认为以后竞争太激烈，所以，要对孩子从各个方面进行完美打造；另一个是对于孩子过于"尊重"，认为幼儿要发扬个性和自由，结果导致孩子不能融入集体生活。事实上，这样的家长缺乏的是一个参照系数，即孩子的发展水平在群体里所处的位置。因此，与这些家长沟通时，教师要引导家长了解客观的评价观和适当的教育理念，可以从整个年龄段的发展水平来谈孩子的发展。对于受教育程度低的家长，他们往往不太重视幼儿教育，所以教师要一边和家长交流孩子的情况，一边尝试用浅显易懂的语言宣传幼儿教育的重要性，在选择需要配合的工作时，也要量力而行，并做好简单的解释工作。

5. 根据孩子的个人状况，选择不同的沟通策略

每个孩子都是不同的，其中包括孩子的年龄、性别、性格、身体状况、发展水平，等等。孩子的个人状况不同，家长的关注点也不同，沟通的侧重点和方式也不同。因此，教师平时要善于对他们进行认真观察，观察不仅可以帮助教师了解孩子的发展状况，同时，也能观察出每个孩子身上显现出的家教风格。因此，教师在与家长沟通时，才能有的放矢地提出自己对孩子的看法。

（二）因事而异的沟通策略

1. 以交流孩子情况为主的沟通策略

在这种情况下沟通，教师最好用具体的语言进行表达，其次，要借助具体事件反映孩子的表现。这样会让家长更容易理解孩子的状况，感受到教师对孩子的关注。笼统地说"很好，很聪明"，会让家长感觉到教师在应付自己，认为孩子是被忽视的。在反映孩子在园的一些缺点时，教师更要注意措辞，避免用一些过激的词语伤害到家长的自尊，所以，教师要多使用就事论事的评价方式以及发展性的评价。

2. 以反映孩子问题为主的沟通策略

教师切忌用"告状"口吻，要注意维护家长的自尊，不当着其他家长和孩子的面反映孩子缺点，同时遵循"一表扬二建议三希望"的原则。比如，"这个孩子在幼儿园里很喜欢参与各种活动，这是值得表扬的，如果多学习一些与人合作的方法，就更好了。相信我们好好帮助他，他会变得合作能力更强，更加优秀"。

3. 以布置配合工作为主的沟通策略

教师要明确交代任务，言简意赅，任务要具体，因为：第一，家长对于幼儿园的工作不十分了解。第二，每次教师与家长见面的时间有限。同时，要尽量让家长理解工作的目的，使家长心里清楚，以便更好地做好配合工作。

4. 孩子在幼儿园出现事故时的沟通策略

幼儿在幼儿园可能会出现各种状况，最严重的就是事故。这种情况下，教师除了判断准确、送医及时、处理规范外，还要安抚好家长。首先，教师要勇于承认工作中的过失或者诚心向家长表示歉意，赢得家长的理解。其次，教师要详细向家长反映事故情况，让家长清晰事实真相，可以降低家长因不了解情况而带来的焦虑、担忧和不安全感。最后，和家长一起协商做好孩子恢复工作，包括以后对孩子伤口的观察、孩子活动时的特殊照顾，等等，以此获得家长的谅解。

5. 家长因误解产生过激情绪时的沟通策略

在幼儿园由于种种原因可能会让家长产生误解，使得家长情绪过激。在这种情况下，教师一定要理智，控制好自己的情绪，不要急于辩解，耐心等家长说完，然后再一一向家长解释，尽量避免与家长抬杠。教师不分场合与家长争执，只会让家长认为教师对自己的孩子或者对自己有偏见，或者认为教师是不负责任的，这样更不利于沟通。教师要从家长疼爱孩子的角度理解家长的心理，并从关爱孩子的角度谈论问题，更易于家长接受。教师可以通过说："你说得很有道理。不过……""你的心情我能理解，你看这样如何……"等这样先认可再建议的方法提出自己的观点。对于蛮横不讲理的家长，教师要不卑不亢，理性地将事情解释清楚。

（三）因地而异的沟通策略

教师在与家长沟通时，一定要考虑到地点。有些一般性的沟通，教师可以在家长接送时用简短的语言在教室内与家长沟通。但是，遇到反映幼儿某方面的"问题"时，教师要注意地点，避开其他家长和孩子。人际沟通学中提到沟通主体会因沟通的地点而发生情绪、心理等方面的变化，影响沟通的效果，同时，选择地点也是对家长的一种尊重，对孩子的一种尊重。

1. 晨间或傍晚简短谈话

家长一般工作都特别忙，在幼儿园基本上都是来去匆匆，这样教师就没有时间与家长详谈，交谈必须拣最简短而又能表达教师意思的话语。

2. 采取短信或者便条的形式进行

教师可以定期把幼儿的一系列表现及需要家长协助的事项编辑成短信发给家长或者写成便条在家长来幼儿园接孩子时交给家长。也可以要求家长将自己的想法和意见写成便条让孩子交给教师。这样既可以达到沟通的目的，也有利于拉近家长与教师之间的距离，使家长对教师更加尊重和放心。

三、沟通与表达的重要性

卡耐基曾说过："如果你是对的，就要试着温和地、技巧地让对方同意你；如果你错了，就要迅速而热诚地承认。这要比为自己争辩有效和有趣得多。"我们的每一个愿望都是通过与他人沟通实现的，良好的沟通与表达能带给我们实现愿望的每一次机会，而一般人以为沟通只是能言善辩或擅于察言观色，其实不然，真正的擅于沟通者往往最懂得将沟通与表达有效结合并能够充分地表现出来。每个人都有表现欲，你若两眼注视着对方、不时地颔首微笑、偶尔插话相附和，效果比各抒己见要好得多。

好的沟通技巧及说服力，可让你处处遇贵人，时时有资源，别人做不到的事，你做得到，一般人要花5年才能达成的目标，你可能只需要2年。因为沟通及说服能力可让你建立良好的人际关系，获得更多的机遇与资源，减少犯错的机会和摸索的时间，得到更多人的支持、协助与认可。可以说，生命的品质就是沟通的品质。

幼儿的发展进步就需要我们老师加强理论的学习，用理论指导实践，同时还要认真观察幼儿，熟悉幼儿在各领域的发展、进步及存在的问题，再根据家长们职业、性格、文化修养以及教育观念的不同采取不同的沟通的方法。

和观念陈旧的家长沟通，我们直接给予教育措施，他们就很难接受，所以，我适合直接向他们反映幼儿的学习效果，如今天我们学习了什么，孩子掌握了什么，哪些地方还需要培养，在这个过程中，把我们的教育理念和教育目标慢慢渗透，逐步在思想上达成共识，以取得家长的理解和支持。

对于那些文化程度较高，具有一定现代教育观念的家长，可以先让家长了解我们的教育目标，再在具体事项和具体方法上指导家长。

 案例描述

莹莹的家长总是不理会老师讲述的关于莹莹的在园表现。他们认为孩子走进幼儿园就归老师管了，他们不需要关心。

 分析

通常这类家长主要是一些文化程度不高者，他们对自己的孩子无论是在保育还是教育方面往往抱无所谓的态度。认为只要孩子在幼儿园没有发生意外就行，其他情况他们不很在意。

 对策

对这类家长，老师要经常积极地与他们交流，把孩子的表现讲述给他们听，把孩子的作品展示给他们看，告诉他们，孩子的成就主要来自父母的帮助。让家长了解，孩子的成长离不开父母的陪伴，吸引家长参与幼儿园的活动。

 拓展阅读

幼儿教师如何更好地与家长进行沟通呢？

随着时代的进步与发展，家长的素质与教育能力也发生了很大的变化，加上中国多独生子女，家长对孩子的早期教育更加重视。那么，现在的家长有什么特点，老师们又该如何与家长沟通呢？

类型一：金口难开的家长

 分析

这类家长性格比较内向，不善言谈，因此他们不大会积极主动与老师交流。其实，他们很想了解孩子在园的情况，只是不知该如何说起。

 对策

对于这类家长，老师应该主动。主动与家长建立朋友关系，刚开始老师可以和家长拉拉家常，谈一些与教育无关的事，比如，家里的情况、最近看的电视剧等。老师还可以在家长接送孩子时与他们谈谈彼此共同关心的事，使家长觉得与老师交往很轻松，逐渐建立朋友般的关系。在此基础上，老师再慢慢地与家长交流孩子的情况，当家长和老师已经建立了朋友般的关系后，在交流孩子问题上自然而然地就会主动了。

针对家长的不善言谈，老师还可以采取让家长看孩子的活动录像、活动照片等方式进行沟通。这种方法特别适合托班、小班刚入园的孩子，由于刚入园，家长对老师比较陌生，刚开始他们对老师还处于不信任状态，如果此时老师能用实际行动证明孩子的进步，那就会消除老师与家长之间的隔阂，从而增进了解，成为朋友。

有些家长，或许不善于说，但比较善于写，所以成长档案、便条也是与这类家长沟通的有效的途径。

类型二：工作繁忙的家长

分析

这类家长工作繁忙，没有时间向老师了解孩子的情况。

对策

工作繁忙的家长接送孩子的机会较少，他们对孩子信息的了解都是间接的，如通过老人、保姆的转达，不是内容不详，就是内容不符，甚至于不传达。因此，一些现代化的联系方式就派上用场了。

1. 短信

短信是向家长传达通知的有效方式。以短信的形式向家长发通知，不但能够让家长及时、细致地了解幼儿及班里的情况，又可以防止家长遗忘通知上的重要内容。

2. 论坛

现在很多幼儿园都有自己的网站以及班级论坛。在论坛里，老师可以上传一些孩子的活动照片。这样即使家长工作再忙，无法来幼儿园，但还是可以抽空上论坛看看孩子在园的情况。

3. 群聊

老师可以给自己班里的家长建立 QQ 群、微信群，聊聊孩子在园、在家的情况，促进老师与家长间的沟通。同时，家长之间也可以相互交流育儿经验。

4. 电子邮件

对于难得上网，工作又确实忙的家长，老师可以定期向家长发邮件，让家长及时了解孩子在园的情况。

老师运用这些现代化的联系方式，能及时消除家庭与幼儿园在沟通过程中的矛盾，使工作更有时效性。

类型三：过度热情的家长

分析

这类家长积极、热情地关心幼儿园，大到积极参加幼儿园组织的活动，小到关心幼儿园的门窗是否安全，是否会伤到孩子。此类家长能积极配合老师做好幼儿园的各项工作，当然是非常受老师欢迎的家长。但是，有时候连一些鸡毛蒜皮的事他们也要管，所以也会给幼儿园带来不必要的麻烦。

 对策

老师可以请这些家长来做家委会的成员，让他们为班级的环境创设、亲子活动等出谋划策。当老师与其他家长沟通遇到麻烦时，也可以借助家长来做家园工作的桥梁，请他们代表老师跟其他家长沟通，帮助老师做好其他家长的思想工作。因为，有时候家长间的交流比老师的苦口婆心要有效得多。所以老师很需要这些不可多得的帮手。

类型四：全权委托的家长

 分析

这类家长把教育孩子的希望全部寄托在老师的身上。他们认为自己既不会教孩子学绘画、音乐，也不懂教育学、心理学知识，没有能力参与幼儿园的教育活动。

 对策

不少家长缺乏科学的育儿知识，在家庭教育中往往不顾幼儿的年龄特点和教育规律，在生活中对孩子百依百顺、溺爱孩子；在学习上则强要求，高标准，不顾孩子的好恶，强迫孩子学这学那。为了帮助家长提高育儿水平，拓宽育儿知识面、传递育儿经验，老师可以向家长宣传科学育儿知识、介绍育儿类的书刊，请家长收看育儿的电视节目等。

另外，给家长布置"作业"也是一个好办法。老师可以分期发给家长"亲子游戏问卷"，鼓励家长和孩子一起完成题目，将做好的"作业"让幼儿带回给老师改。家长通过与幼儿互动学习，对幼儿园的工作有了新的认识，就能更好地给予理解和支持。

老师不仅要充分关注、了解每个家长的经验，还要将不同的家长有机地结合与搭配在一起。特别是对于一些不善交流的家长，更应该把别人好的经验介绍给他，让他与别的家长产生互动，促使他们积极参与幼儿园的活动。

类型五：喜欢挑剔的家长

 分析

这类家长大多经济条件好、文化程度高。他们的要求很多，包括对幼儿园的保育和教育方面的要求，并且有的家长还持有怀疑的态度。

 对策

教师应热情、真诚、主动地对待他们。

案例：小强刚上幼儿园，每天哭闹，孩子又认人，只让他第一眼认识的本班老师抱，其他老师抱他，他就哭。因此，家长提出要这个老师每天来抱小强。

面对家长的要求，老师一边坚持每天早晨迎接孩子，一边引导孩子认识其他老师，同时主动与孩子的妈妈谈心，交流一些让孩子熟悉陌生环境的人、事等方面的经验。渐渐地孩子与其他老师熟悉了，家长也通过接送孩子认识、了解了其他老师，老师终于以真诚和智慧换取了家长的信任。

类型六：溺爱孩子的家长

分析

这类家长主要是老年人。现在许多孩子的父母工作都很忙，接送孩子多半是由祖辈家长承担。这些祖辈家长最关注的是孩子在幼儿园里吃得怎么样，睡得怎么样，玩得是否开心，有无被人欺负等。

对策

对于这类家长，老师要充分利用接送时间，通过与其谈心、聊天，把自己对孩子的关心表现出来，让这些家长放心。

案例：有些家长生怕孩子在幼儿园吃不饱，所以每天接孩子时都会带来零食。由于隔代的溺爱，使得孩子饮食无规律，营养过剩。

针对这样的情况，老师应及时与他们沟通，把幼儿园每天的食谱拿给家长看，同时找来有关资料，让家长明白营养过剩的害处，使家长明白科学育儿的道理。

小贴士

优秀的口语表达是幼儿教师教育教学各个环节的必备条件，教师与幼儿的相识、沟通、评价等都需要规范的口语，它蕴含着丰富的文化底蕴和感人的艺术魅力，要求深刻、严谨、通俗、优美。

任务1.3　沟通与表达的方法及技巧

任务导入

不少家长说："孩子在幼儿园各方面表现都不错，但回家后就不一样了。"

思考：为什么会出现这种情况？

知识要点

一、幼儿教师与幼儿家长沟通与表达的方法及技巧

（1）切忌"告状"式的谈话方法，这样会让家长误认为老师不喜欢甚至是讨厌自己的孩子，从而觉得自己的孩子在班里会受到不公正待遇而产生抵制情绪。

（2）和家长沟通要讲究谈话的策略性和艺术性，把谈话建立在客观、全面的基础上。要让家长相信我们，尊重并听取我们的意见，让家长感到教师在关注自己孩子的成长和进步，感受到老师比他们了解孩子更深入。同时，要抓住时机向家长了解孩子的情况，以请教的态度耐心地听取家长的意见，使家长产生信任感，从而乐意与教师沟通，以达到预期的目的。具体步骤是：

① 汇报孩子近来的发展情况（进步与问题所在）。

② 了解幼儿在家情况及家长的教育方法，找出问题的原因。

③ 提出解决问题的设想和方法及家长需要配合做的事。

这 3 个步骤的良好运用，为我们更好地和家长沟通开了一个好头。

二、幼儿教师与幼儿沟通、表达的方法及技巧

师幼沟通一直是我们幼教一线工作者面临的具体而又复杂的问题。师幼沟通是否良好直接影响孩子学习的兴趣、个性品质的发展，关系到教育教学工作能否顺利开展、教育目标能否达到。怎样才能建立良好的师幼沟通呢?

(一) 用无私的爱消除孩子的戒备心理

从家庭到幼儿园，幼儿的生活环境，所接触的人都发生了重大的变化，能否顺利适应新的环境，对幼儿的身心健康与成长具有重要影响。幼儿教师是幼儿接触到的第一个社会化的"权威"，教师如何对待幼儿，教师与幼儿之间的关系如何，都将会影响幼儿今后的学习和生活。幼儿刚离开朝夕相处的父母，进入一个陌生的学习环境，他们难免会感到焦虑、担心、恐慌，教师应当理解幼儿的这种表现，要对幼儿多一份爱心，多一份耐心，时时以亲切的态度对待幼儿，和蔼可亲地与幼儿说话。对幼儿的哭泣不能置之不理，更不能大声训斥。如入园不久的幼儿，对集体生活不适应，会哭闹好长时间。此时，教师应该坐在幼儿的身边，给他 (她) 擦擦眼泪，甚至将他们抱在怀里，和他们一起玩，给他们讲一些有趣的事情。慢慢地幼儿对教师的戒备心理消除了，他们会很自然地融入新的集体生活中。

(二) 尊重孩子，平等对待每一个孩子

孩子的生活经验少，知识贫乏，但他们是一个独立的个体，有自己的想法，他们和教师在人格上是平等的。在以往的教育活动中，教师是传授知识的主体，孩子则成为盛装知识的容器。教师教什么，孩子学什么，教师拥有绝对的权威。教师总是努力要把自己的思想、知识、经验传授给孩子，却忽略了孩子的感受。在这样的过程中，幼儿没有了自我，情感、积极性、主动性在教师的操纵中被压抑着，教育活动的效果肯定不佳。

面对每一个活生生的个体，教师应从领导者的位置上走下来，蹲下身，带着一颗充满好奇的童心与孩子交流，站在孩子的角度去观察孩子，了解孩子所想。只有这样，孩子才能把教师视为他们中的一分子，才愿把自己真实的想法告诉老师，师幼之间才能建立良好的关系。

(三) 教师应该理解与宽容地对待幼儿的错误

幼儿都具有好动、好奇、好问的特点，他们对一切都充满兴趣，总是问东问西，摸摸这儿，碰碰那儿，一不小心，就会犯错误。面对成天闯祸的孩子，教师如果过于严厉地批评，甚至体罚，那么幼儿会越来越害怕教师，并与教师疏远;或者产生逆反心理，进而与教师对立。可见，教师对幼儿所犯错误处理不当会对良好的师幼关系的建立产生消极影响。因此，教师应以理解、宽容的心态对待幼儿的错误，心平气和地帮助幼儿分析错误的原因，幼儿也就能心悦诚服地接受教师的批评。

总之，良好的师幼关系是沟通师生情感的桥梁，是保证教育活动顺利开展的重要条件，是促进幼儿全面发展的支持系统，为了孩子的全面发展，全体幼儿教师要努力为孩子们创建一个民主、平等、和谐的学习环境。

 案例描述

小明入园的第一天，家长就对幼儿园老师说："小明吃完一碗饭后不会再要，如果你问他还要不要再吃，他会说不吃了。但是，必须还要再给他盛一碗，因为他的饭量很大，一碗根本吃不饱，吃包子之类的面食也要3~4个。"

 分析

（1）孩子的食量不是一成不变的，是会根据身体状况、对食品的喜爱程度等客观因素的变化而变化的，如果我们不考虑客观情况，一味让孩子多吃，对孩子的健康是不利的。

（2）教师应该注意与家长的交流方法，提出这个观点时要注意，以防引起家长不必要的误会。

 拓展阅读

根据家长情况不同应采取不同的沟通方法，但在具体工作中并不是这么简单，家长和幼儿的情况形形色色，五花八门，需要我们老师具体情况具体分析，根据不同情况采用不同的方法。总结起来，主要有3种情况，针对这3种情况我们总结了相应的解决办法。

（一）"一句话沟通法"

这种办法是针对那些孩子本身在各个领域的各项目标发展中不存在明显的问题而家长也很少过问的。这样的孩子和家长是最让老师省心的，如果我们对自己稍微放松一些，就可以不去和这样的家长沟通。但是，家长不主动找老师，并不代表家长就不想了解孩子在园的各种情况，相反，他们和其他家长一样，渴望了解孩子在园的情况及各方面发展的水平，只是由于时间关系或不愿给老师添麻烦等原因而压抑着自己。因此，针对这样的家长我们可以采取一句话沟通法，即利用家长接送孩子的时机用一两句话向其反映情况，如今天孩子学会了……今天孩子吃了几碗饭，等等。当你说完后，往往会看到家长会心的微笑。

（二）"引起注意法"

这种方法是针对那些孩子本身在某一领域的某一方面或多个领域的多个方面存在问题，但是没有引起家长的重视。由于家长对幼儿教育理念不太了解，又被亲情蒙住了眼睛，认为自己的孩子是最棒的，即使有点缺点也会认为树大自直，所以对孩子的情况不太关注。对于这样的家长我们应采取引起注意的方法，即利用半日开放、作品展示等让家长发现自己孩子和别人孩子的差距，从而引起家长的关注，再根据不同的情况和家长沟通，过程可以是这样的：

（1）让家长了解教育目标及幼儿应达到的水平。

（2）介绍这位小朋友和其他小朋友的差距，并向家长逐步渗透教育理念。

（3）了解家长的教育方法。

（4）找出孩子问题的原因。

（5）共同制定好的解决办法并共同努力，使家园共育取得最好的效果。

（三）"真情感动法"

这种办法是针对那些孩子本身在各领域的发展中不存在问题，但家长有许多的不放心。每天围着老师问这问那，或是站在窗外久久不愿离去。对于这样的家长我们要采用真情感动的方法，即将孩子在各领域发展中的点点滴滴及时向家长汇报，尤其家长特别关注的问题，我们要在日常工作中认真观察，细致指导，耐心细致地向家长反映情况，让家长感到老师了解孩子，关注孩子。他的孩子在老师心中占有很重要的位置，老师会为孩子的进步而高兴，为孩子的失败而难过，用我们细致的工作感动家长，让家长相信我们，支持我们。让家园共育的合力促进孩子更快更好地发展。

相信，只要我们做个有心人，充分发挥家长园地、半日开放、家访、作品展示、家园联系本和接送环节的作用，注意多种沟通方式的互相补充，灵活加以运用，提高工作成效，取得家长的满意和信任，我们的工作一定能得到更多家长的良好评价。

小贴士

家庭和幼儿园是影响幼儿身心发展的两大方面，这两大方面对幼儿的影响必须同方向、同步调才能达到成倍的效果。

任务 2 幼儿教师的必备素养
Misson two

学习目标

1. 了解幼儿教师的必备素养。

2. 了解责任心的意义，幼儿教师的使命。

3. 幼儿教师应合理掌控自己的情绪，以阳光的心态对待一切，做一名称职的好老师。

任务 2.1　责任心，幼儿教师的使命

任务导入

婉婉是个内向腼腆的女孩，初次来到幼儿园时，十分胆怯，不敢和老师及伙伴们交流，吃中饭时没吃饱，也不敢要老师添饭。老师多次找她沟通，她却只是听着，从不发言。为此老师很是头疼。因为她只是过于安静内向，从来也不闯祸，后来老师就干脆不理会她了。

思考：这位老师的行为是否正确？如果你是老师，你要怎么做？

 知识要点

一、怎样才是一个有责任心的幼师

（一）平等地欣赏每一个孩子

作为幼儿教师，我们要对孩子负责。要平等地欣赏、对待身边的每一位孩子。不能以貌取人，厚此薄彼，助长孩子的自负或伤害孩子的自尊。我们要做的是细心地照顾好每一个孩子，保护好他们，维护好他们容易受伤害的弱小心灵。

（二）热爱工作，耐心十足

幼儿教师的责任心还体现在喜欢和孩子在一起，热爱自己的工作。因为只有这样，工作起来才有动力，才会甘愿无私地付出。

我们所面对的是孩子，他们是一张张白纸，等待我们用爱心去填写。但是仅有爱心是不够的，还要有责任心和耐心。孩子的理解、思维能力和接受能力是有限的，在教他们的时候，很多事情是要反复去做的，很多话也是要不断重复的。

（三）处处留心，事事谨慎

要照顾好每一个孩子，不仅仅是在嘴上说的，更要体现在日常的生活中。多关心孩子并和他们沟通，了解他们的想法，才能正确地引导他们。幼儿教师必须了解孩子的心理，孩子的喜怒哀乐都表现在脸上，只要你留心观察，就会发现孩子的不同性格特征，以便因材施教。

二、幼师责任心的重要意义

幼儿的认知和情感发展尚不健全。因此，幼儿教师的职业责任感对同事、幼儿和幼儿园有着重要的价值。第一，具有强烈职业责任感的幼儿教师会不断提升和充实自己，从而促进自己的成长。第二，具有强烈职业责任感的幼儿教师能够更细心地关注幼儿的健康成长。第三，具有强烈职业责任感的幼儿教师会为幼儿园的发展贡献自己的力量。

 案例描述

一天，一位小朋友的妈妈下午送幼儿来园后告诉张老师，孩子没睡午觉，让他睡一会儿。家长走后，带班教师就让该幼儿去寝室睡觉了。到了下班时间，孩子们被陆续接走，带班教师清点了门窗、水源等便锁门下班走了，竟忘记寝室睡觉的孩子。孩子的家长去接孩子，发现门锁着，就回家了。晚8点多钟父母才发现没接到孩子，又立即返回幼儿园四处寻找，又与带班教师联系，这时教师才想起该幼儿被锁在寝室。打开寝室门，孩子嗓子已哭哑，抱着父母直发抖。从此以后，幼儿不敢再来幼儿园，并常常在晚上被惊醒，去医院检查，幼儿患有精神忧郁症，家长对此很不满意。

分析

作为教师除应具备一定的专业理论知识和规程中规定的一些能力外，更重要的是必须具有高度的责任心和爱心。而该班教师在家长提出额外要求时，应向家长询问造成未睡午觉的原因，或者请家长将幼儿带回家。再则，教师叫幼儿单独去睡觉一定要有强烈的责任心，考虑到这样做的种种不安全因素，或者与配班教师通气，共同关照幼儿的睡眠情况，更不应该将此事忘记。由于教师缺乏责任心，造成幼儿身心损害，因此教师应负主要责任。

拓展阅读

我应该怎样做一个有责任心的幼儿园教师？

一个幼儿教师，一个合格的幼儿教师应具备扎实的专业知识和牢固的专业技能，这一点毋庸置疑。但纵观幼儿园无考试制度这一特点，我觉得一个幼儿园教师更应具备强烈的责任心和使命感。

因为我是幼儿园教师，我就要对孩子负责。当一个个可爱、单纯的脸庞出现在自己面前时，我就得明确自己的责任，知道我眼前的这些未来的花朵正期待着自己的悉心照料，而真正明白这些得做到以下几点：第一，充分做好准备，上好每一节课。虽然幼儿园教育中幼儿没有考核要求，但是每一个孩子都有获得新知识的权利。当然这也是家长送幼儿来园的最直接、最实际的目的。而作为幼儿园老师来说，得时时刻刻将这些牢记心头，进而不断完善自己的教学水平，尽量让幼儿在每一节课之后都有所获益。第二，平等对待每一位幼儿。幼儿的发展水平参差不齐，教师难免有时有偏袒心理，但是只要你细心观察，其实不难发现，那些被搁置在角落里的孩子其实也有闪光点，只是当初将他们列入"黑名单"后没有仔细去挖掘他们而已。就拿我们班的晏晴小朋友来说吧，刚来幼儿园时，她十分胆怯，不敢和老师及伙伴们交流，吃中饭时没吃饱也不敢要老师添饭。起初，由于她的这些举动，老师经常会将她同能力差的幼儿归入一类进而不去管她，可是在一次和家长的长谈之后，我决定进一步深入了解并改变这个孩子。还记得有一次户外活动玩走平衡木，其他孩子都一个个排着队走到了平衡木上，但她却一个人远远地看着他们，后来我走上前去，拉着她的小手，对她说："来，老师帮你走过去，老师相信你一定行的。"听了我的话，她跟跟跄跄地走完了平衡木，并露出了一丝微笑。在接下来的日子里，我一如既往地关注着这个孩子，最后令我欣喜的是，她慢慢地改变了自己，逐渐适应了幼儿园的生活。第三，教师应以身作则，为幼儿树立良好的教师形象，让幼儿有模仿的榜样。有时在幼儿园班级里，经常会看到孩子们抢着拿杯子喝水，抢别人手里的玩具，故意划破桌椅等一系列不规范的行为，针对幼儿的这些不规范行为，教师每次都会加以指出，但收效甚微。静下心来反思幼儿这些不规范行为，不难发现其实造成这种情况发生的根源之一来自老师。我们都知道幼儿的模仿能力较强，所以一不留神，老师的某一没有责任心的举动就会直接影响到幼儿，例如，教师随意拿幼儿带来的食物食用，就会在幼儿心中产生这么一种错觉，那就是：别人的东西可以拿来随便用的，我们老师都这样，我也可以的。而这种错觉一旦在幼儿心中扎根，就会养成习惯，而习惯一旦养成将会影响幼儿以后的学习生活。所以，教师以身作则，充满责任心，用自己良好的行为举止去培养幼儿的规范行为就显得十分重要。

因为我是幼儿园教师，我就要对家长负责。家长将孩子交给老师。交出的是他们的信任。作为老师来说应将这份信任化作一份责任。尽心尽力把每位幼儿当作自己的孩子一样疼爱。另外，由于幼儿的诸多年龄特征，平时多与家长沟通，做好家园互动工作也显得尤为重要。之前的那位晏晴小朋友要不是与家长及时沟通，她的问题可能到现在还未被发现。

因为我是幼儿园教师，我就要对幼儿园负责。对于每一位幼师来说，幼儿园给自己创建了一个学习、发展的平台。每一位教师都应该怀着一颗感恩的心用自己的勤奋和努力将这个平台搭建得更壮观。

因为我是幼儿园教师，我就要对国家负责。幼儿园是每个人第一次接受正规教育的场所，孩子在幼儿园教育中打下扎实的认知基础，对于其今后走上社会，为祖国做贡献，百利而无一害。因此祖国的未来需要我们好好地去培育。另外，孩子们往往会从幼儿园教师那里固化教师的形象，所以平时注重一言一行，是让教师的光荣形象深入人心的一个重要途径。

因为我是幼儿园教师，我就得不断反思自己。幼儿园教师也是普通的社会一员，难免会碰到工作、生活上的种种不顺心，但是我们得时刻记住罗曼·罗兰的一句名言：累累创伤就是生命给你的最好的东西。让挫折磨炼自己的意志，让自己在挫折中"强大"起来，也是一种经验的积累。但是，我想既然选择了做幼儿园教师，就要想办法做好。孩子们是需要沟通的，你对他们好，他们才愿意接近你，才会听你的话，你要蹲下来跟孩子说话，这样才跟孩子们一般高，他们才愿意跟你说他们的秘密。

作为幼儿园教师的我们或许由于种种原因，专业知识不够丰富、专业技能不够扎实，但是我愿做一个有责任心的幼儿园教师，去用心关爱我的孩子们，愿和他们一起分享未来的点滴岁月，陪伴他们一起成长。

 小贴士

一名合格的幼儿教师首先要具备的是责任心。

任务2.2　掌控情绪，以阳光的心态对待一切

 任务导入

2011年12月陕西旬阳县磨沟幼儿园园长薛同霞，因小朋友背诵不出课文，用火钳将10名孩子的手烫伤。

2011年8月长沙金太阳幼儿园南国园，两岁零七个月女童午休乱跑，遭班主任老师扇耳光并被悬空拎起。

2011年10月浙江慈溪潮塘幼儿园一名教师嫌小朋友吵闹，用透明胶带粘住了两个孩子的嘴巴。

……

2012年6月郑州文化绿城鹤立幼儿园，老师因孩子午休说笑让他们互打耳光。

思考：为什么会有教师虐童事件发生？

 **知识要点**

一、幼儿的情绪

情绪情感直接影响着幼儿身心的全面发展。研究表明，情绪情感会影响到幼儿的身高、体重和智能发展，幼儿只有处于良好情绪状态时才会表现出对外界事物的好奇、好动、好问，从而提高交往能力，发展语言思维，促进个人良好性格的形成和能力的提高。

幼儿的情绪大致可分为3种：

（1）进取，即行为中带有明显的大胆、不惧怕老师的特点。

（2）畏惧，即行为中带有明显的胆怯、害怕等情感倾向。

（3）平和，即行为中没有明显的进取或畏惧的情感倾向。

二、教师的情绪

在师幼交往中，幼儿教师处于主导地位，教师的行为往往对幼儿产生明显的、实质性的影响。这给我们一个警示：幼儿教师在把握孩子情绪的同时不能忽视对自身情绪或行为的控制。

观察研究表明，诱发幼儿园孩子产生消极情绪的因素以来自教师的批评或责怪为最多，而且孩子由此产生的消极情绪体验更加深刻，持续时间也较长。

教师指向幼儿的情绪特征分为3种：

（1）正向情感，即行为中表现出对幼儿喜欢、欣赏的情感倾向。

（2）负向情感，即行为中表现出对幼儿不满、厌恶甚至恼怒或愤怒等情感倾向。

（3）中性情感，即行为中没有明显的正负向特征。

三、教师情绪对幼儿情绪的影响

幼儿对教师的依恋关系是幼儿适应幼儿园生活并产生好奇心、学习兴趣及探索行为的前提条件，也是幼儿自尊和安全感的重要来源。当教师带着正向或中性情感和幼儿发起互动时，幼儿反馈行为的情感特征也以平和与进取为主；当教师的行为带有负向情感时，幼儿的情感则以畏惧为主，平和次之，极少进取。所以，幼儿教师应注意自己的情绪对幼儿情感体验的影响。

 案例描述

职业倦怠

表现为：牢骚满腹身心俱疲

因为：园里事情太多、太累、太苦

感觉：累、忙、想发牢骚、想哭、想逃走

许多事情让人：痛苦、烦怨、悲哀、郁闷、麻木

因为：缺乏价值体验的大量工作、不受尊重的关系环境

想到：努力不能有利于孩子的发展、得不到有尊严的组织对待

更想到：职业的社会地位、自己对于家庭的责任、要改变现状难上加难

这样算来：组织缺少阳光、社会缺少关注、专业成长不快、职业本身起色不大

我这么忙，到底值不值？值不值？值不值？值不值？值不值？值不值？值不值？值不值？

倦怠　倦怠　倦怠　倦怠　倦怠　倦怠　倦怠　倦怠　倦怠　倦怠　倦怠

 分析

因为工作状况而带来的心理挫折正困扰着众多的幼儿教师。而累积的心理挫折如果得不到有效消缓，往往诱发幼儿教师的职业倦怠感。

何谓心理挫折？就是指一个人在从事有目的的活动中，遇到障碍或干扰，致使工作目标不能顺利实现，个人需要不能满足时的情绪状态。分析众多的例子，可以看出心理挫折不是凭空产生的，既有客观因素也有主观因素。人总是生活在客观现实中，幼儿教师心理挫折的客观因素主要有：

（1）社会分配差距的拉大，物质待遇相对偏低，一些涉及切身利益的问题解决得不理想。

（2）人际关系上的障碍。

（3）教学工作上的困难。

（4）尊重需要得不到满足。

心理挫折易引起幼儿教师情绪上的低沉和行为上的偏差，由于心怀一股怨气，因此，她们对工作逐渐感到厌烦，甚至进入一种身心俱疲的状态，从而导致工作能力和工作效率的降低。在这种状况下，我们的幼儿教师变了：大声呵斥孩子、不尊重孩子的语言和行为屡见不鲜；不能耐心而冷静地对待家长的意见和建议；不容易接纳领导和同事的批评和指导。如此下去，不仅影响幼儿教师对工作情感和精力的投入，还影响她们自身教育能力的发挥和发展；不仅影响幼儿教育的质量，还对幼儿教师自身的身心健康产生极大的危害。因此，幼儿教师一旦产生心理挫折，如果不做调适与疏导，就会引起消极的后果。

 拓展阅读

优秀幼师应该具备的 5 种心态：

一、要有阳光心态

阳光带来温暖，阳光带来光明，阳光是人类亘古长存的巨大能量。阳光心态是积极向上的心态，教师应该是阳光，用温暖去解冻尘封的冰，用光明去驱散弥漫的阴云，用阳光般的微笑感染学生的乐观，让自身的辐射带给学生积极的情绪体验。苏霍姆林斯基说过："人只能由人来建树……我们工作的对象是正在形成中的个性最细腻的精神生活领域，即智慧、感情、意志、信念、自我意识。这些领域也只能用同样的东西即智慧、感情、意志、信念、自我意识去施加影响。"教师要用阳光般的热情热爱所从事的事业，没有阳光般的热情就没有自身发展的动力，就会陷入人生的苦闷与迷惘；用阳光般的心态面对学生，带给学生纯美的精神享受，帮助他们发现潜能、完善自我，享受并创造人生。

二、要有流水心态

天下至柔莫过于水，水能随遇而安，水能以弱胜强，自己流动，并能推动他物流动，水

亦有滋润万物之恩德。作为教师当有流水心态，用自己的发展带动学生的发展，要像水那样，遇到阻碍要找寻前进的方向，在知识的世界遨游，在真理的世界探求，心怀感激，心怀敬畏，回馈社会，回馈教师的职业理想，面对利益纷争，要淡定，在评优晋职方面要看得开，想得透。要保持一颗朴实的平常心，冷静看待别人头上的光环，客观评价自己的工作，在事业上的兢兢业业终究会结出丰硕的果实的。

三、要有松柏心态

松柏是坚韧不拔的代名词。它们一年四季常青，不论风霜雨雪，它们深深扎根于大地，从不失去向上的渴望，从不消退自己的色彩。如果你有坚韧不拔的意志，相信你的理想会慢慢实现，不要把暂时的苦恼放在心上，压力是我们成长的催化剂，有时我们需要正确地运用它，没有困难就没有前进的动力。教师要面对许多压力，所以要学松柏，用坚强和毅力战胜工作中的困难。

四、要有小草心态

小草无人赞美，小草并不高大，小草漫山遍野，小草一年一发。小草是那么安贫乐道，它们不因自己的矮小而消逝在广袤的原野，它们不因无人歌唱而忘记带给大地绿意浓浓，教师要像小草那样，承认自己，悦纳自己，并带给他人人生的启迪和向上的动力。不要因为工资少而打击自己，不要因职称低而费尽心机，不要因学生差而乱发脾气。

五、要有大海心态

大海具有宽广博大的胸怀，具有包容万物的慈悲，我们要像大海一样，用平和的心态对待家人、同事和学生。学会欣赏、倾听、关心、换位，不要让自卑和猜疑伤害你自己，不要与现实的不如意做心灵的对抗，用自己的真心和真情感动你身边的人。南非前总统曼德拉因为追求民主和独立坐了27年牢，出狱做了总统后，他以海一样的心胸包容了所有的人和事，他曾经说过一句让人心灵震颤的话："如果我不从仇恨的记忆中走出来，那么无论我在哪里，其实还像是在监狱中。"心灵的力量是无穷的，如果内心和谐，拥有这种有益的、能够原谅对方的"钝感力"，以健康的心态对待生活，就能将许多不利的消极因素，转化为对自己有利的积极因素。

 小贴士

做一个有良好心态的教师，你会发现生活如此美丽，教育事业如此美丽。

任务2.3 学习，做研究型幼儿教师

 任务导入

幼儿园新开展了一个活动叫作"符号会说话"，给孩子们介绍了一些生活中常见的符号、标志的含义及用途。孩子们对各种各样的标志产生了浓厚的兴趣。户外活动时，教师发

现孩子们十分注意观察幼儿园里的一些标志（符号），有的孩子还就一些不认识的标志展开的讨论，当谁也说服不了谁时就跑来向教师求证。

思考：这样的活动对幼儿的教育有什么益处？对幼儿教师又有什么启发？

 知识要点

一、什么是研究型的幼儿教师

目前，随着《幼儿园教育指导纲要（试行）》的实施，幼儿园教育教学改革正在不断深化，课程开发、主体教育、人文教育、创新教育、素质教育等都已成为幼儿园教育教学改革关注的热点。为了使改革有效进行，幼儿教师要主动开展教育教学研究，做"研究型"的教师。

新型的研究型教师应成为幼儿学习活动的支持者、合作者、引导者，并不是传统的灌输者、指挥者、领导者，教师定位已经有了很大的改变。这就要求我们由传统的经验型教师逐渐转变为研究型教师。教师要转变传统的教学行为，将自己放在与幼儿平等的地位，和幼儿共同学习，共同探索，成为幼儿学习活动真正的支持者，在这样的氛围中不但幼儿会获得真正的发展，而且教师也能积累许多有益的经验。

二、如何做研究型的幼儿教师

（一）教师应成为支持性环境的创设者，使环境成为师生互动的桥梁

要使教师真正成为幼儿学习活动的支持者、合作者、引导者，让幼儿在活动中主动和谐地发展，教师必须创设一个支持性的环境，必须尊重儿童，营造民主、安全、和谐的心理环境，让每个孩子在教师面前敢说敢表现。在此前提下，教师通过创设、改变丰富的物质环境来关注儿童，观察他们对哪些问题感兴趣，用什么方法作用于外界事物，遇到了什么问题和困难等，从而使环境成为教师与幼儿互动的桥梁。

（二）教师应学会观察幼儿，与幼儿一同成为课程的设计者

要有效地开展教学活动，必须更关注教学过程。在过程中幼儿会生成最鲜活的东西，教师要注意观察、关注，要给予响应、回应，并及时调整计划，以顺应孩子的发展需求。我们不仅是课程的执行者，更应与幼儿一同成为活动的设计者。

（三）教师应成为幼儿活动的欣赏者、等待者

幼儿有学习的需要，也有巨大的学习潜能。在活动中幼儿变被动学习为主动学习，变"接受性学习"为"探索性学习"，因此幼儿的兴趣得以激发，各种潜能得以开发。教师要相信孩子能行，学会以欣赏的眼光去看待孩子。在此过程中不急于介入，学会等待，给孩子们充足的时间，让幼儿以自己的方式去思考，相信一定会有奇迹发生在他们身上。

总之，教师应将自己放在与幼儿平等的地位，和幼儿一同学习，一同探究，成为幼儿学习活动的"伙伴"。

案例描述

在课间自由活动时，王××小朋友从图书架上选了一本绘本书：《鳄鱼怕怕，牙医怕怕》坐在小椅子上看书，周××看到了，赶紧吃完点心，对坐在旁边的王××说："这是我的书，我要看。"王××拿着书不肯给，周××又到老师这儿来告状："黄老师，她拿我的书。"

我看了看他，又看了看书说："不管谁的书，大家都可以看。"周××看了看我，对王××说："王××，我们一起看，好吗？""好吧。"王××欣然同意了。

 分析

在快乐阅读主题活动中，小朋友们带来了许多绘本书，在孩子们轮番借阅图书的过程中，孩子们对阅读图书产生了浓厚的兴趣，首先这本书其实不是周××的，只不过他刚刚借阅过这本书，他想要看这本书，就说是自己的，或者他误认为是自己的了，他想老师一定会帮他的，所以就有了告状。其次周××对这本书有了一定的了解，对于他来说这本书有一定的吸引力，他能看懂这本书里的大致内容，就有和同伴交流的话题了，可以说孩子有一定的表现欲望，愿意与同伴来分享自己的经验了。因为在这个快乐阅读主题活动中老师强调了分享，因此，就有了"我们一起看，好吗？"有了初步的合作看书，就有了分享快乐的行为表现。

 对策

首先，老师可以以旁观者的身份来让孩子解决问题，充分理解孩子，相信孩子，让孩子在冲突中学习解决问题的能力。

其次，当孩子解决了问题，老师给予及时的鼓励与表扬，肯定孩子的行为表现，或者也可以给一些建议，让孩子获得充分的满足感。

最后，老师在活动中做个有心人，注意观察每个孩子的行为表现，及时捕捉孩子的行为点，给予机会，提供条件，让孩子有展现自我、发展自我的空间。

 反思

一日活动的每一个环节都潜藏着教育契机，现在的《3～6岁儿童学习与发展指南》精神也明确指出要树立一日生活皆课程的教育理念，把理念落实到工作中，时时刻刻关注到儿童，做到眼中有孩子，心中有孩子，手中有孩子。只要我们老师做个有心人，孩子们将会给你无限的惊喜。

 拓展阅读

幼儿教师应具有哪些健康的心理品质才有利于促进幼儿身心健康和谐发展？

（1）要有自信心。幼儿教师充满自信、自尊的人格魅力，将会给幼儿树立一个良好的榜样，也有助于幼儿正确认识自己和他人，树立自尊心和自信心。

（2）拥有平常心。作为幼儿教师要坦然地面对失败和挫折，在竞争的环境中沉着自制、荣辱不惊。幼儿教师这种知足常乐的积极心态将会对那些天真烂漫的幼儿产生积极的影响，使幼儿在集体生活中感受到温暖，形成安全感、信任感，也有助于幼儿健康心理的养成。

（3）拥有宽容心。幼儿教师作为人类灵魂的工程师，其胸怀应像包容百川的大海，对待幼儿永远充满爱和宽容。金无足赤，人无完人，幼儿教师应以宽容的心态去面对幼儿的不足。

（4）拥有同理心。经常换位思考，以心换心，感幼儿之所感。

（5）拥有恒心。一个幼儿教师要想克服教育工作中遇到的一切困难，就要拥有一颗恒心。

 小贴士

幼儿教师的4种职业意识：微笑意识、融入意识、平等意识，赞美意识。

任务2.4　反思，让自己不断成长

 任务导入

现在的许多幼儿园会定期或不定期开展公开课等活动，旨在促进研究活动的开展和深化，帮助年轻幼儿教师不断成长，分享优秀教师的宝贵经验或者开展一些评比活动。在这样的活动中，课后一般会进行评课，主要由上课教师及同事、研究人员、园长等相关人员参加。评课的内容主要是听听上课教师的介绍、其他人员发表自己的看法等。评课的目的为分享经验、促进成长。

思考：这样的课评活动是否对幼师的成长有益处？

 知识要点

一、为什么要反思

幼儿教师的成长即经验加反思的过程。幼儿教师的专业成熟是相对的概念，没有最后的专业成熟阶段，亦无绝对的顶峰。幼儿教师要成为研究型的教师，就要积极开展研究，这其中非常重要的就是教师要在实践中就自己的一些教育细节进行反思，进行研究。如果只是去做而不思考，做一百遍也很难有长进。相反，只有经常对自己的工作过程进行反思，就会不断发现自己的成长和进步。

二、如何反思

（一）对理论应用于实践的效果进行反思

例如，我们用心地为孩子创设了富有童趣又有教育意义的环境，如果我们不去引导孩子认识观察，很多孩子就不知道墙上挂的究竟是什么。如果我们盲目地相信环境的教育功能理论，认为只要我们布置好了幼儿就会受益，就不会发现这个问题。

（二）对日常教育中的困惑进行反思

如幼儿的告状行为，细细反思归纳，幼儿的告状行为不外乎两方面的原因：一是看到别人违反了集体规则，二是弱者来寻求老师的帮助和保护。对于第一种行为，我们可以让孩子自己去帮助违反规则的幼儿；对于第二种情况，可以先鼓励告状的孩子自己去找欺侮人的小朋友讲道理，培养他自己解决问题的能力。另外现在的家长大多不重视孩子独立能力的培养，会时时提醒孩子，"有事找老师"，这也是导致孩子告状行为的外在原因。可见日常教育中蕴藏着丰富的研究资源，关键是我们能否养成反思的习惯。

（三）对约定成俗的行为进行反思

对于像每天接待孩子入园点名、组织晨检活动这些日复一日的教育行为，是不是发挥了最大的教育功效？有没有值得改进的地方？当我们对自己这些习惯行为提出质疑的时候，值得研究的问题也就逐渐产生。如点名：对于小班刚入园的孩子可以叫他们的乳名，等孩子相互熟悉后就让孩子自报姓名向大家问好，既增加了孩子了解同伴的机会，也锻炼了他们的语言表达能力及自然大方的品性，对于大班幼儿可以改用"发现法"点名，让孩子发挥主动性去关心班级中没有来的孩子。

（四）对五大领域的教学活动进行反思

对于我们每天组织的各个领域的教学活动效果更应当自觉进行反思：
（1）活动目标接近于"最近发展区"了吗？目标实现了吗？
（2）目标是否远离了孩子的生活？
（3）哪个环节出现了问题？
（4）教学方法恰当吗？
只要我们做一个善于反思的有心的教师，就一定会得到孩子们的认可和喜爱。

 案例描述

发生背景：
这是一次语言活动，在学习诗歌《吹泡泡》的基础上，进行仿编，诗句的句式比较简单：×××是×××吹出的泡泡。但是仿编成功的关键是：要理解诗歌中事物之间的相互依存关系，而在教这首诗歌时，发生了如下情景：

互动过程：
教师出示第一句诗歌的图加文，指着上面的小图片问："图片上是什么？"幼儿："星星、月亮。"教师肯定了，并用诗歌的第一句总结了一下："星星是月亮吹出的泡泡。"接着教师又让幼儿看第二句的图加文，马上有两三个幼儿大声读出了上面的文字。于是教师赶紧大声提醒说："已经有小朋友能读出上面的句子了，真了不起，但是也要给其他小朋友思考的机会，别急着说出来，好吗？"他们几个点点头。

接下来，教师就用白纸盖住了第三句中的后面半部分，指着图片问："那，小朋友来猜猜露珠是谁吹出的泡泡呢？"因为后面一部分被盖住了，小朋友不能直接找出答案，开始进行思考与露珠有相互关系的事物。在此基础上，教师又追问："为什么说露珠是小草吹出的泡泡？"幼儿都说出了它们是有联系的，这样慢慢地学完了诗歌，开始进行仿编，结果发现，幼儿仿编时对句式掌握得都较好，仿编联想范围也较广。

 分析

教师事先没预估到幼儿在学诗歌时会有部分幼儿直接把文字读出来，这样也就失去了教的意义。对于已经识字的孩子，学习图加文的这首诗歌已经没有一丝神秘感了。幸亏，教师及时用提问来解决这个突发事件，并把活动过程继续延伸下去。

其实教师知道班里有孩子识字，但没想到会在这次语言课上表现出来，才制造了这个突发事件。如果把教具调整为先出示小图片，然后再出示图加文，给幼儿一个完整的印象，就会避免这样的情况。

在此过程中，教师及时要求给大家思考的机会并提问：露珠是谁吹出的泡泡？为什么？是一种不错的应对措施，面对无法预估的情况，如何有效地提问，是很重要的。教师应顺势而为，并及时提出要求，作为下一环节铺垫的问题，把这个问题抛还给幼儿之后，幼儿的注意力自然会跟着教师走。

本案例中，教师及时解决了部分识字的孩子对其他小朋友的影响，又让幼儿开始为仿编做准备，让他们知道"为什么露珠是小草吹出的泡泡？"因为它们相互有联系，而且仿编诗歌时也需要这样的两个事物才能编进去。简单的两个提问、一个要求，适时地起到了关键作用。所以，课堂教学的提问既要有效也要适时，在适当的时候改变或设计一些适宜的提问方式，能比较有效地应对那些突发情况，这也是教学中的有效提问所必须具备的因素。

 拓展阅读

幼儿园教师成长反思

随着幼教改革的不断深入，幼儿教育越来越受到社会各界人士的重视和关注，它关系到民族的发展，从而对幼儿教育工作者的要求也越来越高。安于现状，不思进取，会被淘汰。唯有更新观念，自我提升，促进自身专业素质的发展，才能跟上幼教改革的步伐。但教师要提高自身的专业化程度，必须还需要建立适宜的外部环境。

一、幼儿园要为每一位教师创设施展才华的舞台

在这个社会上，人人都喜欢赞美，喜欢被人欣赏，总是喜欢不自觉从他人那里寻找自身存在的价值，其内心深处都有被重视、被肯定、被尊敬的渴望，当这种渴望实现时，人的许多潜能和真善美的情感便会被奇迹般地激发出来。反之，缺乏了施展才华的舞台，则会使人越来越没自信，也就没动力去寻求自身的发展了。有一位刚参加工作的幼儿教师，不善于表现自己的优势，在对工作尽职尽责的同时，还常想：我不会讨好领导，肯定不是领导喜欢的类型。当有一天领导来到她面前，说"我想把这次庆元旦活动交给你负责"时，她呆住了。园长笑着解释："你平时虽然不爱表现，但对工作认真、踏实，我都看在眼里，家长和孩子也很喜欢你，希望你能搞好这次活动。"面对突如其来的信任，她激动万分，不只是为了荣誉，而是想到她没有被领导忽视，而且自己被随时关注着。她庆幸自己遇到了好领导，给予了自己充分展示才能的机会。从此以后，她就更加严格要求自己，在教学技能、自身素质中不断地探索、提高。

金无足赤，人无完人。教师亦存在着个体差异，有的活泼开朗、爱唱爱跳；有的内向腼腆，擅于写作；有的技能稍差，但工作兢兢业业，脚踏实地；有的经验丰富，专业知识精深，教学能力强……。因此，希望园领导能知人善任，使每个教师都树立"天生我材必有用"的价值观，为大家创设一个充分施展才华的舞台，让大家都可以找到属于自己的一方天地。正如有句话说的那样："心有多大，展示自己的舞台就有多大。"对管理者来说，给

老师提供的管理平台有多大，教师的主观能动性的发挥就有多大。展示自己的机会多了，专业技能提高也就快了。

二、幼儿园要为教师搭建专业化成长的反思平台

反思是幼儿园教师发现自我，改善自我的重要行为策略，对其专业的成长大有裨益。教师的反思是指对自身教育观念及行为的认知、监控、调节能力，它有利于增加教师的理性自主，使教师对教育实践有更多的自我意识。对于教育理论和实践的反思应该是没有时间次数限制的，有触动、有困惑就可以反思。反思需教师具有较强的自我发展意识和反思意识，它不是一种能够被简单地包扎起来供老师运用的一套技术。"情感素质、基础知识素质、掌握科学的反思方法"是反思型教师必须具备的3种素质。为了有效反思，并增强教师的反思意识，提高其反思能力，幼儿园要为教师搭建起能促进教师专业成长的反思平台。如以教研组为单位，成立"反思小组"，利用业务学习时间，组织教师谈谈自己教学中的问题、自己的做法和想法，然后大家一起来进行评价。教师们还可以借助教学观摩、教育教学研究，结合教学记录，针对共同的话题、困惑，在小组内进行探讨、解决。一个人的反思是有局限性的，要更好地解决问题，尤其是解决一些复杂的教育问题，必须多渠道收集信息。这样的集中交流，有利于拓宽交流者的思路，并把思考的问题引向深入，对提高反思能力会大有帮助，并能在全园营造一种重视教学反思的良好氛围。另外，要重视教师的教育笔记，里面有教师们客观地记录下的自己在教学过程中的所作所为及感想，如能认真审阅，加以肯定，并对其提出一些合理化的建议，无疑会增加教师的信心，提升教师的反思水平，有效促进教师综合素质的提高，使教师们逐步成长为反思型的教师。

三、幼儿园要让教师真正成为科研的主人

现如今，提倡"让儿童真正成为学习的主人"同时，教师也希望"自己能真正成为科研的主人"。如在课题的选择上，要给予选择权，一旦总的科研课题确立后，教师可结合自己的特长、兴趣点及所在班级的具体情况，来选择自己想研究的课题，在园内立项，进行研究。明确了研究的目标和方向，自然而然也就能融入教研之中，成为教研的主人；在教研活动的开展过程中，园领导要营造宽松、愉悦的教研氛围，可以参与者的身份参与活动，可以学习者和支持者的身份观摩活动，还可以建议者和合作者的身份与教师进行研讨。在教研遇到困难时，大家一起找原因，想办法，互相切磋，悉心分析。教师成了科研的主人，大家便会主动地去学习，主动地去实践，主动地去反思，在不断地"实践—反思—再实践—再反思"的过程中，大家获得成长，教育实践得以改进，从而促进教师对幼儿行为的理解，提高教育工作的理性程度，使得教育活动更趋于专业化。

当然有利于教师专业成长的环境远不止这3方面。作为幼儿园要真正地从教师的角度着想，树立"以教师为本"的教育理念，为教师创设专业发展的一个个平台。教师会提高对实践的自觉意识，会进一步地认识到自己是专业素质发展的主体，只有具备不断学习的动机和需求，并且在不断的实践中自我反思、分析、总结，才会使自身专业素质不断地得到成长，从而也使大家将专业水平的提高成为一种内在的需求，成为一种自觉的行动。

小贴士

反思是一种有益的思维活动和再学习方式。时常反思是一种推动自我进步的方式。

项目二
幼儿园常规活动中的沟通技巧

任务1 常规生活中的沟通与表达
Misson one

 学习目标

1. 学会在幼儿园的常规活动中如何与幼儿沟通。
2. 学会在幼儿园的常规活动中如何取得幼儿的信任与依赖。
3. 学会在幼儿园的常规活动中如何与家长沟通。

所谓幼儿园常规活动中的沟通与表达是指教师与幼儿互相交流，在情感、认识上达成一致的过程。

幼儿教师与幼儿之间的沟通是建立和谐师生关系的渠道。随着现代社会经济的不断发展，生活节奏的加快，使成人有时忽视了与幼儿进行沟通，忽视了对幼儿心理需要的满足，以致因父母与孩子缺乏沟通，造成代沟；幼儿教师与幼儿缺乏沟通，造成幼儿教师与幼儿关系的不和谐。因此，成人与幼儿之间需要沟通，在互相沟通中，得到宽容、理解、支持和尊重。

同时，幼儿教师与幼儿之间的沟通，能够缩短幼儿教师与幼儿之间的距离，加深幼儿教师与幼儿之间的了解。在沟通中，幼儿能够感受到教师对他的关注、尊重，使幼儿有一种被重视感，并有一种充分的被接纳感，感到自己为教师所关心、所喜爱，从而得到一种安全的愉快的情绪体验。这种积极的情绪体验，有助于幼儿保持活泼、开朗的情绪，增强对教师的喜爱和信任，乐于接受教师的引导和帮助。同时，幼儿在与教师的沟通中，向教师传递其情绪、情感，使教师能够及时地了解幼儿的需要，给予适宜的指导与帮助，教师与幼儿能建立起积极的相互信任、尊重的关系，促进幼儿心理的健康发展。

家长工作也是幼儿园的一项重要工作，教师如何与家长沟通、交流是一门艺术，尤其是现在很多独生子女的家庭，孩子在家犹如"小皇帝""小公主"，几个大人宠着，到了幼儿园以后，许多父母就会担心这、担心那的。作为老师更应该注意与家长交流的技巧，因为不经意的一个眼神，一个动作，家长们都会非常的敏感，说不定还会造成些不良的影响。

任务1.1　开启美好一天的沟通技巧

 任务导入

蒙蒙刚上幼儿园不久，对于幼儿园的生活还没有完全适应，而且有排斥的心理。因此，每天早晨入园时都会抱着妈妈大哭，要妈妈带她回家，不想来幼儿园。

思考：假设你是蒙蒙的老师，面对这种情况，你该怎样与蒙蒙沟通？

 知识要点

迎接幼儿是幼儿园教师主要的工作内容之一，"迎"是幼儿在幼儿园生活的开始。幼儿教师迎接时的语言是与幼儿之间最重要的信息沟通桥梁和思想感情交流渠道。说话是幼儿生活和学习中最重要、最基本的与人沟通的途径。幼儿教师迎接的语言也能在潜移默化中对幼儿的社会交往及思维的发展带来很大的影响。幼儿在离开父母、换了环境、接触不同的人和事物之后，都会有一些担心和恐慌。部分幼儿还会哭闹，有一段不适应期。幼儿教师每天适宜的迎接语言能更好地让幼儿适应幼儿园的集体生活，开开心心地来幼儿园。因此，迎接幼儿时的语言安抚技巧很关键。

（一）热情、真诚的语言

幼儿教师应该用积极、良好的状态以及热情、真诚的语言把自己的爱表达出来，让幼儿一进入幼儿园就感觉到教师很喜欢自己，从而内心稳定、舒服。幼儿教师使用的语言应该让幼儿感觉这一天都是快乐的。

（二）亲切、温柔的语言

幼儿教师要用敞开的怀抱和温柔的坚持来赢得幼儿的心。对于那些哭闹不止而哄劝又不起作用的幼儿，要倾听其哭诉，不妨把他（她）抱在怀里让其哭一会儿，这样用不了多久幼儿就会平静下来。这种行为表示幼儿教师非常了解幼儿的想法，可以让幼儿相信教师会帮助他（她），从而建立对教师的依赖感。

（三）拟人的、富有爱心的语言

幼儿教师可用小鸡、小鸭们上幼儿园会互相快乐问好的故事，暗示幼儿别人上幼儿园的时候是高高兴兴的，潜移默化地让幼儿模仿这样的行为模式。

（四）肢体语言安抚

幼儿教师与幼儿交流时，可以用手轻轻抚摸幼儿的脸、手、头发等，通过肢体的接触让幼儿感觉教师的善意，从而接受教师的关心。教师应主动与幼儿打招呼，如果幼儿不愿意叫老师、打招呼，别强求，要经常抱抱、亲亲他们，消除他们的紧张心理。

在幼儿园迎接幼儿入园的这项常规活动中，最常遇到的情况就是幼儿哭闹。幼儿年纪小，离开父母家人，来到陌生的环境，会感到没有安全感。因此会不停啼哭，会出现以下几种类型：

1. 不停哭型

对这种小朋友，幼儿教师首先要转移其注意力，给他玩一些玩具，告诉他幼儿园可以认识新朋友，有很多好玩的东西，告诉他爸爸妈妈来接他的具体时间。其次，多抱抱他，让他感受到老师对他的关心，增强其安全感。

如果说理、转移注意力都对其不起作用，幼儿教师可以适当使用冷处理法，给他一些玩具，让他自己去玩，当组织其他小朋友进行活动时，会引起他的注意，吸引他参加，并给予一定的关注。

2. 又哭又闹型

这类小朋友性格比较外向，个别的比较暴躁，他们喜欢把不高兴发泄在外界环境上面。对这类小朋友，幼儿教师应该以讲道理为主，让小朋友认识到自己的错误，并注意多给他们爱的关怀。还应该适当地对他们的进步进行一些奖励，像语言上的表扬和物质上的小红花等。

3. 几天后才哭型

这类小朋友怀有对新环境的向往心态，他们性格大多活泼开朗，喜欢刺激的事物。幼儿教师可以利用他们的好奇心，多介绍在幼儿园里他们还不知道的事物，比如，带他们去别的班级看看，告诉他们哥哥姐姐们都在做什么。转移他们的视线也是很好的方法，小朋友看到新鲜的事物就会很快忘记刚才发生的事情。

4. 心里默默流泪型

这类小朋友表面看上去没有哭，但是心里却在默默地流泪。幼儿教师的主要做法就是多和他聊天、玩耍建立感情，让他消除恐惧感，慢慢熟悉幼儿园生活，从心底尽快信任老师。这类孩子甚至比其他类型的孩子更加需要爱，例如，当看到幼儿情绪不好时，教师可以找一个最可爱最漂亮的毛绒玩具送给他并说："我和你一起玩好不好？"让幼儿感觉教师是可以随时给予他帮助的朋友。

5. 受人影响型

这类小朋友容易受人影响，碰到这样的情景，幼儿教师应该带他们出去走走，去操场上玩耍，把他们和爱哭的小朋友分开一会儿，等他们心情平静一点儿后，再慢慢告诉他们，幼儿园是美好的地方，他们可以在幼儿园获得好多新鲜有趣的东西，那些哭的小朋友，只是一时的不适应。

 案例描述

洲洲小朋友由于比其他幼儿要晚来幼儿园很多天，当其他幼儿来园已停止哭闹，慢慢开始适应幼儿园的生活时，他还在哭闹着要找爸爸妈妈。我们教师开始拿玩具给他玩，他把玩具推到一旁，继续低声抽泣。于是我们把他安排在其他不哭泣的小朋友旁边，想让他与其他同伴一起游戏，从而转移他的悲伤情绪，但似乎作用不大。他一个上午独自在那哭哭停停，也不和其他幼儿交往，也不与教师互动。到了中午准备睡觉时，他哭得更厉害，喊着要去找爸爸、妈妈、外婆、叔叔等亲人。无论教师如何安慰他，好像作用都不大。

 分析

刚上幼儿园，幼儿哭闹是非常普遍的，是亲子分离焦虑的表现。所以新学期开学，幼儿教师最主要的工作就是安抚幼儿情绪。幼儿之所以产生这样的情绪是因为他们对亲近的家人、熟悉的环境有很强的依赖性。上了幼儿园意味着他们要从家人及熟悉的环境中离开，他们的情感依恋也就受到了考验。有的幼儿一开始对新环境表现出极大的兴趣和好奇，高高兴兴地上幼儿园，而随着新鲜感的消失，他们的依恋情感会爆发，开始哭闹；有的幼儿一入园就表现为大哭大闹，不肯上幼儿园；有的幼儿则整天眼泪汪汪，总是把"我要回家，我要妈妈"这样的话语挂嘴边；有的幼儿不愿意待在教室，甚至找出各种理由离开教室，如"我要小便，我要小便"等。这一切的反应都是幼儿对新环境的恐惧及对父母的感情依恋造成的。针对这些现象，我们的幼儿教师要通过温柔的语言及关怀的行为等方法帮助幼儿尽快适应。

 拓展阅读

如何安抚刚入园幼儿的情绪

每当新学期开始，幼儿刚刚入园时喜欢哭闹，这是幼儿进入一个陌生环境时常有的表现，但这种现象令幼儿教师感到棘手，也令家长感到心疼。作为幼儿教师，该怎样尽快安抚幼儿的情绪，消除家长的烦恼，使孩子尽快适应幼儿园生活呢？幼儿教师可以从以下几方面着手：

一、正确对待小中班孩子哭闹的情况

小中班的孩子常常笑容满面地来到幼儿园，但一旦得知要和家长分开就变脸了，家长想要把孩子抱进教室，孩子是死活不肯，抓住家长的裤脚不松手，有的孩子真的可以用"哭得死去活来"来形容。

出现这样的情况，幼儿老师可以用"一走""一蹲""一说""一笑""一抱"来解决问题。幼儿教师首先可以慢慢走到孩子面前，让孩子感觉到教师的和蔼、温暖，以此稳定孩子紧张的情绪。接着幼儿教师蹲下来用温柔的语气和孩子说话，让孩子感觉到教师对他的关心和尊重。然后教师可以微笑着给孩子一杯水、一张纸巾，让孩子感觉到教师的关心。孩子对教师有了好感，教师再抱起孩子就轻而易举了，这样教师和孩子之间就没有距离了。同时，教师可以在教室里放一些轻柔音乐，让孩子玩玩具、看图书、玩简单有趣的游戏，孩子走进教室会主动地投入而缓解自己原来紧张的情绪。

对那些抱着家长"哭得死去活来"的孩子，教师切不可强行抱孩子，那样会让孩子更加抗拒、更加敌对。对于这样的孩子，教师可以转移其注意力。孩子越小，情感越不稳定，注意力也越容易转移。教师可以带孩子去户外玩大型的玩具，让孩子在活动中宣泄内心的紧张。总之，面对哭闹的孩子，教师一定要从爱心出发，耐心地哄劝孩子，千万不要训斥指

责，更不能动怒打骂。否则，孩子的哭闹只会愈演愈烈。

二、正确对待大班孩子的哭闹

大班孩子有一定明辨是非的能力，对自己的行为有一定的约束力。大班孩子入园有的开始时不哭，但过几天会哭，大班孩子哭闹的时候会比小、中班孩子更激烈，有的孩子为了不让家长离开会满地打滚，有的甚至独自跑到室外去找寻家长。

刚入园的孩子感情很脆弱，一个孩子的哭闹可以带动很多孩子集体哭闹，对满地打滚的孩子，教师首先想办法把孩子带到远离其他孩子视线的地方，教师要让孩子感到自己就是他的好朋友，以朋友的身份和语气与孩子交流。大多数孩子能乖乖地听老师的话，并停止哭闹。对那些往外跑的孩子，老师要非常严肃地让孩子知道，这样的行为、举动是不对的。老师一定要多留心，同时老师的眼光不要离开孩子，时刻以孩子的安全为重。

三、幼儿教师对孩子刚入园时的哭闹既不能紧张也不能怠慢

教师要坚决要求家长与孩子告别，并且说再见，家长停留的时间越长，孩子对家长的依恋心就越强烈。有的家长心软，很不放心自己的孩子，长久地不离开幼儿园，这样的家长会给教师的安抚工作带来不便，只会让孩子的情绪更加恶化，教师应请家长密切配合。

教师对孩子不合理的要求不要采纳。有的孩子很聪明，在见不到家长的时候，请求教师给家长打电话，老师千万不能迁就孩子，否则，孩子每天都会有同样的要求。

那么，教师应该怎样使孩子听话呢？教师要用敞开的怀抱和温柔的坚持赢得孩子的心。

（一）真诚的理解

倾听孩子的哭诉，表示教师非常了解孩子想回家的想法。让孩子相信教师会帮助他，从而建立对教师的依赖感。

（二）需求的满足

对于那些极度思恋亲人无心活动的孩子，教师不妨给他们提供一些和亲人有关的东西，比如照片、手帕等，满足他们的归属感和安全感。

（三）温暖的触摸

教师和孩子说话的时候，用手轻轻抚摩孩子的脸、手、头发等，通过肢体的接触让孩子感觉教师的善意，从而接受教师的关心。

（四）用心的关爱

孩子吃饭时要多鼓励，不会自理的孩子教师可以喂他（她），让孩子感知教师对他（她）的关爱。

（五）热心的帮忙

孩子口渴了及时给孩子喝水；孩子不小心尿裤子了，教师应该说："没关系，老师帮你换下来，给你洗洗。"让孩子切身地感知教师像妈妈一样关心他们。

（六）适时的夸奖

教师要有针对性地夸夸孩子。如"看，你的衣服多漂亮""声音真响亮""自己走着进来，真棒"等，这些都会让孩子感觉到老师亲切、慈爱、喜欢他（她），不安全感就会消除许多，心情也会逐渐平静下来。

（七）及时的表扬

孩子有一点进步，教师都要及时表扬和鼓励。例如，对入园不哭不闹的孩子说："真是好样的!"并奖励给他（她）一个小五星；对自己吃饭、收拾玩具的孩子说："你真了不起!"并竖起大拇指……让孩子感觉到教师喜欢他（她），小朋友接纳他（她）。

（资料来源：教研之窗）

 小贴士

幼儿园开学的一些注意事项

一、开学准备注意事项

1. 幼儿初次来园，因环境、人员的变化，会产生恐惧心理和种种不适应，这是正常现象，家长不必慌张，以免影响幼儿情绪。开学之前，最重要的是要做好入园前的心理准备和基本生活技能准备。初入园时孩子会因分离焦虑的不安心理，哭闹不止，每个孩子都有大约一周的适应期，希望家长信任老师，能够坚持送孩子入园。

2. 告诉您的孩子幼儿园有许多小朋友，是和小朋友一起高高兴兴做游戏的地方。由于初次的集体生活，孩子会感到紧张和疲劳，甚至不安，请家长准时接孩子。

3. 幼儿来园前，家长应根据幼儿的特点帮助幼儿做好心理准备，不要吓唬孩子，使孩子先产生恐惧心理。

4. 生活要开始有规律性，早睡早起，保证孩子每天能够以愉快的心情来园。

5. 提前和老师介绍您的孩子的日常生活习惯，有需要帮助的可以与老师商量解决。

6. 来园之前，请帮助孩子养成独立做事的习惯，学习简单的生活技能。

二、接送安全注意事项

1. 为保护幼儿安全，请您自觉遵守幼儿园的接送制度，接送幼儿规定使用接送卡，如有特殊情况，请别人代替接孩子，也必须严格按幼儿园规定，并且家长还要打委托电话或写便条。在接送时请一定要跟老师打招呼，再接送幼儿。

2. 根据您孩子的实际情况，请带替换衣裤。

3. 接送幼儿途中，自觉遵守交通规则，不在路上打闹、奔跑，不闯红灯，横过马路走人行横道。

4. 提醒幼儿上下楼梯靠右行，不在楼梯上打闹奔跑，不攀爬楼梯扶手，爱护楼道内卫生设施和壁面装饰。

5. 为保护幼儿安全，幼儿来入园时着装应便于运动，所穿鞋子方便幼儿穿脱。幼儿头上不宜佩带各种发卡，身上不宜佩戴各种饰物。每日检查幼儿衣着、穿戴，不给幼儿带锋利、易吞食、易丢失的饰物、用品来园。

6. 接送幼儿要与接待教师亲自做好交接，不与接待教师久聊，影响工作。

7. 请家长按照规定时间准时接送幼儿。如有特殊情况可与老师电话知会。

三、卫生健康注意事项

1. 如幼儿直系亲属患有肝炎等传染病时，应告知老师，并暂缓入园，经检查确无感染，方可入园。

2. 发现疾病及时治疗，痊愈后方可入园。幼儿如有过敏史及其他病史需与幼儿园讲清，做好记录；如隐瞒病史，造成不良后果，责任自负。

3. 如幼儿来园前发现身体不适（如在家中已经发热、呕吐、绞痛，服过药，以及经医院治疗须服用药），均应在晨检时与本班老师详细介绍情况，说明幼儿的病情、服药情况和服药要求。幼儿如有药品带入园，家长必须与当班教师亲自交代服用方式并做好带药登记。

4. 幼儿入园时发现身体不舒服时，由家长带往医院治疗，或留园观察。留园观察时，家长应主动打电话与园方取得联系，及时了解孩子的身体状况。

5. 如发生下列情况，均不能入园：幼儿发热在38度以上，缝针、骨折未愈，哮喘发作期，传染疾病未痊愈期，均不能入园。

6. 家长发现孩子得了传染病（如手足口、菌痢、腮腺炎、肝炎、湿疹、红眼病等病情），应立即与幼儿园联系，一律按防疫站儿保所规定进行隔离，便于做好全园的预防工作。

7. 幼儿园每天为孩子合理配餐，注重健康和营养。为防止孩子养成不良饮食习惯，尽量不要带其他类零食。

8. 幼儿一年体检一次，半年测一次身高及体重。

四、幼儿园家长行为的注意事项

1. 切记不要追问孩子。家长总是十分关心孩子刚入园的情况，但是刚入园的日子里，孩子常常很不喜欢幼儿园，不要追问孩子"幼儿园好吗？""老师好吗？""老师喜欢你吗？"等问题，这往往会造成孩子更大的心理负担。

2. 切记不要为孩子加餐。孩子从幼儿园回到家中，家长免不了给孩子准备丰盛的食物，但孩子由于生活规律改变，很容易生病。所以，家长应为孩子准备白开水和水果，避免暴饮暴食。

3. 切记不要时送时停。有些家长为了满足孩子的心理，常常会送两天停两天。这样不利于孩子适应新的环境，当初入园的孩子哭闹时，应坚持送孩子上幼儿园，但可采取适当提早接孩子回家的方法来缓解孩子紧张情绪。

4. 切记不要打破孩子的生活规律。幼儿园的生活是很有规律的：定时午睡，定时午餐。如果孩子在家休息时，父母打破了这些规律，孩子再回到幼儿园时，会需要再调整回原来的休息时间，很容易感到不适应。

5. 家长应控制自己的情绪，用积极、轻松的情绪去感染幼儿。

（1）用愉快的口气谈论与幼儿园有关的人或事，把孩子入园当作一件喜事来讨论，给孩子一个正确的引导。

（2）给孩子正确的心理暗示，"姐姐本领真大，宝宝上幼儿园后也会这么能干的！""一个人玩不开心，幼儿园里的小朋友真多，玩起来一定会很开心！"让孩子对上幼儿园有期待、向往心理。

（3）尽早给孩子灌输这样的想法：你已经长大，不再是小孩子了，你要暂时离开家，离开爸爸妈妈，到幼儿园与老师、小朋友一起生活，因为小朋友长到这个年龄，都要上幼儿园，等等。

6. 有意识地培养孩子的集体观念。可以多让孩子与邻居或朋友接触，鼓励孩子拿出自己的玩具和小朋友一起玩，这样有利于孩子入园后的合群。

7. 家长出入幼儿园时要仪表整洁，言行注意文明礼貌，给孩子做一个良好的榜样。

8. 爱护园内设施，保持园内环境卫生，不吸烟，不随地吐痰，不随便乱扔纸屑。

有关安全问题：作为老师应尽量做到安全第一，预防和减少一切事故的发生。为了安全起见，家长们要加强安全意识，如接送孩子要固定人员，让老师熟悉，如委托他人接送要及时打电话联系老师。家长平时也要对幼儿进行安全教育，加强安全意识。

（资料来源：http://www.yejs.com.cn/yzzc/article/id/55153.htm）

任务1.2 结束美好一天的沟通技巧

任务导入

瑞瑞小朋友在幼儿园的户外活动中不小心摔在了地上，膝盖受伤。下午放学时，瑞瑞的妈妈发现了瑞瑞膝盖上的伤，很是生气，粗暴地指责幼儿教师没有尽到教师的职责。

思考：假设你是瑞瑞的老师，面对这种情况，你该怎样与瑞瑞的家长沟通？

知识要点

每天在幼儿园放学的时候，总会有家长问幼儿教师："今天××表现得怎么样？"或是："××这段时间怎么样？"那么，老师应该怎样向家长反映问题呢？家长工作是幼儿园的一项重要工作，幼儿教师如何与家长沟通、交流是一门艺术。

与家长沟通要注意8项：

（1）与家长沟通时要注意态度和语气。

（2）要多途径与家长交流。

（3）多征求家长的愿望、需求、意见。

（4）可以经常更换信息栏。

（5）用恰当的方式谈幼儿行为问题。

（6）特殊事件主动坦诚与家长沟通。

（7）保护家庭隐私。

（8）冷静处理与家长、幼儿的关系。

在与家长谈论幼儿的缺点时，可以着重注意以下几点：

（1）导入尊重感。在与家长交往的过程中，幼儿教师应做到文明礼貌，尊重对方。幼儿教师通常比家长更熟悉教育知识和教育手段，懂得教育规律。决不能以教训式口吻与家长谈话，特别是当其子女在学校"闯了祸"的时候，幼儿教师仍要在谈话时给对方以尊重。也不能当着幼儿的面训斥家长，这不仅使家长难堪，有损家长在幼儿心目中的威信，而且家长一旦将这种羞愤之情转嫁于幼儿，极易形成幼儿与幼儿教师之间的对立情绪。当与家长的看法有分歧时，也应平心静气地讲道理，说明利害关系，既要以礼待人，更要以理服人。

（2）流露真诚感。就是用真诚的语言或行动去与对方沟通。以诚感人要求诚与情密切配合，要使人动情，唤起人的真情；以诚感人要做到诚与真结合；以诚感人还必须伴之以虚心，否则难以取得对方的信任。

（3）注意谈话形式与方式。态度要随和，语气要婉和，语态要真诚，语调要亲切，语势要平稳，语境要清楚，语感要分明，使家长一听就明，能准确把握要旨，领悟当家长的应做些什么，从你的谈话中受到启发。

（4）语言务求得体和有分寸。语言是心灵的窗子，是一个人综合修养的反映。得体的称呼，使对方一听称呼就有一种相知感，从而产生亲切感，缩短交流双方间的心理距离，甚至建立起感情基础。幼儿教师得体的语言，可以赢得家长的尊敬，增加家长的信任度，形成和谐的沟通氛围。所谓语言得体，最主要的是与职业身份、与场合、与交流的对象、与解决的问题相适宜，谦虚，中肯，客观，掌握好分寸、语气，不夸大，不缩小，不说过火的话，不说力所不能及的话，不摆逼人气势，语气诚恳，等等。

（5）谈话要委婉和注重可接受性。和家长谈话时，一般应先讲幼儿的优点，后讲缺点，对幼儿的缺点也不要一下讲得过多。应该给家长一种感觉：幼儿每天都在进步。唯如此家长才会愿意接受教师的建议，愉快地与教师合作，对幼儿的优缺点也能正确认识和对待。要把握好沟通步骤的时序，"哪壶先开提哪壶"，先说说幼儿的优点和进步，等家长有了愉快的情绪，再逐渐提一些建议，家长会更乐于接受。可以采取"避逆取顺"的策略，避免触动对方的逆反心理而迎合其顺情心理的策略；也可以采用变换语言或变换角度的方法来叙述。因为同一件事，往往可以从多个角度来描述它，为了使人们乐意接受，我们可尽量从人们的心理易于接受的那一个角度去叙述，尽量避免那种容易引起人们反感的角度。切忌"告状"式的谈话方法，这样会让家长误认为幼儿教师不喜欢甚至是讨厌自己的孩子，从而觉得自己的孩子在班里受到不公正待遇，产生抵制情绪。

 案例描述

　　飞飞小朋友，是个体弱儿，性格内向。平时沉默寡言，在教师眼里属于那种听话、守纪律的孩子。因为她的这种性格，使得她奶奶与幼儿教师之间产生了一次小小的误会。那天，老师带幼儿户外活动，因室内外温差较大，老师要求幼儿穿上外套，飞飞的外套太长，不愿穿。老师看她身上的衣服穿得也不少，就答应了。正当老师和幼儿在外面玩得高兴时，飞飞奶奶来接她，老师没顾上和她说话，只是挥了挥手。她奶奶边走边说："你们老师真不像话，这么冷的天也不给你穿外套。"飞飞一句话也没说。这情景正巧被一位在大门口的教师听见，她马上告诉了飞飞的老师。第二天，老师装作什么事也没发生，主动找飞飞奶奶聊天，让她为飞飞准备一件短一些的外套或背心，并向她解释了昨天孩子不穿外套出去活动的原因，并告诉她一些关于进入秋季孩子的保健事项。飞飞奶奶听完解释后宽慰地笑了，主动为对老师的误解表示歉意。

 分析

　　当沟通双方由于某种原因产生情绪时，无论是谁的过错，教师一方应抑制自己的情绪。

作为教师，应该用自己的真诚来和家长解释事情的经过，原本对教师有意见的家长在教师的感化下也会露出欣慰的笑容。如果教师对家长采取无视、不给家长任何解释的态度，家长有可能对教师、幼儿园会产生误解和矛盾，那么家长就不会热心于家园合作了。矛盾、误解发生时当教师一方主动向家长做出合理的解释时，家长合作的愿望和热情会更高。幼儿园应加强与家长的情感沟通与信息交流，了解家长对孩子教育的需要，尽可能地满足他们的需求，从而激发他们参与幼儿园教育的兴趣和热情。

 小贴士

与家长沟通的小窍门

1. 任何的沟通，讲孩子的缺点或最近的问题时尤甚，需要掌握三明治原则，即两句夸奖夹杂一句批评。

2. 不要每次都和一位家长，或几位家长沟通。与家长沟通的时间其实很多。早上来园、中午午休时的论坛、聊天群、晚上的离园，这些时候都可以，利用这些时间聊天，贵精不贵多。每次找几个家长沟通，争取一个星期可以和班内每个家长都聊一聊。

3. 与家长沟通时，最困难的是关于孩子发生意外时的沟通方式。由于意外无可避免，这个时候能做的除了尽快送医务室以外，也要根据孩子的情况来和家长及时反应情况。

（资料来源：https://www.zhihu.com/question/23323316/answer/24206350）

任务1.3 享受美食的沟通技巧

 任务导入

乐乐是一位非常开朗、聪明、有活力的孩子。他的思维非常活跃，任何事情他好像都明白。一天早上，吃早餐的时候，发生了这样一件事情：他总是一个人愣神，再不然就一个人玩，吃饭总是不专心，挑食也非常严重，这个不吃，那个也不吃，等其他小朋友都吃完准备上操了，他还在玩，老师去喂他，他不张嘴，还左右摇头做出反抗。他总是说："老师，你还有什么招呀？尽管使出来，像你这样的，根本对付不了我，你还是出去再练练吧。"老师听了非常生气，可这时他又说："老师我求求你了，你别让我吃了，你饶了我吧，我给你跪下了。"这真是让老师又无语，又无奈呀。趁老师不注意，他便跑到垃圾桶边，赶紧把饭菜倒掉了。

思考：假设你是乐乐的老师，面对这种情况，你该怎样与乐乐沟通？

 知识要点

《黄帝内经》云："食饮有节，起居有常，不妄作劳，故能形与神俱，而尽终其天年，度百岁乃去。起居无常，起居无节，故半百而衰也。"健康的生活习惯就是最好的养生方式。在幼儿园中要保证幼儿的健康成长，教师就必须对幼儿的身体发育加以照顾。进餐是幼儿在幼儿园常规活动中不可缺少的环节，培养幼儿良好的进餐习惯可以促进幼儿的身心健康。在餐点环节与幼儿的沟通，不仅是从身体健康的角度考虑进餐问题，而且更多的是从促进幼儿身心和谐发展的角度重新认识进餐问题。

幼儿的身体稚嫩，又处于重要的发育时期，尤其是神经系统，很多外界的刺激可以直接对幼儿的神经中枢起到影响、抑制的作用。恰当的餐点时的语言沟通技巧，会让幼儿形成相应的良好饮食卫生习惯。目前，不少家长在对子女的教育中存在着重智力开发、轻行为习惯培养的现象，许多幼儿形成了吃饭挑剔、偏食、边吃边玩等不良饮食习惯，进而影响到幼儿的健康成长以及良好个性的培养。

幼儿的餐点环节中，教师与幼儿的语言沟通技巧需要注意以下几项内容：

（一）充分尊重幼儿

幼儿虽然年龄小，但是经过后天的影响，已经初步形成了自己的用餐习惯，只不过他们的饮食习惯不一定是正确的。教师与幼儿进行语言沟通的前提，就是充分尊重幼儿。教师在语言沟通时不接纳幼儿对食物的偏好，强求幼儿按照成人的进餐方式进食，会在幼儿心里形成心理障碍，不利于他们的健康成长，教师应先尊重幼儿及其饮食习惯，同时循序渐进地帮助他们改掉挑食、偏食等不良的习惯。

（二）温馨的用餐语言环境

进餐时幼儿的情绪愉快，支配消化腺分泌的神经兴奋就会占优势，消化液分泌增多，可促进食物的消化。因此，在进餐时让幼儿保持良好的情绪至关重要。据有关数据统计，65%的幼儿在进餐时的情绪常处于有时愉快、有时不愉快的状态。引起幼儿进餐时不愉快的原因是多种多样的，其中由于吃过多零食和食物不对胃口带来的影响分别占了23%和21%，这也反映了无节制吃零食和偏食对幼儿正常进食造成的影响；有13%的家长在幼儿进食时批评、责骂孩子，这是十分不科学的，这样会造成幼儿对用餐的反感。教师应该根据各个年龄班幼儿自身的特点，合理组织，通过语言的沟通交流使幼儿有良好的用餐情绪。语气温柔，表情自然，亲切地建议他们多吃些清淡可口的饭菜，不要强迫他们吃掉全部的食物。若幼儿长期饭量不大，但精神状态良好，应尊重幼儿本身的意愿，能吃多少就吃多少。

（三）激发幼儿食欲的语言技巧

食物的色、香、味、形等刺激可使人产生条件反射，分泌大量消化液，引发食欲。因此，在每次吃饭前，教师可温柔地向幼儿介绍当天的菜谱，告诉他们吃的是什么、哪些菜有营养，让幼儿闻一闻菜的香味，充分激发幼儿的食欲，同时耐心地讲解挑食的坏处，培养幼儿营养、卫生的用餐习惯。为了保证幼儿吃饭时的良好情绪，教师在幼儿进餐前后不要处理问题或者批评幼儿。例如，有的幼儿打了人，做了错事，教师要等到他吃完饭再处理，以免影响幼儿的食欲。幼儿教师要保证幼儿进餐时的愉快心情。在日常谈话时教师与幼儿讨论、交流与食物有关的话题，有助于对幼儿进行良好的进餐习惯教育，潜移默化地影响幼儿，帮助他们养成良好的饮食习惯。

案例描述

中午进餐的时间到了，今天的午餐是贝壳面。孩子们洗完手在自己的座位上开始吃饭，教室里一片寂静，只听到碗勺相碰的声音。看到孩子们都吃得津津有味，我心里很满意。这时，我发现洋洋小朋友在饭刚分好时他吃了一口，就和同桌的小朋友说起了悄悄话。发现老师在注意他，就又吃了一口饭，含在嘴里，坐着发呆，约两分钟后，再慢吞吞地喝一口汤，吃一口饭。后来我看他几乎都没吃下去，就去喂他吃，可当我把青菜放进他嘴巴的时候他好像要呕吐一样。这顿饭他足足吃了半个多小时才把面吃完，菜全剩在碗里，理由是"我不喜欢吃"。第二天的午餐是炒米饭和蛋花汤，小朋友们依然是吃得津津有味，才一会儿，就听到一个小朋友喊："老师，我饭还要一碗。"是洋洋的声音。只见洋洋碗里的饭已吃得干干净净，拿到我前面要我盛饭，我给他又盛了半碗。过了一会儿洋洋已经把饭菜及水果都吃完了，并且把碗勺也送回来了，他是全班第三个吃完的小朋友。

 分析

现在生活条件一般都比较优越，家长们对孩子吃的方面更是慷慨，但幼儿的偏食现象却是非常普遍的，很多家长更是束手无策，拿孩子一点办法都没有。幼儿期是孩子生长发育的关键期，摄取丰富的营养是保证身体健康发育的前提。挑食、偏食的习惯表现在孩子身上，但是责任却在父母。在纠正孩子挑食、偏食习惯时，家长要把握好度，既要给孩子挑选食物的一定自主权，又不能完全由着孩子自己来。在孩子吃饭时，父母容易犯一个错误就是担心孩子如果不吃或者吃得太少会影响健康，为此而放弃原则。在这一点上，父母一定要达成一致意见。如果孩子在进餐时间不吃饭，那就给孩子自主权：你可以不吃，但如果不吃饭也得不到其他食物。家长一定要说到做到。

 拓展阅读

培养幼儿良好进餐习惯的方法

幼儿教师不能对幼儿的吃饭放任不管，在进餐活动中毫无纪律的约束也是不利的。幼儿园生活是一种集体生活，为保证集体生活有序进行，就必须对不同个体进行约束。那么，我们应该怎样培养幼儿良好的进餐习惯呢？针对进餐中可能会出现的各类问题，我们来讲讲培养幼儿良好进餐习惯的具体方法。

（一）合理组织，使幼儿有良好的用餐情绪

1. 正确对待不同饭量的幼儿

根据各个年龄班幼儿自身的特点，正确对待不同饭量的幼儿。进餐时，对生病的、个别食欲不好的幼儿应为他们提供清淡可口的饭菜，不要强迫他们吃掉全部的食物。

2. 家园共育、控制零食

一般在幼儿园里，幼儿是不允许吃零食的。这点主要出现在家里，许多家长都是由着幼儿来，幼儿的零食不离口，没有饥饿感。有些家长从幼儿一起床就不断给幼儿零食吃，特别是双休日，幼儿想吃什么零食，家长就给买什么，造成幼儿没有饥饿感。幼儿园应取得家长

的配合与支持，采用节制法，对幼儿吃零食的量、次数有所控制、节制，零食的品种既要有精细的，也要有"粗茶淡饭"式的。如生吃蔬菜、瓜果之类。

3. 以身作则、科学进餐

挑食是小班幼儿在用餐中常见的不良习惯，这就需要教师和家长的以身作则。通过了解和调查得出，很多幼儿对于一些食物的排斥和他们生活的家庭有着某种特定的联系。例如，幼儿往往从成人平时的言谈举止中或者一些家长本身的餐饮或挑食习惯中直接或间接地受到影响。这就要通过和家长的沟通从而做到逐步地改善。

幼儿教师应该建议家长谨言慎行，帮助幼儿改善不良的饮食习惯达到营养的均衡摄取。平时家长可以在幼儿在场时有意识地谈些他们不爱吃食物的营养价值，也可以在餐桌上和幼儿一起尝试，还可以多变化一些烹饪的方式，同一种菜的不同口味也会吸引到幼儿。当然耐心和鼓励也是不可或缺的。例如，幼儿比较排斥胡萝卜，家长可以先给其喝点胡萝卜汁，让其在口味上去直接地感受，在菜肴中适当加些胡萝卜丝，让幼儿能直观地看到其的色彩美，再逐渐地过渡到胡萝卜丁、片、条、块等。通过家长的配合，和在幼儿园中教师的鼓励，幼儿就会渐渐地接受它。今天能吃一小口，就给予表扬，明天争取能再多吃一口，以此循序渐进地努力，帮助幼儿逐渐克服对胡萝卜的排斥。

到了中、大班，还可随着幼儿年龄的增长，根据其特点可以逐渐过渡到用科学的语言讲事实和道理，如胡萝卜里面有很多的胡萝卜素，含有丰富的维生素A，维生素A可以让你的眼睛变得明亮，变得有神。

4. 餐前安静活动

帮助幼儿调节情绪，让幼儿在良好和愉悦的情绪下进餐是餐前安静活动的主要目的。餐前的谈话活动可以使幼儿较为兴奋的情绪逐渐恢复到平静；可以使因游戏的结果而产生的消极状态慢慢转化为积极的；通过注意力转移使心情不好的幼儿把负面情绪降到最低……这一系列的举措根本的目的就是要让幼儿带着一个愉悦的心情去用餐。

5. 酝酿愉快的用餐气氛

为了保证幼儿吃饭时的良好情绪，教师在幼儿进餐前后不要处理问题或批评孩子。例如，有的幼儿做错了事，教师要等他吃完饭再做处理，以免影响幼儿的食欲。教师要保证幼儿的进餐愉快，不能让幼儿哭闹，以免将食物吸进气管，更不能用禁止吃饭作为体罚的手段。

6. 创设温馨的用餐环境

幼儿园应尽量设在安静地带，有条件的可加设隔音墙。餐室要有取暖和降温设施，在过冷、过热的天气应调节室温。餐室一定要在饭前打扫干净，尤其应注意将玩具、教具收整齐；活动室兼做餐室的幼儿园，进餐时铺上桌布，设立屏风，会让幼儿感觉到活动室与餐室的区别，提高幼儿的进餐兴趣；播放优美舒缓的音乐。播放曲目应是幼儿熟悉的小夜曲、轻音乐、钢琴曲等；碗筷应注意大小合适，并力求美观、清洁、耐用，过于陈旧的餐具要注意更新。

7. 少盛多添、增加幼儿信心

少盛多添坚持让孩子自己动手盛饭。一次性给幼儿盛太多的饭会让幼儿有恐惧感。生怕吃不下或吃得慢而受到责备。幼儿对盛饭、添饭很感兴趣，每添一次都会很自豪，从而增加对自己的信心。还有千万不能在进餐时对幼儿说："你吃不吃，再不吃，就再给你添一碗饭""不吃完就别想玩"之类的话，以免让幼儿形成一种观念——吃饭是阻碍活动自由的负担、吃饭是惩罚的工具。

（二）控制合理进餐时间

让幼儿自觉调整用餐时间，减少用完餐后等待的时间也是让教师们一直倍感困扰的问题。义乌市宾王幼儿园针对幼儿进餐环节中出现的边吃边玩、边吃边讲话、东张西望等现象，进行了几项小措施的实践，取得了不错的效果，值得我们学习。

1. 评选文明进餐员

例如，在纸上画了一个大红花和一个△，教师告诉幼儿："吃饭好的孩子，名字就会跑到大红花里。如果不认真吃饭呀，名字会跑到△里。"教师提出评选标准，名字在大红花里的就是文明进餐员。孩子们会尽力表现得最好。一旦有个别讲话或贪玩的，教师就会加以提醒："△里跑进一条胳膊或一只脚，唉错了，又出去了。"孩子们就会自觉约束自己，有一名叫作邱××的小朋友，以前吃饭一直贪玩，自从评上文明进餐员后，再也没让教师督促过。他说："我怕名字从大红花里跑掉。"看，只是一张纸，就有这么好的效果，不妨一试。

2. 小奖品的妙用

例如，王×吃饭贪玩，需老师不停督促，教师就有意识地在他盘子里放上一片山楂片，说："山楂片在看你吃饭呢！吃完饭，山楂片奖给你。"结果很有效，他不再磨蹭了，在规定时间内吃完了饭。以后，对于挑食或不专心的孩子，教师就会用这种方法，有时在桌上放个宝葫芦、小奖品，或在盘里放上小钙片、小馒头等，告诉他吃完了就可以拿，效果真的不错。

吃饭耗时的原因还包括有些幼儿习惯把饭含在嘴巴里不肯吞下去，这点也是让许多家长和教师感到困扰的问题。同样值得我们去关注、研究。

例如，有一位叫作都都的小朋友，是个内向的小男孩，一到吃饭的时候他就没了激情，餐桌上的任何一种东西都会将他"吸引"，旁人的一些举动也会尽收他的眼底。可偏偏就是表现出一副自我世界，独自享受的姿态。无论教师在一旁如何劝说，甚至于"利诱"都达不到好的效果。偶尔的一次汽车主题活动，请小朋友将自己所拥有的爱车带来幼儿园，并利用空余时间尽可能让幼儿相互交流、探讨。这下都都可被吸引住了，用餐和盥洗完毕的幼儿一个个来到阳台上，捧着心爱的车开心地玩着，可都都嘴里含着饭眼巴巴地望着伙伴们嬉戏的身影。教师轻轻地走到他身边，悄悄地问道："宝贝，你现在也想和他们一起玩是吗？"都都看了老师一眼很用力地点点头，随即眼光又瞟向了窗外。"我有一个好办法，可以让你和他们一起玩。"教师微笑着说。虽然都都的目光仍停留在窗外伙伴手中的车上，但老师刚才的那句话似乎使他受到了某种触动，接着说："再请个朋友来和我一起帮你吧，这样你就可以更快地和小朋友一起去玩车了。这两个朋友都在你的嘴巴里，一个是牙齿，另外一个是你的喉咙哦。"老师趁势喂了他一口，"先请牙齿帮帮忙，把这些饭菜都磨碎。"咦，都都的嘴巴竟然开始跟着动了起来。"磨碎了以后，再请你另外一个朋友——喉咙帮一下忙，把饭菜都咽下去。"都都又一次照做了，效果似乎还不错。"太棒了，你的两个朋友真厉害，我请小朋友和你的汽车去说一下，让它等着你，你马上就陪它玩，对吗？"这下都都马上点了点头。教师和经过身边的一个小朋友耳语了一番又说道："我请小朋友帮你去和小汽车说了，你要继续加油哦。"接着都都在教师的帮助下逐渐顺利地完成了他的那份饭菜，虽然在他盥洗后几乎接近要结束活动的时间了，但在两位老师沟通后决定再延长几分钟，虽然这短短的几分钟并没有使都都十分的满足，但老师还是捕捉到了他眼中流露的愉悦之情。"小汽车好玩吗？"老师问。都都点了点头表示了肯定的回答。"那好，等下次吃饭的时候再请你的两个朋友来帮你，这样你就能比今天有更多的时间玩小汽车了。让它们早点来好吗？""好。"这次都都的回答很干脆，老师也更直接地感受到了他的快乐。

此外，像我们在日常教育活动中对孩子物归原处、轻轻摆放物品、主动清洁环境等教育要求，都在时刻影响着孩子的行为，与进餐教育互为补充，形成一以贯之的整体教育。我们在组织进餐时，灵活变换方法，孩子们进餐愉快，老师更是轻松愉悦，进餐成了一个轻松的环节。

（资料来源：百度文库）

 小贴士

幼儿园幼儿进餐要求及注意事项

一、进餐要求

（一）餐前卫生准备

1. 饭前幼儿用肥皂和流动水洗手。

2. 桌面消毒在餐前15~30分钟，先用湿抹布把表面灰尘擦去，再将桌面消毒，保持15~20分钟，最好把消毒用的抹布拧干后再把桌面擦干净。

3. 组织安静活动。

4. 分饭菜，夏天饭菜汤应冷却食用，冬天注意保暖。

5. 每张桌子最多6人，安排好宽松的就餐座位。

（二）进餐的护理

1. 要引导幼儿正确使用餐具，身体靠近桌子，两脚放平，左手扶碗，右手拿匙，一口咽下去再吃一口。

2. 培养正确进餐方法，细嚼慢咽，不争吃第一和吃得最多，不用手抓菜。

3. 对挑食、吃得慢的幼儿，针对实际情况鼓励多吃，正面引导不训斥，有点滴进步及时鼓励。对体弱儿特别照顾，尽量把高蛋白、高热量的食物首先吃下去。对肥胖儿，应吃多纤维、少脂肪食物。先吃汤、蔬菜、饭，最后荤菜。

4. 培养饭后漱口的习惯，防含饭不安全，防蛀牙。

二、进餐中的注意事项

1. 吃饭前要保持安静而愉快的情绪，环境清洁安静，按时就餐，不要过度兴奋和疲劳。

2. 养成进餐的文明习惯。幼儿要有自己专用的餐具（碗、盘子、汤勺和筷子），用餐时餐具要摆放整齐，汤勺和筷子放在碗里或盘子里。不能为了省事把饭菜盛在一个碗里，或把馒头包子等放在桌上，这样既不卫生，又不文明。

3. 幼儿在饭前不做剧烈运动，避免过度兴奋，饭前和吃饭时要保持儿童情绪愉快，并专心进餐，不说话。

4. 每餐时间不少于20分钟，教师要掌握幼儿进食量，保证吃饱吃好。教育幼儿充分咀嚼，不过分催促。对食欲不好的或突发的不想吃饭的幼儿及时报告保健人员，采取措施。

5. 纠正偏食，培养不挑食的习惯。

6. 吃饭过程中不扫地、不擦地、不铺床、注意吃饭时的卫生。

7. 饭后擦嘴，3岁以上幼儿饭后漱口，3岁以下幼儿饭后喝1~2口水，清洁口腔以达到预防龋齿的目的。

（资料来源：百度文库）

任务1.4 户外体育活动中的沟通技巧

 任务导入

团团是一名新来的小朋友，对于户外区域体育游戏还很陌生，总是看到哪儿新鲜就去哪儿玩儿，而且玩了一半就跑了，只见她一会儿跑到平衡区，一会儿跑到跳跃区，去奔跑区跑了一半就停下来了，导致后面的小朋友差一点撞到她。她的眼神一直很茫然地到处看，好像不知道该做些什么。

思考：假设你是团团的老师，面对这种情况，你该怎样与团团沟通？

 知识要点

户外体育活动是幼儿最喜欢、最离不开的活动，教育家杜威说过："幼儿阶段，生活即户外体育游戏，户外体育游戏即生活。"幼儿户外体育活动是对幼儿生活的反映，其生活经验是幼儿户外体育活动的基础和源泉，幼儿户外体育活动可保障促进幼儿身体的生长发育，提高技能，同时在户外体育活动中孩子的身心得到放松，更容易发挥想象、创造奇迹。

《幼儿园教育指导纲要》中明确规定，幼儿园要"开展丰富多彩的户外游戏和体育活动，培养幼儿参加体育活动的兴趣和习惯，增强体质，提高对环境的适应能力"。由此足以看出幼儿户外活动的重要性。户外活动能让幼儿接触新鲜空气和日光，不仅可以锻炼幼儿的身体，增强幼儿的体质，还可以在活动中培养幼儿不怕困难、团结合作的品质和勇于创新的精神。

玩是孩子的天性，缺少户外体育活动的孩子不是快乐的孩子，失去快乐的孩子身心是不健康的。可现在能让孩子真正放松、开心玩的户外体育活动并不多。为了让孩子不输在起跑线上，周末父母为孩子报各种特长班，不管孩子是否感兴趣，让孩子学舞蹈、钢琴、画画，剥夺了孩子玩的时间，就算有时间有的父母也因为担心不安全或者会弄脏衣服不卫生等理由不让孩子出去玩，让孩子们失去了与小伙伴一起在户外活动的快乐时光。

在幼儿园里，孩子们在户外可以尽情地活动，但很多时候孩子们玩得并不开心、不尽兴，因为各种原因教师会按照教学内容的需要有教育目的地给孩子安排一些户外体育活动，在这样的活动中，我们的老师往往给孩子们设计好户外体育活动的内容，并且制定出户外体育活动的规则和目标，让孩子们按教师的意愿去"玩"。在这样的户外体育活动中孩子是被动的，他们只是按照教师的规则和要求去做。例如，教师让孩子们做运果子的户外游戏，老师会事先制定出游戏的规则，跟孩子讲清规则后，让孩子们钻过"山洞"走过"小桥"将果子运回来，目的是提高孩子钻的技能和走平衡木的技能。户外游戏中孩子们只是被动地完成任务，缺乏主动性，孩子身心不能放松，不能投入地玩，教师累，孩子烦，当然会出现事倍功半的现象。久而久之，孩子们会成为依赖性强、没有主见的孩子，会成为技能高，但缺乏想象力和创造力的孩子。

户外体育活动的目的是什么？很简单，就是让孩子们快乐开心，并在此基础上自由地发展。这样的户外活动才是有益于孩子身心全面发展的。真正令孩子们喜欢的户外活动是不受大人支配的，让孩子自己做活动的主导者，他们自己决定活动内容，自己制定活动规则，自己分配角色和任务，尽管他们的活动内容在成人眼里很简单，似乎没有多大意义，规则也不是很合理，但关键是那是他们感兴趣的、自愿的。俗话说"兴趣是最好的老师"，有了兴趣孩子们会全身心地投入户外体育活动里面，在活动中他们的身心得到放松，心情愉快，在这样的状态下，他们可以无拘无束地发挥想象，创造奇迹。所以幼儿教师不要给户外体育活动提太多的要求和目标，放开手让孩子自己玩，在全身心放松的状态下，孩子们会发挥出潜质，身心得到全面发展，给我们带来惊喜。

幼儿教师应该给幼儿尽可能地提供丰富多彩的户外体育活动材料、玩具、道具等。例如，在小班的区角中，投放各种搜集来的废旧电话和手机，这样区角活动时自然就有孩子去关注该区域，在孩子们经过一番议论争辩和协商之后，几个孩子就玩起了打电话的户外体育游戏，有一些小朋友能说会道，组织能力强，他们自然就征服了大家，当了活动的"组织者"，给每个小伙伴安排了不同的角色和任务，确定了"爸爸""妈妈"和"孩子""老师"，按照他们的生活经验玩得很开心。在整个户外体育活动当中教师只是提供了道具，孩子们就能自己玩了，教师没有干扰孩子的活动，他们是活动真正的主人，但是在户外体育活动中孩子们的各种能力都得到了发展，收到了出其不意的效果。不但交往能力有所提高，语言表达能力有了提高，想象力也得到了发展，最重要的是每个孩子都很开心快乐。

除了活动材料外，还要给孩子提供宽阔的户外活动场地。例如，教师给孩子们准备足够多的呼啦圈，让孩子们在宽阔的户外草地上玩，教师不要限制玩法。经验所得，如果让孩子们自己利用呼啦圈来进行游戏，孩子们会很积极活跃。开始孩子们会用腰摇呼啦圈，然后在腿上摇，胳膊上摇，脖子上摇，有的滚着玩，有的套在身上连起来开火车玩，还可以放在地上跳圈玩，还可以摇着当绳跳，拿着圈来做健美操等，孩子们会玩出很多的花样，而且很开心不觉得累，在轻松的气氛中，不仅掌握了技能，还发挥出了想象力和创造力。

除了给孩子们提供宽阔的场地和丰富的材料外，还要给孩子足够的户外体育游戏时间。在幼儿园的作息制度下，给孩子户外体育游戏的时间往往不太多，有时候会出现这样的状况：孩子们正在兴奋地玩，可是规定的时间到了，孩子们很不情愿地听从老师的另一个安排。因此，在孩子玩户外体育游戏时我们不要轻易地打断、干扰孩子的游戏，老师可以适当地参与到户外体育游戏中去但不要充当指挥者，让孩子玩得尽兴，玩得开心。只有宽裕的时间才能保证孩子们全身心地投入户外体育游戏中去。

户外是一个开阔的天地，也是一本很好的教科书。作为一名幼儿教师，应通过恰当的语言交流技巧，保证和提高幼儿户外活动的质量，让幼儿充分体验到户外活动的快乐。

（一）言语鼓励幼儿喜爱户外活动

在户外活动中，幼儿教师扮演的角色不仅是引导者，更是富有童心的游戏伙伴。对于胆小、不爱动的或动作笨拙的幼儿，教师应该鼓励或带动他们一起活动；对于需要帮助的幼儿，可以适当地指导。当幼儿出色地完成了活动时，教师可以说一句："宝贝，你真棒！"教师应尽可能站在幼儿的立场上，通过幼儿的行动去把握幼儿内心的想法，理解幼儿独特的感受方式。

（二）叮嘱幼儿注意安全

户外活动场地较广，幼儿要分散活动，因此，保障幼儿的安全是非常重要的。老师的视线无法顾及每名幼儿，在活动前要尽可能预计到将出现的不安全因素，向幼儿耐心讲解、交代活动的规则和有关安全事项，增强他们的自我保护意识。幼儿教师还应该时时注意语言提醒，及时纠正幼儿的危险动作，发现问题及时进行必要的安全指导和安全教育。

 案例描述

户外活动活动开始近 10 分钟了，可是天天小朋友还是无所事事，老师就走过去鼓励他去参加活动："天天，你怎么不玩呢？"天天没有回答，于是老师接着说："你想玩什么，你就大胆地去玩吧！"天天马上拿起纸盒和积木开始忙活起来，为了支持天天的自主活动，教师也积极参与到他的活动中，并询问他要准备搭什么，从中了解到了他有自己活动的打算。看见天天这么积极，有些孩子过来一起参加，天天指挥着，和同伴们互动着：这里我们一起搭个门，这里再需要几个把它们连起来……最后呈现出了一条街的情景，大家欢呼着。

 分析

幼儿时期，是天真好奇、主动探索的时期，我们要抓住这一时期幼儿的特点，注重激发幼儿活动和学习的愿望，调动幼儿的积极性和主动性。在培养幼儿兴趣、激发幼儿在户外活动中的自主性的实际过程中，让幼儿动手操作起来，是一个非常好的重要手段。我们必须树立正确的指导思想，充分认识到幼儿在活动中的主体地位。给幼儿一个自主发展的空间，除了在物质环境上满足幼儿的需要，在精神上我们更应该相信孩子，了解孩子，发现每一个孩子的优点，使其充分感受到被同伴接纳、喜欢的快乐，建立自信心。

 拓展阅读

幼儿园安全教育知识 28 问答

（1）能爬阳台、窗台吗？为什么？

答：不能！因为阳台和窗台较高，不小心会摔下去，轻的会摔断手、脚，摔破头，重的会有生命危险。

（2）能在公路边玩吗？

答：不能。因为公路上有汽车往来，小朋友在公路边玩的时候，不小心会跑到公路中被撞伤。

（3）过马路时要注意什么？

答：过马路时要注意走人行横道，先看看左右有没有车辆经过再走，或者看红绿灯，绿灯亮时，车子不走就可以过马路了。

（4）能不能玩火？为什么？

答：不能。因为玩火会引起火灾，还会烧伤自己。

（5）电风扇在转动时，能把手伸进去吗？

答：不能。因为电风扇转动时速度很快，手伸进去会削断手指，还会触电。

（6）能把沙发当跳床吗？

答：不能。因为沙发的弹力大，不小心会把人弹到地上，摔伤手、腿、头，还会把沙发跳坏。

（7）父母不在家，有人敲门怎么办？

答：先问问是谁，听听是不是熟悉的声音。如果是爷爷、奶奶或亲戚才开；如果听到的是有点儿熟悉的声音，让他到单位找爸爸妈妈或下班再来找；听到不熟悉的声音，不开门，如果他硬要进来就打电话报警，或打开窗户叫喊或到阳台上叫人。

（8）乘车时能把头伸出窗外张望吗？

答：不能。因为伸出窗外容易被外面的树枝和其他物体划伤或被另一辆车刮伤，而且头在外眼睛容易进沙子。

（9）能不能在车上吃东西，为什么？

答：不能。因为在车上吃东西，如果紧急刹车，容易造成梗塞，特别是有带棒或有水的食物更危险。

（10）上下楼梯为什么不能拥挤或推人？

答：因为楼梯不像平路那么好走，如果拥挤或推人容易摔倒，滚下来，而且一摔倒会绊倒很多人，很多人会受伤，甚至发生生命危险。

（11）能不能玩小刀？

答：不能。因为小刀很锋利，如果不小心会划破手，严重的会刺伤自己或别人。

（12）能不能玩别针？

答：不能。别针尖，玩时易刺伤自己手或别人的眼，如果放进嘴里不小心吞下还要开刀才能取出。

（13）能不能把异物放进口中？

答：不能。首先异物不卫生，其次不小心把异物吞进肚里，要开刀取出。

（14）陌生人给你东西吃或带你出去玩，可以接受吗？

答：不能接受。因为不知陌生人是好人还是坏人。若是坏人给你吃的东西可能放迷魂药，吃了就会迷迷糊糊地跟他走。他带你去玩可能要把你骗走卖掉，你再也见不到自己的爸爸、妈妈了。

（15）你知道哪些报警电话？什么情况下才能拨打？

答：发生火灾时候拨打火警电话119，急救电话120，遇到交通事故拨打122，求救警匪电话110，要准确清楚地说明地点名称。

（16）能不能自己随便拿药吃，为什么？

答：不能。因为各种药的用途不一样，小朋友如果吃的不是自己的药或药量过多会中毒，严重的会死掉。

（17）为什么不能随便触摸电源开关？

答：因为开关带电，碰到会触电，轻则触伤，重则会电死。

（18）能在很高的地方往下跳吗？为什么？

答：不能。因为从很高的地方往下跳会摔伤、摔断手、脚，摔破头变成残废，严重的还可能有生命危险。

（19）跟父母上街时能随便离开吗？

答：不能。因为随便离开父母就有可能会迷路，还可能被坏人骗走。而且街上人很多，不小心容易被别人挤倒，会受伤，或被车撞伤，所以不能随便离开父母。

（20）迷路了怎么办？

答：如果我迷路了：

① 找警察叔叔帮忙，告诉他我家地址，让他带我回家。

② 到电话亭或门卫处打电话给爸爸妈妈，等爸爸妈妈来带我回家。

③ 找戴红领巾的哥哥姐姐或熟悉的人让他带我回家。

（21）乘车时能把手伸出窗外吗？

答：不能。因为车速很快，手伸出窗外容易被路边的树枝和其他东西划伤，或被另一辆车刮伤、刮断。

（22）能不能用尖锐的硬物去挖耳朵？

答：不能。耳朵里有一层很薄的耳膜，尖锐硬物挖耳时易捅破，轻则会流血溃烂，重则会耳聋，伤害耳朵。

（23）能不能把颗粒的东西放进鼻子里？

答：不能。鼻子起呼吸作用，颗粒的东西一进鼻内就难取出，轻则开刀，重则窒息有生命危险。

（24）能不能同不认识的人玩或回家？

答：不能。不认识的人不知是好人还是坏人，如果是坏人他可能会拐卖你，或到你家干坏事。

（25）在教室里能不能乱跑？

答：不能。因为教室里人多，桌椅很多，乱跑容易碰倒小朋友，或碰倒桌椅，碰到桌椅的尖角，使头部和身体受伤。

（26）在游戏时，为什么要遵守游戏规则？

答：因为游戏是很多人参加的，如果大家都不遵守游戏规则，游戏就不能继续玩下去，而且会碰伤人，容易出事故。

（27）遇到坏人要带走你怎么办？

答：首先不要紧张，不要害怕，如果在人多的地方就大喊大叫引起别人注意；如果在人少的地方就假装跟他走，寻找机会偷跑，或装肚子痛蹲下抓沙子或石头往坏人眼睛上扔。

（28）训练孩子讲清：××市（县）××镇××村，爸爸、妈妈叫什么名字？在什么单位工作？他们的电话号码是多少？

（资料来源：http://y.3edu.net/aqjy/96243.html）

 小贴士

幼儿户外活动时的安全注意要点

1. 教育幼儿活动前衣着整齐，衣服束在裤子里并系紧鞋带，以防摔跤。

2. 教育幼儿懂得安全要点，明白什么是危险并说明防范措施。

3. 教导幼儿正确运用活动器具以自制玩具。

4. 教导幼儿不在拥挤、有坑洞、潮湿的场地进行活动。

5. 教育幼儿游戏中不可随意藏入无人照顾的地方。

6. 教育幼儿在游戏中勿推挤、拉扯、互丢东西。

7. 玩绳子时，教育幼儿不可将绳子套住脖子。

8. 玩爬网活动，要求幼儿攀爬时要双手抓牢，不推别人。

（资料来源：百度文库）

幼儿安全教育小儿歌

班车安全：

上下车，排好队。不推不挤，不打闹。小朋友，要注意，坐车安全最重要。

楼内安全：

走廊里，不吵闹，脚步轻轻慢慢走。上下楼梯要排队，安静整齐靠右边。不要推挤小朋友，团结友爱一家亲。

就寝安全：

小朋友，排好队，走入寝室静悄悄。外衣鞋帽摆整齐，上床躺好不逗闹，盖好被子不蒙脸，呼吸畅通睡得好。

如厕安全：

小朋友，要知道，及时如厕很重要。进出厕所守规则，看清标记不滑倒。安全卫生记清楚，争做文明好宝宝。

喝水安全：

排好队，去喝水，取到杯，再接水。先凉水，后热水，再用嘴唇抿一抿。慢慢喝，别呛着，安全饮水很重要。

进餐安全：

小朋友，准备好。吃饭时间就要到，一口饭，一口菜，细细咀嚼，慢慢咽。嘴里有饭不说笑，追逐打闹更不要。

户外安全：

户外活动要切记，要把安全放第一。做游戏，听指挥，不乱跑，不乱推。与老师，不远离，集合时要及时，整好场地人人夸。

科学洗手：

洗手前，先卷袖，再用清水湿湿手。擦上肥皂搓一搓，指缝指尖都搓到。哗哗流水冲一冲，我的小手洗净了。

（资料来源：http://www.doc88.com/p-8426317086542.html）

任务1.5　让午休变得温馨愉快的沟通技巧

任务导入

张叙小朋友平时都没有午休的习惯，喜欢在床上玩，还会影响其他的小朋友。午休时间，大部分小朋友都沉沉地睡熟了，张叙还没睡着，还在不断地小声哼唱。

思考：假设你是张叙的老师，面对这种情况，你该怎样与张叙沟通？

 知识要点

优质的睡眠可以使神经系统、感觉器官和肌肉得到充分的休息，促进大脑发育、骨骼生长。每天，在幼儿园中会给幼儿安排 2～3 个小时午休时间，此时怎样让幼儿更好地进入梦乡是一门学问。通过语言沟通，引导幼儿又快又静地睡好午觉是非常重要的。

（一）语调轻柔，态度温和

安抚幼儿入睡，可以采取用轻柔的语调讲故事和唱摇篮曲相结合的方式。幼儿都非常喜欢听故事，男孩子尤其爱听变形金刚、超人等故事，女孩子则喜欢听白雪公主、灰姑娘的故事。教师可以抓住幼儿的特点，和他们协商好每天中午讲两个故事。或者轻唱容易引人入睡的摇篮曲，让幼儿幸福地进入梦乡。等他们睡醒后，教师可以让幼儿互相分享、沟通所做的梦，让幼儿有创意表达的机会，并及时肯定他们的表达，把他们的进步告诉家长。如此，一般幼儿在午睡时都能管好自己，很快进入梦乡。

（二）与幼儿达成"口头协议"

幼儿教师可以在幼儿午睡时和他们玩拉钩游戏，轻轻走到他们身边小声说几句鼓励的话或者给一个承诺，再和他们拉拉钩。

（三）不要责怪幼儿

和成年人一样，幼儿的睡眠时间也有个体差异。有的幼儿睡眠时间长，有的幼儿睡眠时间较短。因偶然的因素没睡好觉，对幼儿也不会有什么危害，幼儿教师不要过于紧张；如果幼儿经常难以入睡，天天精神萎靡不振，教师就要和幼儿一道寻找失眠的原因，帮助幼儿克服睡眠障碍。要切记，对于难以入睡的幼儿不要责怪。责怪会使幼儿有心理阴影，反而不利于入睡，有的甚至还会假装睡着。

 案例描述

今年国庆长假后，一向乖巧的管悦小朋友表现有些反常，原来很早入睡的她，整个午睡期间睁着眼睛，翻来覆去。那天正是我上下午班，午睡刚开始没十分钟，管悦就说："老师，我想上厕所。"不是刚上了厕所的吗，怎么又要去？但我转念一想，孩子要上厕所，就让她去吧，不然尿床了怎么办。于是我让她去了。可是接下来，管悦隔几分钟就要上厕所。她这样进进出出，其他睡着的孩子也被吵醒了，都躺在床上窃窃私语，使整个午睡秩序显得很混乱。管悦为什么有这种情况存在，难道是病了吗？可是起床后管悦的"病"立刻就消失了。下午孩子离园时，我把管悦午睡这种情况反馈给来接她的外婆，她外婆说："国庆长假期间由于我们忙，就无暇照顾孩子午睡，由她自己玩，几天下来孩子也习惯了不睡午觉，这几天管悦不想上幼儿园，因为她不想睡午觉。"

分析

在秩序感尚未形成之前，幼儿是通过外界的规律和习惯来适应这个社会和生活的，如果成人不了解，一旦打破这个规律，幼儿就会产生不安和焦虑。据研究，好习惯的养成需要21天，而坏习惯的养成只需要一秒。国庆7天长假，管悦在幼儿园形成的秩序感被打乱了，由于在家无规律无秩序的生活已适应了，养成了不睡午觉的习惯，当她返园时已经不适应幼儿园有规律的生活。但是老师不了解她的变化，要求她继续有规律有秩序地生活，让她睡午觉，就使她产生了不安和焦虑，所以她就用上厕所的方式来逃避午睡。

家庭是幼儿园重要的合作伙伴，争取家长的理解、支持和主动参与是我们每位教师进行家园合作的主要工作。幼儿园要发挥主导作用，要充分重视并主动做好家园衔接合作工作，使幼儿园与家长在教育思想、原则、方法等方面取得统一认识，形成教育的合力，家园双方配合一致，让幼儿健康和谐发展。同时，家长要重视幼儿规则意识的培养，把孩子良好习惯的培养放在首位，家庭与幼儿园的规则要保持一致，不能随便更改，以免让孩子面对不同规则而无所适从。

 拓展阅读

如何培养幼儿良好的午睡习惯

午睡是幼儿常规活动中不可缺少的环节。幼儿园作息制度中的午睡，是保证孩子有充足的睡眠、利于孩子健康成长的措施之一。幼儿年龄越小，所需的睡眠时间越长。不同年龄的睡眠时间为：3~4岁为12小时，4~5岁为11小时，5~6岁为10小时。幼儿每天的睡眠一般有两个时段：一个是夜晚，一个是午间，夜晚的睡眠很重要，午睡也很重要。幼儿身体在发育之中，自早晨至中午，由于参加集体教育活动和各种游戏活动，身体一定很疲劳，午睡尤其需要，午睡有益幼儿身心，是幼儿一日生活中的重要环节。从医学保健角度分析，幼儿睡眠时，身体各部位和脑及神经系统都在进行调节，氧和能量的消耗最少，利于消除疲劳，内分泌系统释放的生长激素比平时增加3倍，所以，睡眠的好坏直接影响着幼儿的生长发育、身体健康、学习状况。根据幼儿的生理特点，在幼儿园一日生活中（上午8时至下午4时），在长达8小时的学习游戏过程中，安排2~2.5小时的午睡时间是非常必要的。

然而每到午睡时，幼儿却表现得异常兴奋。由于每张床都是紧挨着的，因此，他们凑在一起好像有说不完的话。尽管教师不断强调："闭上眼睛，安静入睡。"但仍有幼儿偷偷说话……自己不睡也会打扰到别人。等到起床时，一个个又都叫不醒，勉强起来了，下午的活动也是无精打采。午睡质量的优劣直接影响着孩子的生活、学习乃至身心健康。因此，幼儿教师不仅要为幼儿上好课，组织好活动，同时，也要注重帮助幼儿养成良好的睡眠习惯。那么，如何让幼儿上床后尽快安静午睡呢？教师们可以尝试运用多种方式，组织幼儿安静午睡，这样会收到良好的效果。

一、创设适宜的午睡环境

安静舒适的睡眠环境有利于幼儿午睡，让幼儿在舒适的环境中进入睡眠状态。

（1）光线要适宜。如浅蓝的色调、柔和的光线会使人产生睡意，要适当拉好窗帘，保持卧室适宜的光线。

（2）空气要新鲜。睡前一小时打开门窗交换新鲜空气，午睡时可开个小窗。

（3）播放催眠曲。在午睡中幼儿教师可以播放优美、舒缓的催眠曲，让幼儿在优美的音乐中入睡。教师对一些难以入睡的幼儿要进行安抚，这样幼儿就会很快进入梦乡了。

二、做好午睡前活动的指导

幼儿园午餐后至午睡前这段时间往往是被忽略的环节，幼儿教师在指导午睡活动中本着"以静为主，动静交替"的原则。既避免强烈运动，又不能让幼儿静等。

1. 组织幼儿听故事和欣赏音乐

在进餐后，教师们也可以经常让幼儿坐在一起，收听一些录音故事，或让能力强的幼儿讲故事，这样可以开阔幼儿的眼界，又能培养幼儿爱好文学及认真听讲的好习惯；其次，教师还可以准备一些符合幼儿年龄特点的乐曲和歌曲，包括一些古典名曲，激发幼儿对音乐的兴趣，学会感受音乐的美。在家的时候父母也可以让幼儿躺下来听你讲故事或听一些优美的音乐。通过这些活动，可以保持幼儿情绪的安定，为午睡做好准备。

2. 组织幼儿散步，饭后要求幼儿做完自己所有的事情，例如，上厕所、漱口洗嘴、喝水等

幼儿排着队在楼道内进行走线活动，这样不仅可以使幼儿的心情平静下来，也可以使幼儿得到更好的消化。幼儿园可以在楼道内设作品区，幼儿可以在走线时参观一下其他小朋友的作品。夏天的时候也可以到院子里散步，呼吸新鲜空气，让幼儿观察花草树木的变化，可在有树荫的地方坐一会儿，互相谈一谈自己看到的、听到的，让幼儿在大自然的怀抱里享受无穷的乐趣。睡前散步不仅有助于食物的消化，而且有利于气血的流通，使气顺血和，由此而得到更好的休息和睡眠。此外，睡前在户外散步，大脑会更清醒，心情会更舒畅，吐故纳新的结果会缩短初睡至熟睡的过程，这对幼儿是有益的。

3. 教给幼儿一些有趣的睡眠儿歌

为了提高幼儿对午睡的兴趣，明确在午睡时要做到哪些事情，教师可以教幼儿学习一些好听的儿歌，如儿歌《午睡》："树上的小鸟静悄悄，花园里的小花微微笑，鱼缸里的鱼儿睁大眼，看着小朋友来睡觉，脱下衣服叠整齐，脚上的鞋轻轻摆放好，轻轻地盖上小花被，舒舒服服地睡着了。"

4. 给幼儿讲睡前故事

有些幼儿睡前喜欢听故事，他们在家里也是听着妈妈的故事睡觉的。这类幼儿在小班比较多。对于这类幼儿，在他们躺好后，教师可以给他们讲喜欢的故事，或播放故事磁带。教师在讲故事或播放故事时要注意将音量慢慢地降低，故事的内容节奏要平缓一些，这样幼儿听着听着就会安静地睡着了。

5. 逐渐培养幼儿独自入睡的好习惯

有些幼儿会自动安静地入睡，但相当多的幼儿在家中需要家长陪伴或者有安慰物才肯入睡。一开始，可以允许这类幼儿按照自己在家中的习惯午睡，比如，有的幼儿喜欢抱着自己心爱的玩具或小毛巾睡觉，有的幼儿要嗅着小被头才睡得着。等幼儿适应了幼儿园的生活，与教师建立了平等、信任的关系后，教师可以利用"小毛巾借我用用""玩具太脏了，给它洗洗澡"等方法，帮助幼儿改正不健康的睡眠方式。

三、培养幼儿良好的睡眠习惯

1. 培养幼儿有顺序穿脱衣服、鞋袜的习惯

刚开始，班上一些新来的小朋友自理能力还比较差，有的幼儿都不会穿脱衣服。这时，幼儿教师就应该耐心、细致地进行指导，鼓励有进步的幼儿，并进行家园同步教育，让家长在家中指导幼儿自己穿脱衣服、鞋袜。在家园共同努力下，幼儿们都能做到正确迅速，而且有序。

2. 培养幼儿正确的睡姿

幼儿的睡姿正确与否，关系到幼儿睡眠的质量和身体健康。俯卧压迫心脏，血液循环受影响；蒙头睡会使幼儿不能舒畅地呼吸到新鲜空气，所以必须培养幼儿仰睡或右侧睡的正确姿势。例如，有一个叫星星的小朋友，无论是睡觉还是吃饭时总喜欢吮手指。起初，教师总是帮她把手指轻轻地从口中拿出来，可过一会儿，手指又被含在口中。教师与幼儿在每天早饭后都有十几分钟的语言段时间。教师可以给小朋友讲述一个日常小常识——为什么指甲会长长？刚开始小朋友都不知道为什么？讲完后，老师提问小朋友指甲内有什么？告诉小朋友指甲长长了还会存很多的细菌。能不能去吮手指？会有哪些害处？在你身边有没有这样的小朋友？从那天午睡起，星星再也没有吮过手指，而是把小手悄悄地放在身体两侧，很快地睡着了……通过这些小事我们可以发现有些时候不要强制性地向孩子灌输一些道理，而要采取一些有效又易于被接受的方法，让孩子自己改正缺点。教师和家长要认真指导幼儿午睡，这不仅是必要的，而且是很有意义的。

（1）如幼儿睡觉的姿势不正确，就会影响其健康，严重的还可能发生窒息或呼吸困难，这就需要老师和家长留心观察，帮助孩子及时纠正不正确的睡姿，让孩子养成良好的睡姿。

（2）有的幼儿咬牙齿、说梦话，做噩梦时大喊大叫，这都需要教师耐心抚慰使其重新安稳入睡。

（3）有的幼儿有尿床的习惯，这又需要教师细心观察，设法纠正，必要时与家长联系就医诊治。

总之，午睡时可能发生的问题很多，都需要教师认真观察，家长积极配合，正确指导，及时解决。如果不注重培养午睡的良好习惯，会影响孩子的身体健康，这就需要我们耐心地帮孩子养成良好习惯，让每个孩子都能健康茁壮成长。

（资料来源：https：//baobao. baidu. com/question/
a5350896d0beb147f8906846b9ed566b. html）

 小贴士

午睡前，幼儿需注意哪些安全问题

1. 注意幼儿鼻腔的清洁。

有一些宝宝由于自己还没有完全的自理能力，在上午阶段，玩耍或者是上课的过程中，趁教师不注意，会把一些小纸团、豆粒等东西塞到鼻孔里，这样到了午睡的时候，鼻腔会严重堵塞，容易造成窒息的危险。

因此，在幼儿午睡前要注意鼻腔的清洁，家长们应告诉幼儿最好午睡之前先洗个脸，清洗一下鼻孔内部的垃圾，让幼儿养成这样的自理能力是最好的。另外，要告诉幼儿，如果感觉哪里不舒服，一定要及时告诉老师，请老师帮忙处理。

2. 注意幼儿的体温。

如果幼儿在午休的时候，体温偏高，就很容易出现发热、惊厥、呼吸困难等问题，因此，家长们要告诉幼儿午睡的时候盖好小肚子就可以了，不要把被子全部盖在身上，也要请教师们注意，一旦发现幼儿体温偏高、身体发烫，一定要及时给幼儿降温，缓解幼儿因高温所带来的不适症状，避免幼儿午休时发生危险。

（资料来源：百度文库）

任务 2 幼儿园其他活动中的沟通与表达
Misson two

学习目标

1. 学会如何在大型集体活动中与幼儿及幼儿家长进行沟通。
2. 学会如何在突发事件中与幼儿和幼儿家长进行沟通。

幼儿园时代是人最无忧无虑的启蒙时代。在幼儿园的教育中，幼儿逐渐明白生活规律和生活常识。在幼儿生长的关键时期，幼儿园教师通常扮演了父母、教师、朋友、玩伴等多重身份，因此，幼儿园教师应该是这个时期除了父母外对幼儿影响最深的人。所以，幼儿教师的一言一行幼儿都会格外关注，并会进行模仿。教师应该善于利用自己的沟通能力，真正认识幼儿的思想、能力并对其重点特征进行研究，使幼儿的思想和能力得到有效提升。同时，幼儿教师应循序渐进，耐心地引导幼儿，多给幼儿创造独立尝试体验的机会，从而培养孩子的综合素质。在幼儿的培养过程中，要积极鼓励孩子的每一点进步，帮助他们树立自信心，使他们具有较强的社会适应能力和心理承受能力，并能勇敢地面对问题、解决问题。

幼儿教师的言行会影响幼儿的言行。因此，幼儿教师应该使用既符合幼儿教师的身份，又适合幼儿发展的语言，以达到更好地教育幼儿的目的。

任务 2.1　幼儿园亲子活动中的沟通与表达

任务导入

早慧幼儿园在"五一"举行了一场大型亲子运动会。在两人三足这项游戏中，玖玖妈妈害怕玖玖受伤，就不让玖玖参加这项活动，但是玖玖自己十分想参与其中。

思考：假设你是玖玖的老师，面对这种情况，你该怎样与玖玖的家长沟通？

知识要点

20 世纪末期在美国、日本和我国台湾等地兴起了一种新型教育模式——"亲子活动"，它是由幼儿园创造一定的条件，以亲缘关系为基础，以教师为主导、教师与家长共同组织幼儿活动的一种幼儿园教育方式。幼儿园亲子活动，强调家长与幼儿的共同参与，强调家长的积极参与，强调幼儿教师、家长与幼儿之间的互动性；强调通过亲子间的互动游戏，让幼儿充分地活动起来，得到科学的指导，并且帮助家长建立融洽的亲子关系和形成正确的教育观念及态度，实现幼儿学习、家长培训的目的，以提高家长科学育儿的水平，成为合格的教育者，从而促使幼儿良好地发展。著名的幼儿教育学家霍姆林斯基也说过："没有家庭教育的学校教育和没有学校教育的家庭教育，都不可能完成培养人这样一个极其细微的任务。"

《幼儿园教育指导纲要》在总则里提出："幼儿园应与家庭、社区密切合作，与小学衔接，综合利用各种教育资源，共同为幼儿的发展创造良好的条件。"幼儿园的亲子活动不仅可以创造幼儿、家长、幼儿教师一起活动的空间，而且是三者感情交流的主要形式。举办亲子活动，不仅能促进家园合作，还能增进亲子之间的感情，对促进幼儿园教育具有重要作用。

首先，帮助家长建立主人翁意识，激发家长积极合作的态度。

在幼儿教育中，教师与家长都是儿童教育的主体，共同的目标是促进儿童的发展，相互间是合作伙伴的关系。可现在有很多家长因平时工作太忙，没有多少时间去关照孩子，认为孩子放在幼儿园让老师教育就可以了，对孩子在幼儿园的方方面面都很少过问。以前就有家长经常这样对教师说："老师，你说了算。""老师，你看可以就行吧。"完全没有认识到自己的责任和义务，缺乏参与幼儿教育的意识。家长应看到，孩子既是自己的子女，也是国家的未来，自己有责任与教师合作共同培养孩子。开展亲子活动可以让忙碌的家长建立主人翁意识，与教师共同承担教育孩子的责任。

其次，让家长走近幼儿园，使他们了解幼儿园的教育理念。

亲子活动可以帮助家长了解孩子的情况，走近幼儿园。在活动中教师有针对性的指导可以缩短教师与家长的距离，同时经过观察教师的教育行为和孩子的表现，家长反思自己的家庭教育内容和方法，使其在活动中获得正确的育儿观念和育儿方法，并将观念和方法融入与孩子相处的每一刻，逐步了解培养、教育孩子的重要性，从而最终实现孩子的健康和谐发展。

再次，促进亲子关系的健康发展。

家庭中的亲子关系将对孩子终身发展产生重大影响。亲子关系直接影响孩子的心理发展、态度行为、价值观念及未来成就，但由于现代社会中，家长的压力较大，被自身的一些问题所缠绕，就会产生情绪不稳定，对孩子的态度较急躁，导致亲子关系比较紧张，缺乏应有的和谐、愉悦。还有些家庭，几个大人围着一个小孩，对孩子过分的溺爱，这种亲子关系也是不正常的。由此可见，在孩子的成长过程中，健康的亲子关系是多么的重要，开展丰富多彩的亲子活动不仅有益于亲子之间的情感交流，促使亲子关系健康发展，同时对幼儿本身的发展也具有重要的促进和影响作用。

最后，为幼儿与家长、教师与家长、家长与家长之间搭起一座沟通的桥梁。

开展亲子活动满足了幼儿依恋父母的情感需要和家长希望了解孩子在集体生活中一些情况的愿望，同时是进一步密切教师与家长的关系，实行家园同步教育的好形式。有些家长为了很好地培养孩子，不让孩子输在起跑线上，经常去学习、吸取好的教育知识和育儿经验，都成了半个育儿专家，通过开展这样的亲子活动，家长之间可相互交流，相互学习，共同探讨"育儿经"。

（一）亲子活动中幼儿教师与家长沟通

亲子活动的形式决定了在亲子活动中，承担教学责任的教师，除了要照顾到参加活动的孩子之外，还要注意到特殊的"受教育者"孩子的父母。在活动过程中，孩子的父母既要学习如何自行实施亲子教育和开展活动，又要照顾孩子，往往会显得手忙脚乱，无法正常地跟上教师的活动安排，又或者是担心孩子的安全而不敢开展活动。当遇到这种情况，教师一般需要和家长进行沟通以保证亲子活动顺利进行，但这时一般会出现下列沟通问题：

1. 沟通技巧存在问题，教师对家长的指导，被家长误解为"训斥"

从事亲子活动的教师是经过训练的专业教师，而一般的家长对学前期儿童的教育缺乏教育经验和方法，这样就容易使教师对家长产生轻视，在指导家长时，语气上常会显露出"权威"和"命令"的口吻，容易使家长产生反感，认为自己受到"训斥"，因而对教师的教学活动采取消极甚至排斥的态度。

2. 教师对活动安排的解说不当，易使家长产生误解

亲子活动的教师与其他教师不同，在开展活动时通常无教材或统一要求。家长由于缺少相对知识，对活动的整个过程缺少必要的了解，而教师在活动中的解说，由于措辞等方面的原因，容易使家长对活动的安排产生误解，无法正确完成活动安排。

3. 由于教育观念不同，教师与家长易产生争执

从事亲子活动的教师，一般是从专业角度出发，为家长和儿童设计活动，教学态度理性，看待问题冷静、客观。但家长作为儿童的父母或监护人，长期与孩子相处，在思考问题时以感性为主，对孩子在活动中表现出的问题缺少客观、冷静的分析。当教师指出孩子在活动中存在的问题时，家长会出于对自己孩子的"保护"心理而与教师产生争执。

4. 教师与家长沟通时效性差，活动无法正常进行

教师在亲子活动中，要同时对多位家长进行指导，有时会因为某一家长的问题而长时间忽略其他的家长和孩子正在进行的活动，由于指导时间不及时，容易使其他家长活动停顿，无法正常进行。

5. 教师与家长缺少接触，没有默契，活动无法开展

从事亲子教育活动的教师，往往只在进行活动时，与家长就当前活动进行沟通。对孩子在家时的表现、在家进行的活动、目前的发展状况、家长与孩子的关系等重要问题，通常都没有与家长进行充分的沟通。活动设计时并没有与家长协商，造成活动设计与孩子的发展相脱节，家长与教师缺少默契，无法正常开展亲子活动。

因此，幼儿教师在与家长沟通时，要注意沟通策略。

首先，沟通要注意语气真诚。例如，"非常感谢各位家长百忙之中抽空参加我们今天的亲子活动，谢谢你们对我们工作的支持！"

其次，简要说明教师要求以及幼儿在幼儿园的表现等，诚挚希望家长配合工作。例如：

——为了让幼儿能参加晨间活动和不耽误正常的教学活动，希望各位家长尽量让幼儿在规定的时间到园。如果因为一些特殊原因迟到入园，请您轻声地和幼儿道别、和老师交谈，不要影响其他幼儿的正常活动。

——如果您的孩子在家出现情绪不稳定或身体不适时，请您在送孩子入园时及时告诉老师，以便我们能多关注孩子，避免意外事故的发生。

——在家早晚睡觉穿脱衣服的时候，可以让幼儿自己完成，这样可以让幼儿的自我服务能力得到锻炼。

许多家长太急于让幼儿学到具体的技能，教师一定要给予有针对性的示范、指导，间接引导家长。家长做得不正确的时候，教师要用耐心的语气及时给予引导、示范，发挥家长的主体性，使他们学会有策略地指导幼儿。可以针对幼儿存在的问题进行个别交谈、家教咨询、家长座谈等。

亲子活动时，教师在指导家长时应多运用以下三大原则：

第一，集体和个别指导相结合的原则。集体指导主要指在教师示范或总结环节时面向所有家长进行讲解，集体指导一般应在每个环节开始前进行。例如，活动开始时，教师需面向所有家长，说明此次活动的目标、环节、教育价值，让家长清楚地知道此次活动的发展目标及活动流程。

个别指导主要在分散活动环节中进行，应结合某个家长的具体情况，给家长提出改进建议，包括家长对孩子的关注度以及家长的教育态度、互动语言、动作表情等。同时，个别指导环节也是听取家长反馈、观察家长学习情况的机会，个别指导环节可进一步了解家长的想法、做法，有利于调整亲子活动方案。

第二，语言指导和行为示范相结合。设计亲子活动方案时，应精心设计家长指导语。亲子活动中，经常有部分家长并未意识到自己应承担的角色，只认为自己要配合老师照顾好孩子的安全，而忽略了参与集体活动。教师需用明确的语言，提前给家长提出要求或分配任务。家长指导语尽量简明扼要，便于家长和孩子记忆、掌握，而且如果指导家长的时间过长，那么同时参加活动的孩子也坐不住。如果必须进行较长时间的讲解，教师应提前准备吸引孩子注意力的游戏材料和活动，以免家长分心，指导活动无法顺利进行。

再好的语言指导也必须配合有效的示范，教师的行为示范要远比语言指导来得准确有效。教师的示范包括示范玩教具的操作方法、亲子互动的技巧等。无论语言指导还是行为示范，都应贯穿亲子活动的始终，教师的一言一行都对家长有潜移默化的影响。因此，教师的语言和动作应清晰、有序，便于家长和孩子掌握。

第三，与家长积极互动。在亲子活动中教师应主动与家长沟通，让家长感受到源自教师的尊重、信任和关怀，从而使家长与教师逐步建立起相互信任、支持的合作关系，进而形成良性互动。

例如，教师应提前进入活动场地，面带微笑、态度和蔼，与家长和孩子逐个打招呼，简单了解孩子在家的表现和健康情况，观察和安抚孩子与家长的情绪。活动中，教师在对孩子进行个别指导时，应特别关注家长和孩子的需要，为他们提供及时的帮助，并给予妥善的安排。

任何人都希望得到别人的肯定，家长也是如此。亲子活动中，家长积极参与活动、引导孩子练习新技能的方法得当、尊重孩子等表现，都应当得到教师的表扬。教师在表扬家长时，一定要具体、有针对性，指出家长何种表现对孩子的发展有意义，值得表扬。被表扬的家长感受到了教师的关注，可增强对教师的信任感；而其他家长则会对比自己和被表扬的家长的差距，学习被表扬的家长，改进自己的教育行为。如果家长的某些做法需要改进，教师应面对微笑、态度亲切地进行指导，这样家长更易于接受建议。

为了保障在亲子活动中能与家长积极互动，教师还要注重培养家长的规则意识和参与习惯，以保证活动能有序、有效地开展。例如，提前向家长强调亲子活动的规则和要求等。活动中，家长要引导孩子练习新技能，要协助孩子根据自己的意愿选择玩具，尊重孩子喜欢的玩法；每次游戏结束，要协助孩子完成玩具的整理与归位。

教师还要强调，在进行亲子活动时，家长尽量不要随意交谈；教师示范时，家长不要向孩子做不必要的讲解，也不要过多干涉孩子的操作，更不要将自己的孩子与其他孩子做比较，要时刻记住孩子是具有个体差异的。

规则和自由是相伴的，有序的活动可以让参与者感受到更大的自主空间。在活动过程中，教师应注意的是指导家长的关键在于支持家长而不是指挥家长，给家长自信而不是让其受挫。所以，亲子活动中教师要适时地给予家长指导，让家长能正确地教育和引导孩子，使孩子能快乐、健康地成长。

（二）亲子活动中幼儿教师与幼儿的沟通

幼儿教师应该善于利用自己的沟通能力，将自己的进步与幼儿的健康发展进行结合，互相促进。

首先，对幼儿思想的正确认识。在进行辅导过程中，在幼儿的思想提升方面，通过亲子活动的引导，使他们在智力与思想方面能够不断地提升，并且要对幼儿进行有效的思想教育，使他们认识清楚基本的事物，对他们的待人接物进行有效的教导，使他们真正认识到自己的发展潜力，这对于促进教师与幼儿的良好关系会有较大的帮助。

其次，创新性思维的引导建设。教师可通过亲子活动渗透给幼儿一些知识，有效提升幼儿的智力，使更多的好想法能够实施，真正使亲子活动能够对幼儿的教育起到较好的帮助。同时，教师应该对幼儿讲述正确的行为准则有哪些，在幼儿的心里埋下一个优良的标准，使幼儿在成长的过程中，能够真正对自身的思想进行有效的建设，使教师在进行有效的行为教导过程中，能够顺利地对其进行引导。对幼儿来说，他们对于新鲜事物是比较感兴趣的，教师在进行有效的教导提升过程中，应该渗透创新性的思维，使幼儿能够真正将自己的想法表达出来，使幼儿养成一种独立思考的好习惯，把握创新性思维建设过程中的良好方法。

在亲子活动中，幼儿教师与幼儿沟通，一定要注意多鼓励，避免一味批评。幼儿在受到教师赞赏、鼓励之后，会因此而更加积极地去努力，会把事情做得更好。例如，教师可以说："别怕，你肯定能行！""你是个聪明的孩子！"教师一定要让幼儿保持内心自信的火种。即使幼儿在活动中完成得不好，也要鼓励他们，例如："孩子，你仍然很棒。""你一点也不笨。""下次一定会做得非常好。"

 案例描述

为了增强家庭的亲子情感，为家庭和学校、家长和孩子提供更好的交流机会，云亭中心幼儿园中班年级组举办了《水果恰恰恰》亲子活动。

甜甜的果肉，美妙的音乐，快乐的游戏把家长早早就吸引到了幼儿园。整个活动以水果为主线，串联了"快乐亲子游戏""智力大冲浪""亲子制作""快乐瞬间"4个主题的活动。在"快乐亲子游戏——亲子金圈"中，所有的家长和孩子手拉手围成一个大圆圈，3个金圈分别从每个家长和孩子身上套过，当金圈在不允许用手帮助的情况下从爸爸妈妈头上套进又从脚下套出时，爸爸妈妈仿佛又回到了童年时代，跟孩子一起玩得不亦乐乎。"智力大冲浪"分为家长组和孩子组，老师对家长提一些有关水果常识的问题，答对的家长可以获得奖励，孩子们都焦急地为爸爸妈妈加油，当爸爸妈妈答对问题而奖励一份水果时，孩子们欢呼雀跃。"亲子制作"主题更是精彩纷呈，家长和孩子们利用各种水果制作脸谱。圆圆的橘子变成了胖胖的小猪，大大的西瓜变成了戴帽子的漂亮姑娘，红红的圣女果变成了串串项链……孩子们在和爸爸妈妈一起制作的过程中，享受到了亲子合作的快乐，品尝到了制作成功的喜悦。"快乐瞬间——唱、跳水果歌"中，爸爸妈妈的表现令大家折服，当音乐响起时，爸爸妈妈一改往日的矜持，和孩子们一起边唱水果歌边跳舞，投入程度令老师们始料不及。在水果品尝会中，爸爸妈妈和孩子们边吃边交流，让我们感受到了浓浓的亲子情感。

 分析

在亲子活动中，父母和孩子一起合作，培养了孩子的动手能力，发展了孩子与家长的创造性、想象力与合作认识，同时促进了家长与孩子间的亲子情感，让孩子体验到了与父母合作的快乐。父母和孩子一起蹦蹦跳跳，不仅让此次活动达到了高潮，还增进了浓浓的亲子情，同时也发展了幼儿动作的协调性和灵活性。

 拓展阅读

幼儿园亲子运动会中的不适宜行为

1. 家长在亲子运动会中的不适宜行为

（1）代替幼儿。例如，运动会常规项目推小车。在推小车的亲子游戏中，要求幼儿坐在小车上，家长推着小车绕过障碍走到终点，让幼儿装上 5 个果子（海洋球），再绕过障碍到达起点。规则是孩子负责装运果子，家长不能代替。但是在比赛过程中，许多家长根本没把这个规定放在心上，一看到孩子拿不到"果子"或是把"果子"掉到地上，便急忙帮幼儿将"果子"直接放在小车里。这个游戏的目的是训练幼儿手的小肌肉动作发展和手臂力量的，如果整个游戏过程都是家长代替幼儿去"装果子""捡果子"，幼儿便失去自己动手的机会，也就得不到任何发展小肌肉动作的机会，这个游戏也就没达到应有的目的。

（2）带头犯规。例如，在亲子运动会中，有一个项目叫作"袋鼠投球"，是指"小袋鼠"将皮球投到"袋鼠妈妈"的大口袋里，这个运动会项目可以促进幼儿投掷能力的发展。每位妈妈扮演"袋鼠妈妈"，小朋友站在妈妈对面稍远的地方，将身旁筐子里的皮球逐个投到妈妈的大口袋里。这个项目的规则是"袋鼠妈妈"和"小袋鼠"之间有固定的活动范围，不能超出界限；谁投到袋子里的皮球多谁获胜。比赛过程中，许多幼儿不能准确地将球投到妈妈的口袋里，这时，妈妈们就主动走到幼儿面前，让孩子把球直接放进了口袋里。这样一来，妈妈们不仅带头破坏了规则，使得幼儿们也学会了不遵守规则，并且没能有效促进幼儿投掷能力的发展。

（3）忽视安全。例如，在两人三足的游戏中，要将孩子的一只脚和家长的一只脚绑在一起，比赛中家长和幼儿要保持协调一致、配合得当才能顺利完成任务。在快速行走的过程中，由于家长和幼儿在行走速度和行走幅度上有较大差距，如果家长一味追求比赛结果，走得太快，没有照顾幼儿的速度和幅度，很容易将幼儿拽倒，自己也跟着摔倒。再如，某个比赛项目要求家长抱着孩子跑到终点，有好几个家长只顾着第一个冲到终点，而忽略了怀中的孩子，抱着孩子跑，身体协调性本就不好，再加上跑得太快，很容易摔倒，这样即使赢得了第一名，以家长和孩子受伤为代价就得不偿失了。

（4）过度保护。例如，在骑自行车的比赛中，家长担心孩子刚学会骑车比较危险，担心骑得太快会摔倒，担心和其他小朋友相撞不安全，或是直接让孩子不要参加这个项目。在其他的游戏活动中，如果孩子不小心摔倒，家长不仅赶忙冲过去扶孩子，检查有没有受伤，甚至没什么大碍也会让孩子停止游戏。当两个幼儿发生冲突时，家长只保护自己的孩子而不是让其认识到错误。上述都是家长过度保护幼儿的例子，这样的保护会使幼儿得不到身体锻炼的机会、面对困难坚持不懈的优良品质、自己解决问题的方法、与他人友好相处的技能，反而会使孩子变得任性、骄纵、胆小……

2. 教师在亲子运动会中的不适宜行为

（1）指导不充分。运动会准备阶段，老师们都会事先带领幼儿熟悉运动会比赛项目，找来相关体育器械预演和练习每个项目，让幼儿掌握玩法、规则等，还有的教师会把运动会比赛项目简介、幼儿分组分配情况张贴在教室门口供家长参阅，但这并不意味着教师对幼儿和家长的指导已经充分完备，教师应该通过家长会等形式讲解运动会中的安全注意事项、每个运动项目的规则、幼儿和家长需注意的其他问题，并让家长意识到运动会的根本目的和意义所在，这样家长们在比赛过程中就不会只注重比赛结果，而忽略规则、优良品质的培养。

（2）忽视幼儿的兴趣和发展。幼儿园在组织亲子运动会时，应让所有幼儿参与进来，有展现自己的机会，但实践中仍然存在一些问题，如让能力强的幼儿多参加几个项目，能力弱的只有一个项目；在具体安排哪些幼儿参与哪些比赛项目时，没有考虑和询问幼儿的兴趣和感受，老师们只是按照家长是否有空、哪个孩子能力更强来安排。

（3）注重形式，忽略本质。一般运动会都要求幼儿、教师、家长穿上统一的服装，这样可以增强可视性、美观性，但有的教师在运动会前将大部分精力放在服装、道具、口号、发言稿等形式上，忽略了运动会的本质是促进幼儿身心发展以及团结合作、勇敢坚强等精神品质，更好地理解友谊、竞争等概念。例如，有位老师将一套小蜜蜂的服装买来给幼儿当班服，但是这套"蜜蜂"服没有袖子，春秋季节穿会生病，这种只注重一时的美观和外在形式，忽视幼儿健康的做法也是不可取的。还有的教师将重点放在出场操的编排上，为追求整齐划一只挑选个子一样高的幼儿，这些都使得运动会有"作秀"倾向，表面华丽，却偏离了初衷。

（4）影响正常教育活动。很多幼儿教师占用集中教育活动时间和游戏活动时间排练团体操、练习运动会比赛项目，适当的熟悉和练习是必要的，但是像这种枯燥、功利、干扰正常教育活动的行为就不可取。一整天都是团体操和各种体育活动，会耽误其他领域教育活动的开展，不利于幼儿身心全面发展。另外，游戏是幼儿最基本的活动，占用幼儿游戏时间，并让幼儿做超负荷的、枯燥的练习是有害身心发展的。

（5）注重结果。有的亲子运动会设置了奖项和奖品，但这些奖项只颁发给第一名的孩子，导致大部分幼儿没有奖品和荣誉，会产生失望、自卑等不良心理，甚至出现幼儿回家后跟家长要奖品的现象。所以，幼儿园应该综合考虑，最好设置多种类型的奖品和奖项，让每个幼儿都体会到成功的喜悦，毕竟幼儿园的运动会重在参与，不同类型的奖项可以体现幼儿不同的特长和优点。让个别幼儿参与多项有优势的项目，而实力差的幼儿只能参加一个项目，这也是教师注重结果，而忽略过程的体现。

（资料来源：百度文库）

任务2.2　节日演出、运动会等活动中的沟通与表达

 任务导入

　　"六一"儿童节即将到来，幼儿园开始进行"六一"文艺汇演的排练活动。楚楚因为觉得排练占用自己的娱乐时间便不参与集体活动。

　　思考：假设你是楚楚的老师，面对这种情况，你该怎样与楚楚沟通？

 知识要点

　　幼儿最喜欢过节。在家里，爸爸妈妈带他们逛公园、看电影、走亲访友；在幼儿园里，老师向他们赠送礼物，组织观看文艺演出，开展文艺活动，等等。在节日里，幼儿又最容易"撒娇"或暴露出其他一些缺点。因此，家长和老师应充分利用节日这个良好的时机，对幼儿进行心灵美和行为美的教育。

　　每个幼儿园都会在相应的节日组织演出活动或者运动会，尤其是在属于每个孩子的重要节日"六一"儿童节。为了欢庆儿童节的到来，大多数幼儿园会提前几个星期、一两个月时间进行积极筹备，此外，在元旦、端午、中秋、圣诞节等节日时，幼儿园也会自发组织一些活动，如"主题展示活动""优秀宝宝展示活动""装扮圣诞老爷爷"等。在节日里看到孩子们欢欣起舞、隆重热闹的演出，无疑会给不寻常的一天增添无限的热闹。那么，在节日演出或者运动会里，教师需要具备哪些语言沟通与表达技巧呢？

　　幼儿演出活动是为了迎接节日的到来，为节日增添一分喜庆色彩。教师首先可以结合历史背景、民族文化特征，给幼儿讲一些小故事，例如，向幼儿介绍端午节是为了纪念伟大的爱国诗人屈原，介绍端午节包粽子、赛龙舟等习俗。先让幼儿对节日产生兴趣，再在参加排练、演出的过程中以有声或无声的各种方式将民族文化特色表现出来；同时，幼儿的精彩演出也可为节日增添浓浓的喜庆气氛。需要注意的是，在与幼儿讲一些典故或者风俗时，要做到发音准确、清楚，因为幼儿从小养成的语言习惯和发音特点，以后是很难改正的，要让他们从小就规范化地使用语言，防止他们听过以后没有记住，这也是在潜移默化地为将来的口语表达和知识积累奠定基础。

　　教师说话要充满热情和激情，给演出或者运动会营造热烈、美好的氛围。例如："虽然天气有点冷，但我相信每个小朋友、家长和老师心中都跳动着一团热情的火焰。在这激动人心的时刻，让我们对每个小演员、小运动员致以亲切的问候和诚挚的祝愿。也请家长不要吝惜您的掌声，在每个节目结束时给予热烈的掌声。"

　　同时，幼儿在参与排练或者演出时，通过一起活动、共同体验，表达出一样的或不同的情结情感，容易产生共鸣，促发幼儿相互学习、相互配合、相互促进，进而形成友好、愉快、协调的幼儿集体。教师可以告诉幼儿，参加节日演出和运动会是集体凝聚力的重要体现形式之一，希望小演员、小运动员们能在舞台和赛场上充分展现团结进取、蓬勃向上的精神风貌。

案例描述

在中秋节那一天，雨田幼儿园举办了"快乐的端午节"文艺演出活动。在活动过程中，小朋友们不仅进行了文艺汇演，还针对一些与端午节相关的知识进行讲解，如介绍端午节的来历。同时，还对端午节的一些传统活动进行了体验，例如，包粽子、划龙舟，等等。师生互动良好，幼儿参与活动情绪高，活动效果好。

 分析

本次活动是以"端午节"为基本材料而生成的以促进幼儿全面发展为目标的教学活动之一，源于幼儿对生活中所熟悉的事情——"端午节"的关注，并在此基础上不断根据幼儿的好奇、兴趣而及时调整、修正活动的设计。整个活动的展开是以幼儿参与、适当引导为主，帮助幼儿了解、强化了对端午节的认识。

 拓展阅读

浅论节日对幼儿的启蒙教育

当今社会出现越来越多的"421"家庭。家里的孩子都是独苗，骄纵、任性也就成了必然。"复旦研究生投毒案"，正说明了知识的多少与人性优良没有必然联系。从先前孔孟的"人之初，性本善"到现在西方的"瑞吉欧""华德福"，无一不是在强调人性培养的重要性。无论古今中外，都有节日。这些节日正好能整合教师、幼儿、家长之间的资源。例如，春节、中秋佳节是举家团聚的日子，让幼儿在大家庭的氛围里体会爱的表达、体会传统习俗，能够了解尊老爱幼的意义，从而从家庭的爱中学会爱，提升尊重、独立自主及自理能力。因此，开发节日资源，在节日中对幼儿进行启蒙教育，有着现实的重要意义。

一、筛选节日内容，确定尊重教育目标

教育目标是教育内容的方向。我们将节日内容的主题分为尊重他人、尊重社会、尊重自然、尊重自己，同时根据不同节日的内涵，针对幼儿尊重教育的情感需要，找准尊重教育操作的切入点，确定每个节日教育的目标。

（一）注意节日活动目标的重点性

以尊重他人的节日为例：元宵节、端午节、中秋节、母亲节、父亲节发展目标的重点放于尊重家人、为家人做力所能及的家务；国际儿童节的发展目标重点放在尊重伙伴，与同伴在庆祝活动中感受节日的快乐；教师节的发展目标定于尊重教师，了解教师为自己的成长付出的辛劳；春节的发展目标重点定于尊重邻居好友，学习以礼仪的方式待人接物。需要看到的是，虽然同样是尊重家人的节日，但其发展目标却各不相同。例如，传统节日除有关爱亲人的目标外，还有尊重不同节日各自风俗的目标。

（二）注意节日活动目标的内在机制

我们应将每个节日活动按时间顺序开展，虽然其发展目标重点不同，但都要围绕"了

解尊重内涵——学习尊重礼仪——培养尊重态度"的内在机制来合理安排。如同样是在尊重生命教育中，儿童安全教育日、消防日的发展目标为：（1）了解各类安全事故的发生原因，感受不注意安全给人们带来的危害。（2）学习安全自保、自救的方法。（3）理解尊重生命的含义，提高自保意识。

（三）注意节日活动的层次性

在一年的节日里，有些节日具有雷同性，如5月19日"助残日"、12月3日"世界残疾人日"，两个节日虽都指向尊重"残疾人"，但我们应在目标上，对幼儿发展的重点进行递进式制定："助残日"的发展重点定为同情残疾人，尊重残疾人，乐于帮助残疾人；"世界残疾人日"的发展重点定为了解残疾人自强事迹，学习残疾人自强精神，并根据幼儿的年龄为幼儿社会发展创设最近发展区，同时让孩子在调查、学习、体验的过程中，感受残疾人身残志坚的人格魅力，让孩子在震撼和对比中领悟：向残疾人学习就是对残疾人人格的最大尊重。在制订每个节日主题教育计划时，都应注意横向与纵向的内在联系，使节日教育递进发展、相互渗透。

二、开展节日礼仪教育活动，注重尊重意识的培养

（一）组织显现尊重思想的节日主题活动

主题活动是在教师组织指导下开展多种形式的活动。我们根据幼儿特点，组织开展具有综合性和开放性的节日主题活动，凸显"以儿童发展为本"的理念，力求节日内容的多维度联系，激发幼儿学习的兴趣，帮助幼儿获得解决生活问题的完整经验。以《快乐的元宵》为例，引导幼儿运用自己的社会经验及已有的是非辨别能力，对节日所含风俗的利与弊进行辨析，并利用游戏、歌舞、手工等形式对节日的风俗进行传承和补失，使每个幼儿在节日活动的实践中得到品德和能力的升华。

（二）开展节日主题的区角游戏活动

游戏是幼儿认识社会、学习社会规则、了解人与人之间关系的载体。开展的区角节日主题活动，是节日教学活动的延伸和补充。首先，让幼儿和家长共同收集游戏材料，激发幼儿参与活动的积极性和主动性。其次，引导幼儿在游戏中自主反思节日中人们的社会生活、生产劳动和人际关系，体验人们的思想情感，促使幼儿形成对他人、对社会、对自然、对自己的积极态度。如在《春节》的主题游戏中，幼儿学用礼仪的方式相互拜年；学习成人"掸尘"做卫生；学用剪窗花等手工布置自己的家；模仿饭店就餐学习餐桌礼仪；模仿成人相互关心和问候，体验对他人和社会的尊重。

三、营造节日环境，培养个性

没有独立性和自主性，人也就没有了个性。教育学家蒙台梭利说过："教育者先要引导孩子沿着独立的道路前进。"她认为，儿童自身有巨大的发展潜力，应尊重幼儿的自主性、独立性，放手让他们在活动中发展。

(一) 独立性的培养

众所周知，独生子女普遍存在着不良习惯，其中之一就是懒惰，依赖性强。培养孩子独立思考的能力，就是不仅要孩子自己动手，还得动脑。如"劳动节"，让孩子们了解干活的含义。幼儿园和家长可以联合起来搞个活动，让自己的孩子干些力所能及的事，如摆碗筷、抹桌子等，让幼儿体会劳动的感受，并引导孩子正向积极地看待劳动。

(二) 自主性的培养

幼儿是活动的主人，只有让幼儿主动参与环境创设，环境才能彰显促进幼儿尊重意识和行动养成的氛围。在节日环境创设的过程中，老师和孩子结为合作伙伴，从中观察孩子的兴趣点和需求，倾听孩子们的构想，为他们提供适度的精神鼓励及经验材料。如"安全教育日"前后，让幼儿根据自己的生活经验，用绘画、制作警示标记的形式，将所知的安全知识图解化，并张贴在幼儿园小朋友游戏及生活的场地，提醒小伙伴要珍爱自己的生命。在尊重孩子个性方面，针对孩子好动、爱玩的天性，老师也应做适当调整。在节日活动中，老师带领孩子玩区角游戏时，孩子们除了参与老师组织的游戏外，还可以看书或独立玩玩具，更可以独处。在幼儿园里，有一个独立的小空间叫作"安静角"。安静角一般都有一个柔软的垫子，上边有很多布制的、柔软的娃娃和形象有趣的靠垫。不想参与团体活动的幼儿可以到这个静静的角落坐着，而淘气的孩子也可以在这里翻跟头，发泄多余的精力。安静角的设计除了满足幼儿作为一个完整的人独处的需要外，也为教师了解孩子提供了可观察的表征。

(资料来源：王晓业. 浅论节日对幼儿的启蒙教育 [J].

辽宁教育行政学院学报，2013 (4)：56 - 58.)

 小贴士

幼儿园节日活动的设计与指导策略

对于幼儿园来说，常见的节日活动主要有"六一"国际儿童节、"十一"国庆节、元旦、中秋节、毕业典礼，等等。与幼儿园活动联系紧密的相关法定节日活动包括"五一"国际劳动节、国庆节、元旦、春节、清明节、端午节、中秋节。非法定节日活动又可以分为国际或国内通行的节假日庆祝与娱乐活动，如"六一"儿童节、"三八"国际妇女节、植树节、教师节、圣诞节、重阳节等；园庆、开学典礼、毕业典礼等庆典活动；当地特色的节庆与娱乐活动，以及幼儿园自创的节日，如科技节、环保节等。

幼儿园开展的各类节日活动作为幼儿园重要的课程资源，应充分发挥其多方面的功能。设计和组织节日活动，教师应做好两方面的计划：一是利用常规的集中教育活动以及区角活动、生活活动让幼儿认识与了解节日活动。二是利用节日庆祝的形式让幼儿感受与体验节日活动，本文重点讨论的是第二个方面。

要想设计与组织、指导好幼儿园的各类节日活动，教师要采取多种多样的策略，首先要了解节日活动的功能。总体来说，幼儿园开展的各类节日活动因其活动内容丰富、形式多样，其功能也表现为多样性。就其基本功能而言，有娱乐功能、教育功能、文化功能等多种功能。

一、兼顾节日活动的基本功能，不同的节日活动的功能要有所侧重

（一）娱乐功能

幼儿园开展的各类节日活动对儿童来说，是快乐的、幸福的，充满欢歌笑语。这其中又以"六一"儿童节为最。从"六一"儿童节的创立初衷来看，娱乐功能是"六一"儿童节的根本功能，也是其首要功能。除了一些特别的节日如清明节、重阳节等以外，幼儿园开展的其他各种各样的节日活动，其娱乐功能也是非常明显的。幼儿园开展的节日活动，让儿童在参与的过程中身心愉快，充分享受童年的欢乐，释放出童年的天真。

为了助兴，对参与活动表演或获胜的幼儿适当准备一些小礼品、奖品。而对"六一"这样特别的节日活动，每个幼儿都应当得到一份小礼物，可以是教师或教师与幼儿自制的，也可以是购买但花费很小、意义却比较大的小礼物。

（二）教育功能

为了迎接各类节日活动，在其到来的前后一段时间，幼儿园往往安排了多种多样、丰富多彩的活动。以"六一"儿童节为例，为了庆祝儿童自己的节日，幼儿园组织了"酷酷小童星"（才艺比赛）、"智力大转盘"（智力竞赛）、"今天我最美"（时装秀）、"赶猪"（用棍子赶篮球）等活动。这些活动又大多是幼儿园日常教育活动的缩影，其教育功能不言而喻。各类节日活动的教育功能体现在多个方面，可以从不同的角度来分，如有德育的、智育的、体育的，还有美育和劳动教育等功能；有知识的、能力的、情感的功能；从领域来看，有科学的、艺术的、健康的、社会的、语言等领域的功能。从显性功能与隐性功能来看，既有显性的功能，又有隐性的功能。从积极与消极方面来看，有积极功能，也有因安排不当、考虑不周、未能真正体现儿童为本等而导致的消极功能。

（三）文化功能

文化适应是文化延续、选择与创新的基本过程与条件，具有保存、改革并常常更新人们生活方式的功能。儿童的文化适应有不同的途径，各类节日活动是其中的基本途径。各类节日活动有助于奠定儿童终身文化适应的基础。具有中国特色的各类节日活动因其特有的民族性、历史性、地方性等，而有能力与幼儿园其他教育活动一起推进儿童的文化适应过程。

幼儿园开展的各类节日活动作为儿童生活中不可缺少的一部分，已经成为儿童文化的重要组成部分和内容，而"六一"儿童节更是一种典型的儿童文化。我国地域宽广，民族众多，加之西方文化的影响，各地区、各民族的各类节日活动还在一定程度上体现了当地的地域特色、民族传统等色彩，因此，幼儿园开展各类节日活动具有传承、创新文化的功能。

教师在设计与指导幼儿园的不同的节日活动时，要注意其功能有所不同，如"清明节"主要突出教育功能中的德育功能，"六一"儿童节要特别突出娱乐功能。即使同一教育功能，不同的节日活动其侧重点也有所不同，如在节日的德育功能方面，国庆节的德育功能主要是爱国主义教育，"三八"节的活动可以重点结合幼儿自己的奶奶、妈妈等女性的工作、学习、劳动、生活，开展幼儿感恩长辈、孝敬长辈为内容的活动。因此，在设计和指导幼儿园的节日活动时，要兼顾节日活动的基本功能，把握住不同节日活动的主要功能，并尽量做

到不同的节日活动其功能有所侧重。

二、紧扣节日活动的性质、主题及年龄班特点

不同的节日活动，其性质和主题有所不同。如"五一"国际劳动节，设计与组织的活动应紧扣"劳动"这个主题，"十一"国庆节活动应紧扣"国庆"这个主题，而清明节应体现"缅怀先辈或革命烈士"的主题，"重阳节"要体现"敬老""孝顺"的主题。当然，开展这些活动不一定非要用这些比较抽象、严谨的概念、术语，对儿童来说，用一些通俗易懂的话来解释即可。如"三八"节"妈妈我爱你"亲子活动在活动主题和目标的定位方面比较合适。

又如将"六一"儿童节活动的主题定位在"阳光男孩女孩"，则"六一"儿童节的活动主要以体育运动、健身为主；定位于"我能行"，则以表演为主，唱歌、舞蹈、朗诵、绘画等才艺活动要多一些，如果定位于科学探索类的游园活动，则要多安排一些科学小游戏、小制作、小实验活动。

如果幼儿园开展的节日活动没有紧扣节日活动的主题，这样的节日活动就失去了节日活动本身所蕴含的意义。如国庆节活动，笔者在某幼儿园大班看到他们开展的活动有："我长大了"（展示自己的进步、在家给爸爸妈妈做小帮手）、"幼儿时装秀"（用各种废旧材料制作，幼儿与爸妈在家里做好拿到幼儿园来进行专场表演）、"才艺展示比赛"（唱歌、讲故事、跳舞）等，这样的活动与国庆节没有多大联系，如果作为一般的联欢活动、汇报演出活动未尝不可，但作为国庆节的主要活动却不是太适宜。据笔者事后的调查了解，因为教师多年来都在开展各种各样的节日活动，同一个节日每年开展的活动又大同小异，教师对这样的活动失去了新鲜感，惰性使然，以至于到了后面，教师随意组织一些活动，就算是庆祝某个节日活动了。

让幼儿初步了解各类节日的来源、象征意义、纪念意义及有关该节日活动的基本常识，是教师开展各类节日活动要达到的基本目标。不同的节日，其来源、象征或纪念意义各不相同，教师要通过多种形式的娱乐活动、教育活动，让幼儿知道相关节日活动的基本常识。对于不同年龄班的幼儿，同样的节日活动，其要求应有所不同。如庆祝"三八"节，小班活动可以围绕"了解妈妈的辛苦，教育幼儿关心、体贴妈妈，激发幼儿对妈妈的感激之情"目标来进行，主要是情感上的目标，到了大班，除了情感目标外，还要在行动上体现对妈妈的爱，即让幼儿懂得怎样爱妈妈，做一个什么样的孩子妈妈才会更喜欢，这样的要求就进一步了。

三、设计、组织的节日活动形式多样、内容丰富、具有创意

无论是哪一种节日活动，其形式可以多样化，如集中教育活动、游戏活动、生活活动，从内容来看，要注意内容的广泛性。如端午节活动，教师、幼儿和家长可以共同搜集有关端午节的儿歌、歌谣等，如"五月五，是端阳；门插艾，香满堂；吃粽子，撒白糖；龙舟下水喜洋洋"，也可以发动幼儿和家长对端午节（其他节日也可以这样做）自己创编儿歌、歌谣，或者将其他歌曲进行改词，通过念儿歌、唱歌等形式的活动，让幼儿也包括教师和家长对节日活动有更多、更深的了解和感受。有条件的幼儿园还可以开展亲子活动"包粽子"游戏——家长与孩子共同包粽子、"划龙舟"表演、绘画"我心中的端午节"，以及围绕端

午节来开展的体育活动，参观或观看一些与端午节相关的历史古迹、影像资料等。对于幼儿园教师来说，每年开展的各类节日活动大同小异，时间长了，次数多了，"炒剩饭"（用以前的活动方案代替）的教师也多了。对幼儿来说，每个节日活动都是新的，何况今年在过某个节日的时候比去年又长大了一岁，感受也自然不同。所以，教师要和孩子、家长共同策划，把活动开展得更有创意。

以"六一"儿童节为例，除了常规的"六一"儿童节活动，教师还可以组织幼儿过一些特别的"六一"儿童节活动，如到福利院（孤儿院）、老人院等与孤儿或老人过"六一"儿童节，或者与城乡贫困家庭小朋友、残疾小朋友、港澳台小朋友乃至海外小朋友结对子，过一个特殊的"六一"儿童节。

一般来说，有关节日活动的相关资料都很丰富，在设计、组织活动时，不能忽视幼儿的主体地位——让幼儿参与活动的设计，如中秋节，可以让幼儿回去与父母搜集与中秋节相关的图片、影像资料、文字资料、实物（如月饼包装盒）、以往庆祝中秋的纪念照片、录像等；与教师讨论如何过中秋。在活动的组织过程中，幼儿能亲自参与到活动中，而不是活动中的旁观者或看客。通过参与活动的设计、活动过程中的亲身体验、活动后的交流，幼儿对活动的体验与感受会更深刻，收获也更大，开展这样的节日活动，其价值就会很大。

节日活动作为幼儿园课程的重要资源，教师要予以重视，在设计与指导节日活动时，要深入挖掘节日活动的功能，充分利用这有限的节日资源，使幼儿获得更大的收获。

但是，要注意，不要让节目演出成为孩子的负担。不久前，网传成都一"热血"小学生"六一"前给教育局局长写了封信。排练儿童节汇演节目"三个星期天"，最后彩排时却被淘汰，怒了的小朋友在得知"ju长叔叔最管事儿"后，致信教育局长，要求不过儿童节。几乎每年都是这样，儿童节来临之际，许多小学、幼儿园，总是忙着组织孩子们排练节目、表演节目，社会与媒体也是热衷于孩子们的节目演出，而对于孩子是否喜欢无休止地排练节目，却无人关注。儿童节来了，欢乐一下本属应该，但前提是轻松愉悦，而不是把孩子累个够呛，更不是将排练"三个星期天"的孩子最后淘汰出局，让孩子在节日里高兴不起来。儿童节表演节目，目的不过是活跃气氛，愉悦身心，不是才艺大赛，应该明白，让所有孩子高兴才是目的。但是这些年儿童节如何过，完全操纵在大人手里，孩子基本上没有什么发言权。与其说是给儿童过节，倒不如说是给大人过节。一则，借机儿童节，许多地方搞所谓儿童艺术素质大赛，无休止地排练，高标准地要求，令孩子身心俱疲，儿童节的节目表演完全成为地方教育部门追逐名利与政绩的平台。二则，一些幼儿园还要求孩子家长协助儿童排练、表演，并要求比赛时家长为孩子加油鼓劲，家长们为了孩子不得不请假。儿童节是儿童的节日，不能异化为教育部门争名夺利的契机，也不能给家长们增添不必要的麻烦。须知，要让孩子们儿童节快乐，不只是表演节目，其他活动照样能达到目的。比如，领着孩子走出学校，观赏自然美景，呼吸大自然的清新空气，有条件的话，搞个野炊、即兴联欢就很好，相信孩子们更喜欢这样的活动。总之，不能将全部精力都消耗在"节目"上面。如果不考虑孩子们的感受，即使节目再丰富多彩，对儿童也没有多少意义。过儿童节不需要太严谨，应该让孩子自己选择，让孩子自己做决定。不要让原本轻松快乐的节日成了孩子不可言说的负担，压得他们喘不过气来。

（材料来源：百度文库）

任务2.3 突发事件中的沟通与表达

 任务导入

　　萌萌和飞飞是某幼儿园大班的同班小朋友。一日，教师王某带领幼儿到户外活动，在排队时，王老师一再交代："小朋友排队下楼梯时，不要拥挤、打闹。"下楼梯时，飞飞站在萌萌的背后，两人均在队尾，趁队伍行走拉开距离时，二人嬉闹，萌萌背飞飞时摔倒，导致飞飞的左股骨中段发生斜形闭合性骨折。

　　思考：假设你是萌萌和飞飞的老师，面对这种情况，你该怎样与萌萌和飞飞的家长沟通？

 知识要点

　　幼儿园突发事件是指由于社会或个人因素意外发生在幼儿园内外的、与幼儿园有关的且对幼儿园师幼生命健康、教育教学秩序造成严重威胁和影响的负面事件。本文中所涉及的幼儿园突发事件主要是指受人为因素影响而产生的对幼儿身心健康或生命安全有直接影响的突发事件。

　　《幼儿园教育指导纲要》明确说明，幼儿园必须把保护幼儿的生命和促进幼儿的健康放在工作的首位。幼儿园应将保护幼儿的生命安全工作作为重中之重，定期开展各种形式的教育活动，普及突发事故处理常识，宣传安全事故处理理念。因此，在面对一些突发事件时，教师所发挥的作用非常重要。特别是对幼儿而言，由于其行为的自制力较差，受情绪情感影响更明显，因此，在师幼互动中强调情感支持和交流的作用尤为重要。应让幼儿从突发事件中冷静下来，感到被爱、被关注，从而产生依赖感、安全感。

　　幼儿自身的年龄特征和幼儿园的特殊性使幼儿园成为极其脆弱的系统，该系统不仅受到体制、文化等宏观因素的间接冲击，也受到管理、个体等微观因素的直接冲击。

（一）宏观因素——体制和文化

1. 体制因素

　　在社会体制方面，由于政府缺乏外界团体组织和公民的有力监督，部分政府工作人员玩忽职守，在其位不谋其事，在幼儿园管理中出现了政府相关部门"不在场"的局面。正是政府相关部门在幼儿园管理工作中的"离席"和社会舆论监督的乏力造成了政府管理工作的失效，使得幼儿园成为安全事故多发的区域。在教育体制方面，随着20世纪八九十年代各领域的改革和"幼儿教育社会化"政策的提出，国家对学前教育的财政投入增长低迷，学前教育经费占全国教育总投入的比例一直在1.2%～1.3%之间徘徊，学前教育几乎成为教育体制的"局外人"。由于受学前教育经费不足的制约，幼儿园安全问题层出不穷，事故频发。在幼儿园办园体制方面，我国现行的是公办园与民办园相结合的幼儿园办园体制。在幼儿园投入体制上受经费投向不均衡的影响，公办园占用了为数不多的学前教育财政投入的绝大部分，而占幼儿园总体大部分的民办园几乎没有获得国家的财政资助。多数民办园受投入不足的影响，办园水平落后，成为幼儿园安全事故突出的地方。在幼儿园管理体制方面存在的政府主管部门职责不明确、分工不具体等问题使得幼儿园成为"无人照顾"的"孩子"，突发事件没能很好地预防。

2. 文化因素

价值观问题是文化因素的核心问题。价值观念是一定社会群体中的人们所共同具有的对于区分好与坏、正确与错误、符合与违背人们愿望的观念，是人们基于生存、享受和发展的需要对于什么是好的或者不好的根本看法，是人们所特有的应该希望什么和应该避免什么的规范性见解，表示主体对客体的一种态度。任何重大社会问题的产生都可以从价值观方面找到原因。当前，我国正处于"经济转轨、社会转型"的关键时期，利益格局严重失衡，贫富差距不断加大，社会关系日益复杂，一些深层社会矛盾相继暴露，核心价值观念在指导和影响社会行为中的作用日益减弱，社会热点、焦点问题骤增。道德虚无主义情绪蔓延，诸如三聚氰胺、瘦肉精等食品安全事件屡屡触动社会道德底线；公共伦理道德失范，个人诚信、社会良知被部分人所抛弃，取而代之的是利己主义思想和坑蒙拐骗等行为，使得各种社会问题层出不穷，这些因素势必会给幼儿园的安全稳定和幼儿个人的生命安全带来不利影响。

（二）微观因素——管理和个体

1. 管理因素

政府相关部门和幼儿园自身在幼儿园管理上存在的问题是导致幼儿园突发事件发生的重要原因。在政府管理方面，据 2008 年中央教育科学研究所对 16 省市 30 个区县的抽样调查，有 25% 的区县学前教育处于既无管理机构也无管理人员的"两无"状态。即使有的区县有人管理，也只是管少数的教育部门办的幼儿园，绝大部分的幼儿园尤其是民办园都不在教育部门的行政和业务管理之下。政府管理责任的缺失使得办园的规范性无法保证，相关部门对幼儿园可能出现的安全事故没有预见性。在幼儿园自身管理方面，部分幼儿园管理制度不合理和不完善也是导致幼儿园安全事故频发的因素之一，再加上有些幼儿园园长和教师缺乏责任心、对突发事件的预见意识不强和预见能力不足等因素的影响，幼儿园安全事故的发生也就在所难免。

2. 个体因素

个体因素也是引发幼儿园安全事故的重要因素，这也是幼儿园突发事件的特点之一。当今幼儿园发生的一些伤亡惨重的突发事件，大多数是由个人引起的。在幼儿园突发事件中有两种个体因素最为典型：一是幼儿园外部个别人的行为失范或心理失衡，二是幼儿园中个别工作人员的失职、渎职和工作失误。此外，幼儿教师户外活动组织不当、教学离岗、体罚或变相体罚等也是引发幼儿园安全事故的重要因素。当然，洪涝灾害、地震、房屋倒塌、流行疾病等自然因素也是引发幼儿园突发事件的一个重要因素。

幼儿园突发事件的主要类型有以下四种：

（一）安全类突发事件

幼儿园中的安全突发事件主要是重大交通安全事故，大型群体活动公共安全事故，火灾，针对师生的各类恐怖袭击事件，师幼非正常死亡、失踪等可能会引发影响校园和社会稳定的事件等。

(二) 突发公共卫生事件

幼儿园内发生并造成或者可能造成严重损害幼儿园师幼健康的突发公共卫生事件，或幼儿园所在地区发生的、可能对幼儿园师幼健康造成危害的突发公共卫生事件。

(三) 事故灾害事件

幼儿园事故灾害主要包括建筑物倒塌、拥挤踩踏等重大安全事故，造成重大影响和损失的后勤供水、电、气等事故重大环境污染和生态破坏事故，影响幼儿园安全与稳定的其他突发灾难事故等。

(四) 自然灾害事件

幼儿园常见的自然灾害事件包括洪水、台风、雪灾、地质滑坡、地震灾害以及由地震诱发的各种次生灾害等。从实际情况看，近几年发生频率高、问题突出、社会关注度高的幼儿园突发事件，主要集中在心理问题、幼儿管理、师德等方面。

因此，幼儿园要提高幼儿园教师及相关人员的忧患意识，加强对幼儿的安全教育。幼儿园应建立健全安全制度并严格执行，要通过分层次的宣传教育和有针对性的培训，增强幼儿园教师及有关人员对各种突发事件的安全防范意识，培养和提高幼儿园教师、领导干部应对突发事件的能力。对幼儿而言，应从儿童心理及生理特点出发，吸取幼儿园各种突发事件的经验教训，重在引导幼儿了解日常安全规范，通过说教、故事、实践等途径对幼儿进行安全教育。而对幼儿园教师和领导干部而言，则要强化以孩子为本、一切为了孩子的意识，在日常管理中注意幼儿饮食、卫生、交通等易发生突发事件的预防。同时，幼儿园领导要抓好对教师、管理人员的应变能力培训，掌握防范措施和处理突发事件的方法，并适当组织模拟演习，锻炼应变能力。

作为幼儿教师，应该在任何事件中第一时间安慰幼儿，语言要充满关爱，安抚幼儿的情绪，关注幼儿的受伤状况。教师只有关爱幼儿，才能在与幼儿的交往中保持温暖、亲切的态度，给幼儿以安全感和亲近感，这种安全感和亲近感可使幼儿积极主动地与教师互动，从而增强互动的效果，将幼儿受伤害的程度降低到最小。

 案例描述

重庆江津区中心幼儿园一个班，陆续有22个学前班娃娃的脸、颈、背部，不同程度变黑脱皮。变黑暂未脱落的皮肤与已脱皮肤色黑白分明，主要集中在面部，家长们说娃娃变成了"阴阳脸"，对容貌的忧心会伴随娃娃一生。医院推断，孩子们用的课桌是上期新购的，这个班自开学以来上课未开门窗，是课桌散发的油漆味在未开窗环境中致孩子皮肤过敏。

 分析

孩子是花朵，孩子是未来，孩子的安全问题大于一切问题，面对一个又一个的安全隐患，需要政府和社会共同来把好这一道道安全关。

 **拓展阅读**

幼儿园突发事件处理的原则

1. 调整心态，因势利导

在遭遇突发事件时，教师要以平常的心态去对待，不要害怕这种"突然袭击"，要善于发现和挖掘突发事件中的积极因素。比如，全班幼儿正在唱歌，突然一只蝴蝶飞了进来，吸引了幼儿的注意力。于是，教师说："漂亮的蝴蝶也被我们的歌声所吸引，让我们用更动听的声音来演唱，让蝴蝶给我们伴舞吧。"

2. 冷静分析，沉着应对

面对突发事件，有些教师往往表现出急躁、冲动，特别是面对一些经常出现的调皮捣蛋行为。其实，教师应对突发事件做冷静的分析，找出前因后果，并用宽容的心态对待幼儿的不当言行，让幼儿在和谐美好的环境中轻松愉快地享受学习的快乐。

3. 察言观色，引而不露

通过察言观色，教师可以了解幼儿的心理，推断其行为背后的意图，并掌握应对的主动权。当幼儿心神不宁、紧夹大腿时应是幼儿内急要上厕所，可示意其先去如厕再回来上课；当幼儿东张西望、摇头晃脑时，可走过去轻抚其头，看着他的眼睛继续讲课，于无声处示意其专心听讲。

（资料来源：百度文库）

 小贴士

幼儿园突发事件预防管理工作的措施

一、成立管理机构，强化责任追究机制

为了有效地处理突发事件，必须健全应急事件管理机构，加强应急预案的制定与管理，切实提高应对突发事件的能力。管理机构要不断加强和改进内部管理，提高管理水平和管理效果，将突发事件预防成果长期保持好，全力做好防火、防盗、防水及出行安全教育、防护工作。机构在设立后应强化责任追究机制，将预防工作落实到各班级教师，对因预防不力而导致突发事件出现的教师进行责任追究。

二、加强制度建设，促进预防工作的规范化

科学的制度是客观规律和正确认识的固化。科学的幼儿园制度应包括幼儿园工作人员在预防突发事件中的具体职责和行为要求，要明确相应的责任制。国家的相关法律、法规为幼儿园克服突发事件预防工作的随意性提供了法律依据，幼儿园应根据法律、法规、政策及上级主管部门的指示，建立科学的幼儿园突发事件应急处理制度，为在园幼儿的健康成长提供有力保障。建立科学的制度便于幼儿园内部工作人员提高突发事件预防和处理的效率，可有效地从思想上引起相关责任人的高度重视。

三、提高忧患意识，扎实推进预防工作

突发事件的发生时间地点、发展方向和危害程度具有不可预测性，幼儿园应树立"居安思危"的危机管理思想。幼儿园一旦存在安全隐患，应及时排除。经常分析、排查、发现影响幼儿园稳定和幼儿人身安全的危险因子，做到防患于未然。为了不断增强忧患意识，可邀请幼儿家长共同对可能存在的隐患进行监督，如长沙雨花区即在全区幼儿园食堂实现视频监控，视频监控布设在食堂的储藏间和加工制作间，重点监控饮食加工操作规范、外来人员进出食堂情况以及对食品安全事故记录取证，家长获得授权后能远程监控自己孩子所在校园的食堂。

四、加强应急培训，建立专业化队伍

为了保证顺利开展幼儿园突发事件的预防工作，除了要在硬件工作上下功夫，如将幼儿园设置在安全区域、确保园舍和设施严格符合国家的卫生标准和安全标准等，对于相关人员的培训工作也必不可少，这包括对于幼儿教师、保育员、医务人员、炊事员、保卫人员和学生家长的安全知识培训和相关演练，如火灾、地震、落水急救、高楼遇险等方面的处置办法。可定期邀请妇幼保健所等机构开展幼儿意外事故预防和急救等方面的知识讲座，介绍幼儿高热惊厥、异物吸入、关节脱位、烧烫伤、窒息等常见突发事故的诱因、症状、紧急处理方法和预防措施，并进行现场演示。高素质的师资队伍的建立可以保障幼儿园顺利开展突发事件的预防工作。

五、加强社会协调配合，树立安全屏障

幼儿园的安全保障与所处社区、家长的支持配合是密不可分的，幼儿园应加强在突发事件防控工作中与当地消防队、公安机关、医院、交警大队等周边单位的协调配合。在一些突发事件高发时期，调动一切资源确保幼儿的安全，比如，每次寒暑假都是各类儿童意外频发的时间，为减少意外的发生，幼儿园可在学期末开展安全知识问答竞赛，对幼儿进行安全知识普及。不断与幼儿家长沟通，使其严格执行幼儿园的幼儿接送制度，要求幼儿家长在接送幼儿时携带接送卡，指导幼儿家长在家庭生活中对幼儿开展和实施安全教育等。

（资料来源：百度文库）

项目三
幼儿园教育教学活动中的沟通技巧

任务1 教学过程中的沟通与表达
Misson one

学习目标

1. 了解并掌握教学过程中的导入、过渡、提问、理答等各个环节。
2. 学习通过各个教学环节与幼儿进行有效沟通。

任务1.1 导入、过渡环节的语言表达

任务导入

幼儿园中班美术老师根据"三八"妇女节设计了一个美术活动《画妈妈》，活动主要是要通过画自己的妈妈，来培养幼儿爱妈妈的情感。

思考：如果你是这个美术老师，你会怎么导入，激发幼儿的兴趣？

知识要点

一、导入语

（一）导入语的含义及设计要求

导入语，也称导语或开场白，是指教师开始上课时对幼儿所讲的与教学目标有关的，

能调动幼儿学习兴趣的语言。俗话说："良好的开端是成功的一半。"导入是教师引导幼儿进入学习状态的行为方式。一个活动的开始，幼儿的心理难免准备不充分，注意力不集中，如何使幼儿很快专心投入教师设置的活动中来，教师的引导必须讲究艺术，新颖、别致的导入能为教学活动的展开奠定良好的基础，促使幼儿在活动一开始就进入最佳状态。

导入语的设计对于顺利达到教学目标十分重要。其设计一般须符合沟通、引趣、设疑、激情、简练，富于启发性的要求。导入语是架在师幼间的第一座桥梁，如运用得当，就如同打开了知识殿堂的大门，会引导幼儿竞相"登堂入室"，到知识的海洋里去遨游。

（二）幼儿导入语的类型

1. 直入激趣式

开门见山直接导入新课内容，用语简短，直接调动幼儿的好奇心和学习兴趣。如故事表演《三只小猪》教学导入语："上节课我们已经讲过'三只小猪'的故事，今天，老师和小朋友一起来表演这个故事，你们愿意吗？"直接引入，吸引幼儿的注意力。

看图讲述《电视迷猫先生》中，老师提问："你们知道小猫喜欢做什么？今天老师带来的一只猫，它喜欢做的事情和你们说的都不一样。"然后，引导幼儿观察第一幅图，使幼儿直接就进入主题，活动显得轻松而有效果。

2. 谈话式

师幼在交谈中不知不觉地渗透新课内容，进而又自然而然地引入课题。如儿歌《伞》的导入语："小朋友，你们喜欢下雨吗？喜欢雨伞吗？为什么？"让幼儿自由发言，教师小结："小朋友都喜欢雨伞，因为雨伞可以为我们挡雨，也非常漂亮，今天，我们就来学习儿歌《伞》。"

3. 谜语式

通过猜谜语能够概括事物的主要特征，帮助幼儿理解新课内容，启发幼儿的学习兴趣。如常识课《认识青蛙》教学导入语："今天，老师要请你们猜一样东西：'大眼睛，宽嘴巴，白肚皮，绿衣裳，地上跳，水里划，唱起歌来呱呱叫，专吃害虫保庄稼。'请小朋友动脑筋想一想，这是什么东西？……对了，今天我们就要一起来认识青蛙！"

4. 故事式

以故事的形式导入新课，能吸引幼儿的注意力，调动幼儿的学习积极性，如音乐活动中的《粗心的小画家》的导入语："今天，老师给小朋友讲一个故事。有一个小朋友叫'丁丁'，他很喜欢画画，他画螃蟹4条腿，他画鸭子尖嘴巴，画只兔子圆耳朵，画匹大马没尾巴。你们说他是一个什么样的画家呢？……对，今后我们无论做什么事情都要细心，仔细观察，千万不能马马虎虎。今天，我们来学习歌曲《粗心的小画家》。"

5. 激发式

利用激发式导入新课内容，可激发幼儿的学习兴趣和求知欲望。如科学领域中的《观察金鱼》的导入语："今天老师带来许多鱼，小朋友高兴吗？你们看（把鱼盆放到小朋友面前，让小朋友都仔细看），鱼在干什么？鱼看到小朋友非常高兴，它们在水里游来游去，还要和小朋友说话哩！（打开录音）鱼：'我的名字叫金鱼，你们看，我身上有什么？'（关掉录音机）师：小朋友，金鱼要请你们看它身上有什么？大家仔细看，看清楚了就说给鱼听。"

6. 悬念式

采用悬念式导入新课，可撩起幼儿的好奇心，激发幼儿追根问底的热情，培养幼儿主动探索的精神。如主题活动中的故事《茉莉花请医生》的教学导入语："今天老师要给小朋友讲个故事，题目叫《茉莉花请医生》。茉莉花为什么要请医生？请了几个医生？它们是怎样为茉莉花治病的？请小朋友认真听老师讲完故事就知道了。"

7. 表演式

通过情境、小品、舞蹈、木偶等表演形式导入新课。如音乐活动课中的《小兔子乖乖》导入时教师出示一只小白兔手偶说："你们看，谁来了？"幼儿们看到小白兔都很兴奋，老师说："今天我们要学一首和小白兔有关系的歌叫《小兔子乖乖》。"这种情境表演将歌词内容体现出来的导入新课的形式，能吸引幼儿的注意力，激发幼儿的学习兴趣，帮助幼儿理解、掌握歌词内容。

8. 演示式

借助实物、玩具、图片、贴绒等道具演示的形式导入新课，直观形象，幼儿既感兴趣，又容易理解。如音乐活动中的歌曲《丢手绢》导入时可以说："今天，老师带来一些东西，你们看是什么东西？"（出示手绢）教师示范游戏，并总结："今天我们就来学习这首歌曲，叫《丢手绢》。"

9. 实验式

通过直观形象的实验操作形式导入新课内容，变抽象为具体，变深奥为浅显，既发展幼儿的观察力，又对幼儿理解、掌握新授内容起到事半功倍的作用，如常识课《认识水》就可以实验操作形式导入新课。教师提起水壶，往玻璃杯里倒水，然后提问："你们看老师把什么倒在杯里？（水）水有颜色吗？（估计有的幼儿会说水是白色的，有的幼儿会说没有颜色）到底谁讲的对呢？我们来做个小实验，你们看完就知道了。"

10. 游戏式

以游戏的形式导入新课，能调动幼儿的积极性，活跃课堂的气氛，如科学领域中的《小手的秘密》，导入新课可这样安排：教师领导幼儿做游戏"请你照我这样做"，最后让幼儿把双手放在身体的背后，启发诱导："咦！你们把什么藏在背后去啦？哦！原来你们把手藏在身体后面去了。伸出来看看，每个人都有几只手？两只手还可以怎么说？（一双手）。"

11. 观察式

让幼儿带着任务去观察，幼儿会留心注意事物。如科学领域中的《认识小蝌蚪》，导入时可以这说："小朋友，老师在桌上准备了许多盆，盆里装了许多小蝌蚪，它们长得是什么样子的呢？老师要请小朋友去看看，看的时候要认真、仔细，还要记住。"通过观察的形式导入新课，能使幼儿对所学只是理解快，掌握牢。

幼儿园教学导入语的设计形式多样，如挂图、录音、幻灯片等，举不胜举，运用时应根据具体学科、内容而定。总的来说要讲究引导性、启发性、激发性、自然性、新颖性等导入技巧的授课艺术，千万不要牵强附会、生搬硬套，让人感到造作和不自然。

（三）导入语的作用

苏霍姆林斯基说："若教师不设法使学生产生情绪高昂、智力振奋的内心状态，就急于传授知识，那只能使人产生冷漠的态度，给大脑带来疲劳。"导入语在教学过程中的作用是较大的，具体地说有以下几点：

1. 沟通

导入语的"沟通"有两层含义：一是心理沟通。古人说得好："亲其师，信其道。"有经验的教师登上讲台，往往不匆匆开讲，而是先用亲切的目光、关爱的语言架设信任、理解的桥梁，使学生在心理上接受老师。二是教学内容的沟通。教师根据本节课的教学目的，用简明扼要的语言由旧知识引入新知识，引导学生进入新课的学习。

2. 引趣

"兴趣是最好的老师"。为了使学生对所学内容产生兴趣，教师应设法用生动形象的语言，牢牢地吸引住学生，使学生一上课旧集中到学习上来。

3. 激情

"激情"就是激发学生情感，调动学生学习热情。俗话说：若要学生动心，教师先要动情。

二、过渡语

(一) 过渡语的含义及功能

过渡语，也就是俗称的"串词"，是承接上下文的用语，是由上一个主题过渡到下一个主题之间的连接语。为了避免两个主题之间的过渡过于生硬，我们通常找一些过渡词句来达到"自然过渡"的目的。

幼儿教学中的过渡语就像一串璀璨的项链，又像一个新奇的音符轻轻坠落在课堂的一排琴弦上，又霍然改弦易调，缓缓滑向另一个音阶，贯穿于教学活动的始终，是教师进行教学设计和实施教学方案所不可缺少的一个主要环节。巧妙的过渡语，能使整个课堂教学成为一个连贯紧凑，浑然天成的有机整体。名师的课之所以令人拍案叫绝，其中很大的一个原因是他们的语言表达充满了神奇的魅力：他们可以用寥寥数语勾画出一幅幅生活的图景，使你浮想联翩；他们可以把跨越时空的人、事、物凝聚在片言只语中，创造出一个美妙的天地，掀起你情绪的波澜……他们的每个字、每个词、每句话都是精心设计的。因此，巧妙地运用"过渡语"，无疑会使你的课堂变得更加精彩！

(二) 幼儿教学过渡语类型

1. 问题过渡，调动幼儿积极思考

运用质疑和设问方式过渡可以激发思维，让幼儿开动脑筋思考问题，为幼儿主动学习获取知识起一些引导作用。因此，教师要善于设疑，事先酝酿成一个悬而待解、富有诱惑力的问题，以牢牢抓住孩子们的期待心理，调动学习的主动性和积极性，吸引他们更深入地去观察，来解开这个富有诱惑力的疑团。如讲述活动《恐龙妈妈藏蛋》，当幼儿观察完第一幅图，准备展示第二幅图时，教师设计了这样一个问题"你们觉得恐龙妈妈把恐龙蛋藏在石头堆里安全吗？"孩子们根据自己的生活经验阐述了不同的答案，充分调动了他们的积极性。"那么恐龙蛋到底去哪里了呢？"教师留下的这一悬念，激起了幼儿进一步深究下一幅图的兴趣，达到与教师心理同步，从而获得良好的教学效果。

又如：在讲述活动《小宝找妈妈》时可以这样设计过渡语："①听小朋友说了那么多小

宝哭的原因，那小宝到底为了什么哭呢？我们一起来看看图片（出示图片）。②小朋友，从你们的回答中，老师知道你们都是乐于帮助小宝的好孩子，可是小宝就这样去找他人帮助，能找到妈妈吗？为什么？③有的小朋友说能找到，有的说不能找到。那小朋友想想，小宝和妈妈走散了看到警察叔叔，小宝什么话也不说能找到吗？④对呀！既然让警察叔叔帮忙了，警察叔叔应该怎么说？小宝应该怎么做？"用一句话把上一环节内容说出来，然后提出问题，引入下环节施教内容。这样的过渡不仅提高孩子的注意力，启发孩子思维，激发学习兴趣，而且也是语言教学中常用而又较好的一种过渡手段。教师用问题式过渡，将不同的教学环节紧密地联系起来，孩子学习得较主动，在老师问题的引领下激发孩子动脑思考，学习用大胆的语言表述。从而使教学环节之间紧密相连，自然流畅。

2. 承上启下，帮助幼儿连贯讲述

幼儿的思维比较具体形象，逻辑思维能力比较差，在看图讲述活动中，我们常常会发现，孩子们在观察图片之后，已经懂得了每一幅图所表达的意思，但是前一幅图与下一幅图之间可以用哪些词语或者句子连接起来呢？幼儿在讲述中要么跳过去，要么衔接不自然，有的经常用"然后"这个词过渡。这时候，如果教师巧妙地运用一些过渡语，能帮助幼儿顺利地进行讲述。如《恐龙妈妈藏蛋》，总共有 5 张图片，图片展现的是这样一个故事：有一天，恐龙妈妈生了一个蛋，它抱着蛋来到海边，并把蛋藏在石头堆里。这时，一只小熊来了，把恐龙蛋当成石头捡回家，砌成围墙。暖暖的太阳照在恐龙蛋上，小恐龙从蛋壳里钻出来，爬到了小熊的床上。小熊醒来后，发现一只小恐龙和它睡在一起，非常吃惊……活动中，教师始终抓住"恐龙蛋变成小恐龙"这一线索，逐一引导幼儿观察图片，并通过一系列的问题帮助幼儿把每一幅图的内容有机地联系起来，如"恐龙妈妈为什么把蛋藏在石头堆里？"……"第二天，小熊来了，它知道石头堆里有恐龙蛋吗？小熊用恐龙蛋做什么？"……"暖暖的太阳照在恐龙蛋上，小恐龙从蛋壳里钻出来，它慢慢地爬呀爬，会爬到什么地方？"等等，通过这种富有艺术情趣的问题的创设，使整个活动上下贯通，浑然一体，孩子们也能把每一幅图的内容有机地联系起来，同时，幼儿在讲述过程中，可以运用和借鉴过渡语中的词语或句子，使得幼儿的讲述更充实、更连贯、更精彩，从而提高幼儿的讲述水平。

3. 迁移过渡，引导幼儿读懂内涵

"看图讲述"作为幼儿语言文学教育材料的一个重要部分，有着其丰富的内涵，有一小部分内容是比较单纯地训练幼儿的口语能力，另外很大一部分则是在发展幼儿语言能力之外，培养幼儿良好个性和道德情感的有效手段。如《特别的邮包》，它所展示的是邮递员憨憨狗帮袋鼠妈妈把小袋鼠送到外婆家的故事，图意清晰，主题明确，体现了帮助他人使人获得快乐的教育意义。在幼儿观察完 4 幅图片后，教师提出问题："你觉得故事里的动物开心吗？它们为什么那么开心呢？……对了，故事中的憨憨狗感到特别开心，是因为它帮助袋鼠妈妈把小袋鼠送到了外婆家。小袋鼠很开心是因为它一路上在憨憨狗的关心下终于到了外婆家。那么，在平时小朋友们做过什么事情，会让你和被你帮助的人感到很开心呢？"由此过渡到下一个环节，引导幼儿再思考，直奔活动的主旨。教师通过简明扼要的语言或问题过渡，能起到重现教学的重点、读懂图片的画外之音、加深印象的效果。

总之，如果教师都能恰当地使用精彩的课堂过渡语，不仅能起到承上启下的作用，还可以起到提醒孩子的注意、激发思维、增添课堂教学美感的效果。作为教师，要使自己的课堂教学技能得到提高，首先要有一定的过渡语储备，才能在课堂上驾轻就熟，游刃有余。还应力求让自己的过渡语言精美，富有文采，做到会用、善用课堂教学过渡语，从而提高课堂教学效果。

 案例描述

学唱歌曲《十二生肖歌》

师：同学们，你们知道自己属什么吗？

幼：我属猪、我属鼠……

（孩子们七嘴八舌地回答）

师：同学们你们认识十二生肖吗？

（出示十二生肖造型，挨个拿起让孩子们猜）

师：同学们，你们真棒，十二生肖你们都认识了，但是你们知道十二生肖的故事吗？

幼：不知道。

师：那么下面让我们一起学习一首关于十二生肖的歌曲《十二生肖歌》……

 分析

老师从孩子们已知道的常识入手，让他们学习十二生肖都是什么样子的，逐步再引导和十二生肖有关的事情，激发了孩子们的学习兴趣，为正式教学奠定了良好的基础。

 拓展阅读

幼儿园关于飞机的导入

儿童在讨论"飞机"题目时，引发不同的意见和疑问：

（1）飞机为何会飞？

（2）机场内有什么设备？

（3）飞行师及空中小姐在飞机上负责做什么？

（4）早期的飞机是怎样的？

（5）新型及旧型飞机有什么分别？

根据儿童的疑问可以从以下几个方面入手导入：

1. 关于飞机的种类

搜集一些飞机的模型及图书，知道飞机的种类有民航客机、战斗机、载货机及运油机等。

2. 关于飞机的演变的过程

从书籍中知道飞机的演变，决定制作小册子；比较新旧型飞机的分别及它的演变过程利用不同的材料制作了一架早期的飞机。

3. 关于飞机为何会飞

进行不同的实验：如用气球做喷射机；折飞机比赛及机翼设计试验等，知道飞机会飞是与它的外形及气流有关。

4. 关于飞机场

经过商讨，儿童决定去参观机场，大家分成四组，分别研究人物、设备及登机手续、航空公司标记及飞机升降情况、往机场的路线及途径等，参观前我们商讨要观察的地方，拟出问卷，各自找寻答案，回幼儿园用做分享和汇报。

精彩导入语设计

（1）今天，老师给大家变一个小魔术，只要你随便说出一个分数来，老师就知道它能否化成小数，你想不想把老师的这项本领学到手呀？

（2）同学们喜欢过生日吗？你已经过了多少个生日？小华今年13岁，可它才过了三个生日，同学们想知道这是为什么吗？学习了这一课后，你就会明白的。

（3）同学们，公元前外国有一位科学家叫阿基米德，皇帝故意为难他，拿出一顶镶满金子、珠宝、钻石的皇冠，叫他算出体积有多大。阿基米德一边思考，一边准备洗澡。当他躺进装满水的浴盆里，水溢出了浴盆，阿基米德恍然大悟。你们说他想出了什么好办法？

（4）同学们喜欢机器人吗？看，它已经一步一步地向我们走来了，"小朋友们好，我是机器人笨笨，今天，让我们跟你一块学习图形一课，好吗？"（电脑显示）

（5）同学们，我们学校操场的东北角上有一棵大杨树。请同学们想一想，不锯倒这棵大树，你能知道它的直径吗？通过这一节课的学习，你们一定会解决这个问题的。希望同学们积极探索，大胆创新，课后看谁最先准确地算出这棵大树的直径是多少，来告诉老师好不好？

（6）我校盖了一座楼房，有两个工程队参加最后竞标。甲工程队用10个月能完工，乙工程队12个月能完工，大家帮学校拿个主意，聘哪个工程队好？……学校希望早点完工，准备两个工程队都聘用，你们想一想多长时间能完工？猜猜看！能不能想法子算出比较准确的时间呢？这节课我们就来解决这个问题。

（7）同学们，你们知道，人体有多少有趣的比吗？将拳头翻转一周，它的长度与脚的长度大约是1:1；脚长与身高的比大约1:7……这些比在生活中有很多用处，比如：你到商店买袜子，只要将袜底在你的拳头上绕一周，就会知道这双袜子是否适合你穿：你如果是一个侦探，根据罪犯的脚印，就可估算出罪犯身材的大约高度……这里实际上是用这些比去组成一个个有趣的比例去计算的。你想知道什么叫比例吗？今天，我们一起来研究"比例的意义和性质"。

 小贴士

幼儿教学导入语和过渡语

1. 所用方法和材料要切合教材内容实际，要与教学内容和幼儿接受能力相结合，不能牵强附会。

2. 方法要灵活多变，材料要随时变换花样，不可千篇一律。

3. 特别要求设计要有趣味性或启迪性。

4. 时间一般在3分钟左右为宜。

任务1.2　讲授环节的语言表达

 任务导入

午后，天空开始飘起小雪花，孩子们兴奋极了，老师和孩子们来到外面感受雪。这是中班的科学活动课，名字叫"雪到底干不干净"。

思考：如果你上这节课，你会用什么样的语言和孩子们交流？

 知识要点

一、讲授语的概念

讲授语又称讲解语，也叫阐释语，是教师讲述、阐释教学内容的一种教学用语。它主要涉及"是什么""为什么""怎么做"的问题。在幼儿园教学中，讲授语有独白讲述、提问点拨、归纳明确几种。独白讲述式讲授语是以教师独自讲述为主，通过教师清晰准确的表达，使幼儿明确一个实验的操作过程、一种游戏的规则、活动的顺序等；提问点拨式讲授语是教师通过提问，掌握幼儿的认知情况，而后对于幼儿难以理解的问题做点拨启发，使其茅塞顿开，找到答案；归纳明确式讲授语是教师运用简练精确的语言归纳出一段教学或一个问题的结论。这些讲授语在课堂上往往结合起来运用。

二、幼儿讲授语的要求

（一）要具有示范性

3～6岁的幼儿正处在语言的敏感时期，他们的语言大部分是通过没有外界压力的自然观察和模仿而来的，他们缺乏语言的识别能力。如果没有良好的语言示范，幼儿的语言就得不到正确的发展。在幼儿园，教师是幼儿们模仿的对象，学习的榜样。教师的一言一行、一腔一式甚至某种口头禅幼儿都非常敏感，都乐于模仿。因此教师的讲授语应做到以下几点：

1. 力求标准性和规范性，克服方言化

教师的语言是幼儿语言的样板，教师只有使用规范的语言，才有可能对幼儿产生正面的示范效应。所以教师必须使用标准、规范的普通话，在语音、词汇、语法等方面都要符合国家普通话的要求。做到发音清楚、吐字准确、不念错字、不使用方言。有的老师"n、l"不分，将"喝牛奶"念成"喝流来"；有的老师平翘舌不分，将"吃饭"念成"刺（ci）饭"，还有的老师将"小孩"说成"娃儿"（四川方言），将"你要苹果吗?"说成"阿要苹姑啊"（南京方言），等等，这些情况都要避免。

2. 力求逻辑性，克服随意化

教师在使用语言时必须使其内容符合事物的客观规律，避免前后矛盾的话。例如，有的老师表扬幼儿时喜欢说："今天表现最好的有××、××、××……"其实，一个"最"字表达的是独一无二的意思，但教师却随意地在"最好的"后面说出了好多个。这种看似微不足道的小错误，时间一长也会对幼儿产生影响。

3. 力求纯洁性，克服粗俗化

一个品德高尚的教师，语言应该是纯洁、文明、健康的，应该能够促进幼儿的智力开发，能够激发幼儿的学习兴趣，能够培养幼儿健康向上的情感。反之，粗俗的语言只能给幼儿带来负面的影响。子卿小朋友上课总是调皮，有一次，老师生气了，对他喊道："你真是个万难头！"当时，有几个小朋友也跟着冲他喊："万难头！"第二天，子卿刚进教室，教室里的幼儿就对着他喊"万难头！"子卿委屈地看着小朋友，眼里还含着泪水。看到这样的情景，老师意识到不经意间的一句气话已经对子卿造成了伤害。经过对子卿的安慰和对其他小朋友的教育，这件事平息了。但留给老师的却是深深的愧疚。作为教师我们应避免使用"滚出去""猪脑子""笨死了"等不文明的粗俗语言。要尽量使用美好的语言去触动幼儿，使其形成纯洁、文明、健康的心灵世界。

总之，幼儿教师要提高语言的规范性、逻辑性、纯洁性，这是发挥语言魅力的前提条件。

（二）要幽默风趣、形象生动、富有感情

教师在教学活动中的讲授语要用趣味性的语言，吸引幼儿的注意力，让幼儿融入活动中去，促使幼儿进入最佳的学习状态。生动有趣的语言可以蕴含着游戏的成分，符合幼儿年龄特点，容易调动起幼儿学习的积极性。苏联教育家赞可夫说过："智力活动是在情绪高涨的气氛里进行的。"因此，幼儿教师的语言表达应该幽默风趣，含蓄并富有情趣，其表现形式是诙谐而充满机智。幼儿的年龄特点决定了他们喜欢生动的、有趣的、形象的、活泼的语言，特别是加上幼儿教师丰富的表情和适当的动作，更容易为幼儿所接受和模仿，有利于幼儿语言能力的发展。

例如，教师提示：弯弯的月亮像什么？幼儿会说出像小船的句子。如何引发幼儿更丰富的想象呢？教师可以用欢快的语调、以自述的口吻告诉孩子们月亮的不断变化：我的名字叫月亮，我的身体每天都在变。最早我的身体只有一条线那么细，你们看像什么呀？这样一边讲一边问，再加上几个不同的月亮图形，幼儿的想象会随着教师的生动叙述扩展开来，他们能说出：像指甲、像香蕉、像橘瓣、像摇篮、像月饼、像气球、像镜子等多种句子。其比喻和想象之奇妙，为成人所不及。这就是语言艺术为幼儿启开的五彩缤纷的世界。

又如，教幼儿画鱼时，我们可以一边画一边说："一条小鱼水中游，摇摇尾巴点点头，一会儿上，一会儿下，游来游去真自由。"这样就逐步画出了鱼身、鱼尾、鱼头、上鱼鳍、下鱼鳍和鱼泡泡，这种"诗"化的语言不仅激起了幼儿绘画的兴趣，帮助幼儿顺利地完成了绘画活动，而且发展了幼儿的语言能力，可谓是一举多得。

再如进行故事教学时，教师讲故事的语言就应该夸张、生动，富有趣味性。比如，用又粗又涩的声音扮演鸭爸爸，用恶狠狠的腔调演绎大灰狼，用阴郁沉闷的怪声表现老巫婆，等等。这样一个个活生生的人物就把幼儿带入了童话世界，之后的交流、教学也会顺利且充满活力。相反，空洞无物、枯燥无味、呆板无力的语言会使幼儿昏昏欲睡，毫无兴趣。因此，我们要善于从幼儿活动的实际出发，抓住幼儿的特点，使用生动、形象、富有感情、具有感染力、贴近幼儿生活的语言，有效地激发幼儿活动的兴趣。

（三）要简单易懂

幼儿年龄小，理解能力较弱，这就决定了教师在使用语言时应当避繁求简。教师在与幼儿交谈时应使用语法结构较为简短、词汇涉及范围较小的语句。比如，当幼儿不愿意吃胡萝卜时，我们如果说："胡萝卜里含有大量的胡萝卜素，可以转化成维生素 A，给身体提供所需要的营养，预防各种疾病，提高免疫力，所以小朋友们都要吃胡萝卜。"这样的话孩子们很不容易理解，自然效果就会不尽如人意。但如果简单地说："胡萝卜很有营养，吃了对小朋友的身体有好处。"孩子们应该会对胡萝卜有新的认识。因此，教师的讲授语应力求简

单、平白，不使用让幼儿理解感到困难的长句、复合句、并列句或功能词等。

（四）要多结合体态语来表达

幼儿教师的体态语对幼儿有强烈的感染作用，能使教育教学收到事半功倍的效果。比如，教师的微笑可以缩短与幼儿之间的距离，能使幼儿自然而然地形成一股内在的亲师感；教师的手势或眼神的暗示能使幼儿在犯错时心神领会，自觉改正；教师在教学中运用肢体动作不仅能增加教学的趣味性，而且能使抽象的内容变得更为直观，从而使幼儿更容易理解。总之，恰当地使用体态语能够使教育教学锦上添花。

 案例描述

大班教育案例与反思：白雪公主真笨！

《白雪公主》是幼儿都爱听爱看的经典童话。每每和孩子讲起故事，孩子们对白雪公主的喜爱、对皇后的憎恨是溢于言表的。今天我又一次在大三班运用多媒体动画讲述起这个故事。可今天的故事活动却让我真切地感受到孩子是一个独立的个体，他们对事物有着自己的思想和是非观念。

只见多媒体那生动的动画、优美的声音吸引着孩子们。他们的表情随着故事情节的发展在变化着。就在故事讲到白雪公主被苹果毒死再也不能醒过来时，孩子们的脸上露出了悲伤和愤怒的表情，在一片惋惜声中响起了一个不同的声音："白雪公主真笨！怎么老上皇后的当，毒死了只能怪自己。"郑平小朋友的声音，立刻引起了大家的争论，令我感到意外。一些孩子反击道："皇后已经乔装打扮过，白雪公主认不出来了，当然会上当，你怎么能说白雪公主笨呢？"面对同伴的反击，郑平一脸认真地说："白雪公主已经被皇后骗过了，七个小矮人临走时还告诉她是皇后要害她，千万不能让外人进来，可是白雪公主最后还是上当，你说她笨不笨？"孩子们互不相让地争论着，场面越来越激烈，小小的教室俨然成了辩论场。面对孩子激烈的争论，我认真地倾听着。此时，我感到最佳的参与契机到了。于是我对孩子们说："小朋友们！想不想听听老师的意见？"正在争论不休的孩子们立刻安静下来，用期盼的眼光看着我，他们都希望得到老师的肯定。

面对孩子们的目光，我说："小朋友们！我刚才认真地听了你们的谈话，我觉得你们说得都有道理，特别是郑平能够首先将自己的想法说出来，这一点非常棒！那我们来想想看，白雪公主在上了第一次当后，怎样就不上第二次、第三次当了呢？"小朋友纷纷发表意见：有的认为如果白雪公主上了皇后的第一次当后，就要想到现在有皇后要杀死我，我要更加小心，不能随便相信那些陌生人，那就不会上第二次和第三次当；有的小朋友认为如果她听七个小矮人的话就不会上当了；而另外有些小朋友们认为如果白雪公主坚决不听皇后的花言巧语，就不会上当了……孩子们的这些观点让我赞叹，看来经过这次讨论，孩子们今后一定会正确地面对陌生人。接着我又进一步引导："皇后很坏，可最终是什么下场呢？我们再来看动画。"当放到皇后变成丑八怪时，大家欢叫起来。孩子们的兴奋感染着我："坏人没有好下场，而白雪公主因为心地善良最终得到了好的结果，所以我们要做一个心地善良的人，这样就会得到许多人的帮助。小朋友们，你们认为对吗？"我的话得到大家的赞同，活动也圆满结束了。

分析

1. 宽松的环境能迸发孩子智慧的火花

《幼儿园教育指导纲要》指出：要创设一个宽松的语言交往环境，鼓励幼儿大胆地表达自己的想法和感受。在本次活动中，一个来自老师和许多孩子们意料之外的不同观念激起了大家强烈的反响，犹如一颗石子投进了平静的小湖，引起了孩子们激励的争论，中断了对故事的欣赏。面对争论，老师耐心倾听，及时给予支持和引导。在活动中老师感受到孩子的智慧只有在宽松的环境中才会迸发，在碰撞中才能产生思维的火花。

2. 优秀的文学作品是教育的宝库

《白雪公主》是一个深受孩子们喜爱的经典童话，和许多的文学精品一样，它的内涵是丰富的，对孩子们有着很好的指引作用。因此，我们要经常引导幼儿接触优秀的儿童文学作品，发挥其深刻的教育价值，使孩子们在欣赏中真切地体验到优秀文学作品的精神，感悟到做人的真谛。

3. 可爱的孩子是我们学习的榜样

本次活动的争论焦点是我从来没去想过的，而今天在孩子们碰撞的思维中让我看到了孩子们的聪明智慧，让我真正地理解了"向孩子学习，和孩子共同成长"这句话。本次讨论不仅会在孩子一生的成长中留下痕迹，而且让我再次体验了孩子的独特。这就是真正的教育。

4. 教师要善于捕捉课堂中的有效信息，适时调整教学

课堂教学中经常会出现师生之间或儿童之间的认知冲突，或疑问，或临时发生的意外事件，或儿童中出现的思维、创新的火花，教师必须善于捕捉细微之处的有效信息，敏感觉察其中隐含的教育价值，适时调整教学，经过充实和重组整合，引发出一场有意义的争论，一次愉悦的心灵交流、情感碰撞。在教学中教师要做个有心人，善于捕捉教育信息，让幼儿在讨论、碰撞等互动中，激活思维，加深对事物的认识和理解，使教学效果达到最优化。

 拓展阅读

幼儿园大班社会教案：微笑

设计意图：

微笑是我们每个人都有的表情，在孩子们的交往中，都需要对别人微笑，因为微笑也是对别人的一种尊重。在设计这个活动时，教师运用了多种教学手段，让孩子们通过动手操作、语言表达等来进行活动。并运用了课件、图片等形式让幼儿进一步地了解微笑无处不在，同时也让幼儿感觉到微笑的重要性，使他们在以后的生活中能用微笑来对待每件事。

活动目的：

（1）培养幼儿爱祖国、爱妈妈、爱同伴的情感，并能主动帮助需要帮助的人。

（2）培养幼儿的语言表达能力，以及与人交往协调的能力。

（3）通过本次活动，让幼儿知道微笑是生活中不可缺少的一种表情，让幼儿懂得微笑的重要性。

活动准备：

（1）4个图形娃娃的头饰。

（2）课件：各行各业图片，各种图片若干。

（3）录音机、磁带：《歌声与微笑》。

活动过程：

1. 请戴头饰的小朋友出来，吸引幼儿的注意力。

（1）教师：小朋友们，老师今天请了表情娃娃来做客，我们请他们做自我介绍，并请你们和自己最喜欢的表情娃娃玩。

（2）幼儿自由选择表情娃娃玩。

（3）教师提问：哪个表情娃娃最受欢迎啊？

（4）请另外的几个娃娃变魔术，也变成微笑娃娃，这些表情娃娃都变成了微笑娃娃。你们现在的心情怎样啊？让我们一起来学学微笑娃娃吧！

2. 讲述你平时所看到过的微笑，并说出微笑的重要性。

（1）教师：你们刚才都已经说了自己喜欢微笑的表情，那么，你们还在什么地方见过谁的微笑呢？说说当时的情况。

（2）幼儿自由阐述生活中所见过的微笑。教师根据幼儿讲述的内容，出示相应的课件。

A. 师生互问好时的微笑

B. 服务行业的微笑

C. 医院里的医生、护士的微笑

D. 餐饮业服务员的微笑

（3）师：是啊，生活中到处都可以看到人们在微笑地生活着。小朋友看看这些图片，图片上的人为什么会微笑呢？教师出示相关的图片，让幼儿说一说他们微笑的原因。

（4）请小朋友和科任教师说说自己现在的心情。

（5）师生互动，音乐《幸福拍手歌》。

小朋友相应跟着教师做动作。

（6）教师小结。

讲述微笑的重要性：它是人与人之间的一种尊重，体现了我们相互友善的态度。

（7）拓展幼儿思维空间，讲述我们怎么帮助他们。

教师出示图片（贫困山区孩子、地震的图片、战争带来的灾难的图片等），让幼儿发现这些人的脸上没有微笑，那我们可以怎么帮助他们？

师生共舞，音乐《歌声与微笑》，结束本次活动。

 小贴士

幼儿教师的语言应体现人性化

随着社会的发展和进步，科学家、设计师都给房子、车、家具等与人类生活密切相关的东西赋予了人性化的设计。作为人与人沟通的工具，语言的使用就更应该体现人性化的特点了。幼儿教师与幼儿是互动的双方，作为互动一方的教师，其语言的人性化应表现在3个方面：

一、尊重幼儿

孩子虽小，但他们也都有很强的自尊心。教师说话时若稍不注意就有可能伤害孩子的自尊心，给孩子的心灵或多或少地带来一些消极的影响。所以，我们平时与幼儿说话时应尽量注意保护孩子的"面子"。小班的幼儿偶尔尿裤子是很正常的，但有些孩子尿了裤子不愿意告诉老师，怕老师说："你怎么会尿裤子？"这样一说，班上的其他小朋友就会笑话自己尿了裤子，被大家笑话多没"面子"呀，只有自己忍着。如果我们能多为孩子考虑一下，照顾孩子的感受，不用带有责备的质问，而是蹲下来亲切地、轻声地说一句："没关系，我们悄悄地去办公室换上干净裤子。放心吧，我会替你保密的，小朋友们不会发现的。"我想这样孩子们就不会有顾虑了，不仅如此，他们还会对老师产生亲切感和信任感。

二、平等交谈

在以往的教学中，我们常常会说这样的话："请坐好""请你跟我这样做"，等等。在这里教师是作为指挥者的身份出现的。国家教育部颁布的《幼儿园教育指导纲要（试行)》中对教师角色进行了重新定位，倡导"教师应成为幼儿学习活动的支持者、合作者、引导者。"即要求视幼儿为平等的合作伙伴。应常以商量的口吻和讨论的方式指导幼儿的活动，支持幼儿的探索。比如，当幼儿不愿意帮老师收玩具时，我们可以说："你可以帮我一下吗？"以此来得到幼儿的帮助，锻炼幼儿，而不能以命令的口气说："快点，帮老师收玩具！"当幼儿在美工角活动时，为了防止幼儿乱扔纸屑，我们可以委婉地提醒幼儿："你们需要一个垃圾筐吗？"这样幼儿就会清楚地意识到要把纸屑扔到垃圾筐里，而不能扔在地上，但如果直接说："不许把纸扔在地上。"则很难达到预想的效果。所以，我们应常说："你好""请""没关系""能不能""我们一起来好吗？""你说应该怎样呢？""你先试试看，如果需要帮忙就叫我。""你可以帮我一下吗？"等等，而不能习惯于用强制性的"要这样做""那样可不行""不许""不能"等语言，否则会阻碍孩子主动性的发展和创造性的发挥。

三、因人用语

教师语言的选择和运用必须考虑幼儿现有的语言接受能力，力求"因人用语"。比如，对性格不同的幼儿，语言的使用就应不同：比较内向、较为敏感，心理承受能力较差的幼儿，教师应更多地采用亲切的语调、关怀的语气对他们说话，以消除幼儿紧张的心理；对反应较慢的幼儿，教师要有耐心，在语速上适当地放慢一些；对脾气较急的孩子，教师的语调要显得沉稳，语速适中，使幼儿的急躁情绪得以缓和。再如：对刚入园的小班幼儿要多使用些儿童化、拟人化的语言，将一些无生命的东西赋予生命来吸引幼儿的注意；而对于略大一些的中大班幼儿则要注意语言的坚定和亲切，使幼儿感到老师的话是经过思考的，不是随随便便说的，是值得听的。总之，对不同的幼儿，教师应采用不同的语言表达形式，因人用语，因人施教，使每个幼儿在其原有水平的基础上得到发展。

任务1.3　提问环节的语言表达

任务导入

绘本《水会变哦》是一本科学图画书，讲述了水的用处和水的变化，作者在书中使用了明亮的色彩，具有一种鲜明的视觉形象，并辅以童趣的人物形象，让这本故事性不强的图画书也处处充满着读图之乐。同时，用水的魔术和语言的魔术吸引孩子阅读的欲望。水在生活中无处不见，幼儿每天都会接触到它，所以像这样贴近生活的内容也是幼儿感兴趣的，幼儿不仅容易接受，而且印象也更深刻。所以说这个绘本也是非常适合中班孩子阅读的。

附：绘本，英文称 Picture Book，顾名思义就是"画出来的书"，指一类以绘画为主，并附有少量文字的书籍。绘本不仅是讲故事，学知识，而且可以全面帮助孩子建构精神，培养多元智能（绘本和普通的图画书有区别）。绘本是发达国家家庭首选的儿童读物，国际公认"绘本是最适合幼儿阅读的图书"。

思考：如果你是幼儿教师，会设置怎样的环节，让幼儿动脑筋，从更多的角度了解水？

 知识要点

一、提问语的定义

提问语是教师依据教材内容和学生学习实际情况而提出的询问用语。针对幼儿的提问语就是在教学中教师提出问题要求幼儿回答的语言。它贯穿于整个教学活动，在提问语中教师会涉及幼儿观察的范围、要点，包括怎样做、如何做的重点指导。

二、幼儿教学提问语的形式

（一）填空式

就是把问话组织成像试题中的填空那样，然后依次发问。这种提问，多是根据活动中的一些需要记忆的地方提出来的问题，又可称为重点式提问。通常需要记忆的知识也就是重点问题，所以，根据教材中的教学重点提出明确的问题，把这个问题弄清楚，本课的知识目标也就基本达到了。这种提问方式可以训练学生边看、边听、边记、边概括的能力。

例如，教幼儿认识猫，教师可提出：小花猫的耳朵什么形状呀、嘴边长了什么呀、小花猫走路什么样呀等一系列了解小花猫特点的问题。

（二）过渡式

就是在教学中起承上启下的作用，通过这个问题，幼儿可以发现更本质的问题，有一个连贯的思维。

例如，教师出示"分享"两字。提问："这两个字是什么字？"幼儿："分享。"教师："'分享'是什么意思？"幼儿："和大家一起享受。"教师："和别人一起分享的时候你有什么感觉？"幼儿："高兴！"教师："森林里的小动物也爱分享，听听它们分享什么了？"（然后听故事）

（三）选择式

就是用选择问句来提问的方式。对于某些最容易混淆、弄错的地方，运用选择式问法，要求在二者或数者之中选一个答案，能激发幼儿积极地思考和辨析，不仅缩小问的范围，使答话不致偏离中心，而且使要辨析的难点更加明显、集中。

例如，3 和 3 能组成 6 还是能组成 9 呢？10 个 10 是 100 还是 1 000 呢？

(四)比较式

就是用比较的方法来提问。比较的方法很多,有不同形状、重量、颜色的比较,等等;有不同点的比较,又有相同点的比较。在教学中经常运用这种提问的方法,有利于发展幼儿的求异思维和求同思维。

例如,教小朋友认识沙子,提问:"沙子和土有什么区别?干沙子和湿沙子在堆小山时有什么不同呀?"教小朋友认识表情,提问:"小朋友们,你们在笑的时候,嘴有什么相同之处呀?哭的时候嘴有什么相同之处呀?"

(五)连环式

为了达到表达的目的而精心设计的环环相扣的一连串问题。这几个问题形成一个整体,几个问题都解决了,重点或难点问题也就解决了。

例如,中班科学领域活动——认识9。教师出示8只小白兔,提问:"有几只小白兔呀?"幼儿点数答8只;教师再出示8只小灰兔,提问:"有几只小灰兔呀?"幼儿点数答8只,教师将小白兔和小灰兔一一对应贴好。提问:"我添上一只小灰兔,8只添上1只是几只呀?"幼儿答8只添上1只是9只,教师明确:"8添上1是9。"再问:"小灰兔和小白兔谁多谁少呀?"幼儿答9比8多,8比9少。提问:"怎样使小灰兔和小白兔一样多呀?"幼儿明确了添上一个和去掉一个的办法。这5个问题,一环扣一环,成递进式排列。教学中的不少难点,要分步骤才能解答清楚,这时运用连环式提问法由浅入深,逐步引导,在问和答的间隙中为幼儿留下了更多的思考、理解的余地,便于幼儿逐步地消化所学的内容。

(六)信息反馈式

针对幼儿的学习效果提出的具体问题。这样的问题可以帮助教师明确幼儿对知识的掌握程度,以便于教师正确把握课堂教学的方式方法,必要时可随时做调整。这样的问题在幼儿园教学中必不可少。

如:"你们懂了吗?你们是怎么想的?你们是怎么做到的?"

三、幼儿教学提问语的运用要求

(一)问点准确

课堂提问要有明确的目的,操作性强,提出问题的语言要清晰明确,不要无意识地问或习惯地随便问。教师要充分了解幼儿的已有经验,设计的问题要符合幼儿的实际水平、年龄特点。

比如,有些教师习惯地问"是吗""对吗""明白吗"等,这样的问题对解决知识重点难点是毫无意义的。正确的教师提问语应该是教师在备课过程中紧紧围绕教学目的有准备、有顺序经过认真设计而提出的。提问要围绕教学的难点和重点来进行,要问到点子上。

(二)教师提问语要能激发孩子的学习兴趣,引发幼儿思考

教师的提问要能引起幼儿的共鸣,应是幼儿喜欢思考、乐于讨论的问题,这样就使得幼

儿在你一言我一语的讨论中共同探讨、相互学习，再经过大家的总结获得最佳的答案。教师在孩子回答问题的时候要给予充分的鼓励和引导，激发孩子继续发现的愿望，同时也要引导幼儿善于多角度审视问题，探究答案。

（三）教师要多设计具有开放性的提问语

教师的提问最好是开放式的，也就是说，幼儿的答案应该是一串回答，而不只是"是"或者"不是"。开放式的提问能让幼儿在积极思考中拓展思路，有助于幼儿对不同的答案进行思索，找到最佳和最接近问题的答案，有利于培养幼儿的探索精神。开放式的提问也能够促进幼儿想象能力和语言表达能力的发展。

（四）教师提问语应针对幼儿学习的实际情况，灵活多变

教师要仔细聆听孩子对问题的回答，并能够捕捉到孩子回答问题中的闪光点，及时进行追问、启发，适当的时候帮助幼儿总结，从而逐步地推进活动。

比如，在《老鼠嫁新娘》的引导语中，教师的提问是层层递进的，教师通过"这是什么时候能听到的音乐？"到"轿子里面抬的是谁？"直至抬新娘的解密，层层递进，引导着教学活动步步深入。大班科学《神秘的指纹》中，教师以"谁是凶手？""指纹在哪？""指纹是什么样子的？"等层层深入的提问引发幼儿思考，并让幼儿通过自身的探索活动找到答案。当幼儿回答教师他发现的指纹是一圈一圈的，中间是个小圆圈时，教师追问："一圈一圈的像什么？"引导幼儿发现，说出像旋涡。最后教师讲授知识点"涡形纹"，孩子学起来就容易多了。

四、幼儿课堂理答

（一）课堂理答概念

课堂理答是指教师教学过程中对幼儿回答问题后的反应和处理。理答是师幼互动的一个环节。它既是一种教学行为、反馈行为，更是一种评价行为。理答行为对幼儿的语言能力的发展尤为重要。同时激励并培养幼儿与成人交流，与同伴交流，敢说、想说的能力。课堂理答环节教师应及时积极回应。

（二）幼儿课堂理答常见有激励性、诊断性和发展性三种类型

以《一根羽毛也不能动》为例说明：

1. 激励性理答

激励性理答分语言性和非语言性理答。

语言性理答是指简单的表扬、激励，比如"你真棒"；非语言性理答分为动作、神情、物质奖励等。良好的教学气氛是激励性理答的基础。当教师面带微笑、满怀喜悦的心情进行教学，幼儿倍感亲切，快乐之情油然而生。

例如：

师：情况越来越紧急了，狐狸已经怎么样了（要吃天鹅了）？这时候鸭子要不要动，为什么？

幼：鸭子当然要动了，不然狐狸就吃天鹅了。

师：嗯，你真是有正义感的孩子！在你们身边有像鸭子这样愿意帮助你、保护你的朋友吗？

幼1：我的好朋友是身边的丽丽。（还有别的小朋友说了自己班上的小朋友）

幼2：我好朋友是我姐姐。

师：你的感情真丰富，孩子，别的小朋友想到的都是班里的好朋友，你却想到自己的亲人。老师不仅肯定了孩子的回答，还赞扬了他情感的丰富。

2. 诊断性理答

在教学中，教师明确表态，对幼儿的回答做出"正确"或"错误"的评判。

例如，

师：眼看天鹅快被狐狸吃了，鸭子跳了起来，对着狐狸拼命地啄，啄得狐狸鲜血直流，丢下天鹅逃跑了……这个时候，鸭子对天鹅说："嘿嘿，朋友，你赢了，我输了。"天鹅说："不不不。"你觉得这是只怎样的鸭子？

幼：这是一只爱帮助人的鸭子，把朋友的命看得比比赛更重要。

师：（大幅度地点头，语气强烈）对了，命比比赛重要，朋友比比赛重要。

诊断性理答是理答中最常见的、最基础的理答类型。

3. 发展性理答

在幼儿回答的不正确或不完整的情况下，再次组织问题，再次进行理答。

这种理答属于较高水平的理答，属于能引导幼儿深度思考、促进幼儿思维发展的理答。

例如：

师：如果你是天鹅，狐狸这时候就要吃你了，你动还是不动？（幼儿讨论气氛非常热烈）

幼1：不能动，动了就输了。

师：谁还有不同意见？

幼2：要赶快动啊，不然就让狐狸吃了。

把机会让给不同意见的孩子，发散孩子的思维，可以有多种答案，最后达成共识，得到最准确的答案。

附：　　　　　　　　　　　**一根羽毛也不能动**

有一天，鸭子到湖里去游泳。我真是个了不起的游泳健将啊，它这样想。这个时候，它听到一阵啪啦啪啦的打水声，原来是天鹅。"你好啊，鸭子。""嗨，天鹅，瞧我的。"鸭子快速地划着水。天鹅说："还不错！可是我比你快。"鸭子说："我们来比赛吧！预备——开——始！"它们向湖对岸游去。鸭子先到。"万岁！我是冠军。"天鹅说："也许吧！但是我可以飞得比你高。"鸭子说："不可能。"天鹅拍拍翅膀。"预备——开——始！"它们飞过杉树林。天鹅飞得比较高。"耶！我是冠军中的冠军。"鸭子说："才不是呢！"天鹅说："我就是！"

啪！嗒！它们同时落地。鸭子抖开它的羽毛，然后来来回回地踱着步。它转身对天鹅说："我们来玩木头人的比赛。不能动，不能讲话，就连一根羽毛也不能动一下！谁赢了，谁就是唯一的、真正的、永远的冠军中的冠军！""就是我！"天鹅说。"等着瞧吧！"鸭子说，"预备——不——动！"天鹅一动也不动地站着，鸭子也是。它看着天鹅，等着天鹅动。

一只蜜蜂飞出树丛。嗡……它绕着天鹅的头飞上飞下。嗡……它又绕着天鹅的尾巴飞上飞下。鸭子想：没多久，我就会是唯一的、真正的、永远的冠军中的冠军了。但是天鹅一动也没动。接着蜜蜂飞向鸭子。嗡……它绕着鸭子的头飞。嗡……它在鸭子的脖子上停下来。但是鸭子一动也没动，也没发出声音，就连一根羽毛都没有动一下。蜜蜂飞走了。鸭子一直等啊等，等着天鹅动。

一群兔子跳过来。它们贴着天鹅的头，从它的长脖子上溜下来。鸭子想：很快，我就会是唯一的、真正的、永远的冠军中的冠军了。但是天鹅一动也没动。接着，兔子们围着鸭子。它们轻拍它的嘴，玩它的蹼，它们跳过它的背。但是鸭子一动也没动，也没发出声音，就连一根羽毛都没动一下。最后，兔子跳走了。鸭子等了又等，等着天鹅动。

呱、呱、呱，一群乌鸦俯冲下来。它们绕着天鹅的头飞，停在天鹅的背上，跳上跳下。快了、快了，鸭子想：再等一会，我就会是唯一的、真正的、永远的冠军中的冠军了。但是天鹅一动也没动。乌鸦包围着鸭子。它们用翅膀拍它的脸，对着它的耳朵叫，还搔它尾巴上的羽毛。但是鸭子一动也没动，也没发出声音，就连一根羽毛都没有动一下。呱、呱、呱，乌鸦飞走了。

突然，天空刮起一阵风，吹起满天风沙，树枝摇晃，叶子到处飘散。咻！风将天鹅吹进蒲公英花丛里。咻！风将鸭子吹进桑葚树丛里。过了好久、好久，风才平息下来。就快了！鸭子想。这时候……来了一只狐狸。"多幸运啊！"狐狸开心地努动着鼻子，"今天和明天的晚餐都有了，等煮熟就可以吃了！"鸭子从眼角瞄了天鹅一眼。天鹅还是没有动。鸭子想：那我也不动。狐狸把鸭子和天鹅滚进他的大麻袋里，牢牢地绑紧袋口。然后它拖着、推着、拉着大麻袋，穿过树林。狐狸将鸭子和天鹅从袋子里取出来，并排放在地上。它开始煮一大锅水，切马铃薯、西红柿、胡萝卜、芹菜和菜瓜。它抓了一把豆子丢进锅里，又加了点蒜和胡椒，它搅拌着这锅汤。然后它转身看着天鹅。天鹅一动也没动，也没发出声音，就连一根羽毛都没有动一下。鸭子也一样。狐狸眼睛发亮，用手点着它们。"狐狸下山来点名！先煮鸭子还是天鹅？我的肚子告诉我，先煮你，就——是——你！"狐狸把天鹅拎到锅边，鸭子想：现在天鹅该动了吧。但是天鹅没有。狐狸打开锅盖，一团热气腾腾的蒸汽冒了出来。动吧！天鹅！请你动一下吧！鸭子想。但是天鹅没有动。会不会是天鹅根本就没办法动？鸭子想。它说不定是吓得动不了了？狐狸把天鹅高高举起来："进去吧！""嘎！——不要煮我的朋友！"鸭子咬住狐狸的尾巴，又紧咬狐狸的鼻子。"救命啊！救命啊！"狐狸丢下天鹅，急忙跑到树林里去了。

鸭子和天鹅看着它跑走。鸭子叹了一口气，说："好吧，天鹅，我想你赢了木头人的比赛。""也许吧，"天鹅说，"但是，鸭子，你才是唯一的、真正的、永远的冠军中的冠军。"

"我？"鸭子看着天鹅。然后它微笑着，鼓鼓羽毛说："对呀，我想我是吧。"天鹅把头探进锅子里："闻起来好香哦，我们要不要喝了它？"然后，它们把狐狸煮的那整锅美味的蔬菜汤喝得一干二净。

 案例描述

有效提问下的师幼互动：《开心的狼》案例分析

一、案例的主题与背景

在日常生活中，每一件小事情都有可能隐藏着幸福的因子，生活中不是缺少幸福，而是缺少发现幸福的能力。在"幸福教育"主题中的语言活动"开心的狼"就是一节能引导幼儿从故事的具体事件中体验到做错了事只要想办法弥补过失，最终定能获得和谐相处的幸福感受。这一案例中，狼的形象与幼儿从前认识的狼的形象是不一样的。因此，希望通过此活动能引导幼儿逐步学会以生态的眼光去看待周围的事物，学习自我归因的方法，体验用"感恩""宽容"的态度面对同伴，用积极、正确的方法解决矛盾。

二、情景描述

片段1：教师出示"开心""气愤""后悔"的字图卡片，迁移幼儿的已有经验。

师：你们认识这些字吗？

幼：老师，我认识"开心"，我们班就有个"开心"（幼儿的名字）。

幼：我也知道"开心"，我也知道"开心"。（孩子们争先恐后地说起来）

幼：我认识"气"和"后"，其他的就不知道了，呵呵。

师：那你知道这些字宝宝的意思吗？

幼：开心就是很高兴的样子。

幼：气愤是很生气，后悔不知道什么意思。

师：那你什么时候会开心呢？

幼：妈妈帮我买玩具的时候会开心。

幼：老师表扬我的时候会开心。

幼：小朋友陪我玩的时候会开心。

幼：玩大型玩具的时候会开心。（我们班的孩子对大型玩具有特殊的定义，他们说最大的那个滑滑梯才是大型玩具，其他的两个滑滑梯就不是大型玩具。这是在幼儿的言语中悟出来的。）

片段2：幼儿讨论"理解犯了错误及时改正依旧会很开心"。

师：这只狼和我们以前认识的狼有什么不一样吗？

幼：以前我们见过的狼都是很凶的，这只狼一点也不凶，还会哭呢！（呵呵，其他幼儿都笑了起来。）

幼：这只狼还会关心鸟宝宝。

幼：这只狼刚开始很生气，后来很开心。

师：在这张图上，狼开心吗？

幼：开心，因为图上有"爱心"。

师：为什么到了这张图的时候，狼会变得开心呢？

幼：因为小鸟开心，狼也很开心。

师：那为什么在故事的一开始小鸟在唱歌，狼就很生气？为什么到了故事结束时小鸟也在唱歌，狼却很开心了呢？

幼：因为一开始狼不喜欢小鸟唱歌，把鸟妈妈赶走了又觉得很后悔。现在鸟妈妈终于回来了，小鸟不哭了，所以狼就开心了。

 分析

在活动中老师有意识地运用了3个关键词来引导幼儿把握故事内容；在活动的层次安排上，不仅出示了4幅图片，引入了字图、卡片，还加上了动作提示，使幼儿不断地接受新任务、新挑战；在老师的引导下，幼儿既结合自己的生活经验又联系故事的内容，体验了开心的情绪，较好地理解了故事的主题。

三、问题讨论

有效的提问会让"每一寸空间都说话"。在当前教育课程正处在由封闭走向开放、由静态走向动态、由理论走向实践的发展过程中，关注幼儿的提问、引发幼儿生成问题，已成为现代社会对人的发展以及幼儿自身可持续发展的必然要求。但由于受传统教育观念的影响，幼儿教师身上还存在不少的问题：如教师尚未转变角色，还不擅长做幼儿学习的支持者、观察者，还是易以权威者自居，鼓励不足，激发不起幼儿探索的欲望，往往压制幼儿质疑的冲动；又如，面对幼儿提出的各种各样的问题，教师又很难把握取舍，不善于抓住其中有价值的闪光点随机点拨、有效互动……

而教育本身就表现为教师和孩子之间的互动，如何进行有效的师幼互动，这就要求教师把握教育的契机，设计有效的提问。

四、案例诠释

课堂教学是实施素质教育的主渠道。如果忽视课堂教学的有效落实，一切教育教学改革最终都大打折扣。在新的课程理念下，课堂教学发生重大转变，已经由以往的"主导主体"发展为今天的"师生交往互动、共同发展"，更多地强调师生之间的相互沟通、相互交流和相互理解。而课堂提问实际上是实现师生交往互动、沟通交流、理解与对话的重要手段，也是培养幼儿独立思考、合作交流能力的重要途径。同时也是推进新课程向纵深发展、切实提高课堂教育教学效果的必然趋势。

 拓展阅读

教学设计《吉吉和磨磨》（语言、社会）

吉吉是个小兔子，磨磨是个小乌龟。吉吉说话好快好快，磨磨说话呢？好慢——好慢——

磨磨说一句话的时间，吉吉可以讲完一个故事。但是，它们说话都很清楚。吉吉喜欢长得很快很快的花，磨磨喜欢长得很慢——很慢——的花。吉吉种的花开了又谢了，磨磨种的花才刚刚要开呢！但是，它们的花都非常好看。

吉吉看书好快好快，磨磨看书呢？好慢——好慢——吉吉一本接一本地看了好多书，磨磨才仔仔细细地看完一本书。但是，它们都学到了许多东西。吉吉打鼓咚咚咚咚，磨磨打鼓咚——咚——咚——咚。吉吉敲三角铁叮叮叮叮，磨磨敲三角铁叮——叮——叮——叮。这样的音乐不合拍，吉吉和磨磨都不喜欢听。怎么办呢？它们想了一个好办法：叮叮咚！叮叮咚！叮叮咚！叮叮叮咚！叮叮叮咚！叮叮叮咚！吉吉和磨磨知道了，这样合奏起来真好听！

从此以后，吉吉和磨磨学会了同心协力做一件事情。它们一起参加"两人三脚"的赛跑。一、二，一、二，吉吉跑得稍微快一点，磨磨跑得稍微慢一点，它们还得了第一名！

吉吉很快，磨磨很慢，可是，吉吉和磨磨是很好的朋友。

设计意图：

在孩子的世界中，充满了各种各样神奇和有趣的事物。它们存在着差别：大小、长短、高矮、冷热、快慢……孩子在观察这些不同时，在生活中获得了相反的概念。五六岁的幼儿已经掌握了一些物体相对关系的概念，为了帮助他们进一步观察、归纳、推理，将他们的经验提升到一定的理性概念，幼儿园进行了《相反国》这个主题活动。其中的《吉吉和磨磨》是个有趣的故事。初读故事只是被情节所吸引，可是多读几遍，你就能发现故事中蕴含着深奥的道理，所以设计活动《吉吉和磨磨》，希望老师对这个故事的解读能给孩子们带来收获。

活动目标：

（1）通过活动，帮助幼儿初步掌握相反词的概念，学习一些相反词。

（2）通过学习故事，幼儿在了解故事情节的基础上，理解故事中人物的性格特点。

（3）培养幼儿良好的阅读习惯和幼儿之间相互学习的能力。

活动准备：

（1）VCD、电视、碟片。

（2）幼儿用书、挂图。

（3）知识物质储备：课前幼儿收集相反词的图片，在收集的过程中认识更多的相反词。

活动过程：

1. 吸引幼儿注意，讨论相反词

（1）咱们班的小朋友很棒，帮助老师找到了很多有趣的图片，谁能告诉老师咱们都收集到了哪些图片？

（2）幼儿介绍自己收集的相反意思的图片，教师展示图片。

（3）介绍相反词：相反词就是意思相反的词。比如……（指着幼儿收集的图片）

（4）（出示挂图）你在挂图上看到了哪些相反的地方？

A. 教师示范：比如远、近（指挂图近处的树和远处的树），让幼儿理解相反词如何寻找。

B. 幼儿自由发现、讨论，寻找挂图中的相反词。

2. 幼儿观察、寻找收集图片中的相反词，并相互学习

（1）提出要求：带着你的好朋友去看一看你找到的相反词；听到信号后轻轻回位。

（2）幼儿寻找，教师指导。

（3）讨论、总结、提问：你找到了哪些相反词？

（4）幼儿把自己找到的相反词说给大家听。

3. 看电视《吉吉和磨磨》，并通过提问帮助幼儿理解故事

（1）故事的名称是什么？

（2）故事里都有谁？

（3）故事里经常出现的是哪个相反词？

（4）为什么小乌龟的名字叫磨磨？小兔叫吉吉呢？

4. 用幼儿用书，指导幼儿阅读

教师带领幼儿阅读：（以下统一用 A、B 代表师、幼）

图片 1：吉吉和磨磨是一对好朋友……

A. 可是它们相反的地方是什么？

B. 快、慢的不同（模仿吉吉和磨磨快慢不同的说话）：吉——吉——是——我——的——好——朋——友……

图片 2：吉吉喜欢种花，种长得很快很快的花；磨磨也喜欢种花，种长得很慢很慢的花……

A. 观察、说说图片相反的地方。（花开、花谢；快、慢）

B. 模仿动作：浇水的快慢；花长大的快慢；花开、花谢。

图片 3：磨磨仔仔细细读完一本书，吉吉已经看了很多很多的书。

A. 观察、说说图片相反的地方。（厚、薄；仔细、马虎）

B. 模仿动作：看书仔细、马虎；书的厚薄。

图片 4：磨磨敲三角铁很慢很慢，吉吉打鼓很快很快……

A. 观察、说说图片相反的地方。（快、慢）

B. 模仿动作：打鼓很快很快，敲三角铁很慢很慢；打鼓快和敲三角铁慢的配合。

图片 5：从此以后吉吉和磨磨学会了同心协力做一件事情……

A. 观察、说说图片中相反的地方。（胜利、失败；第一名、最后一名）

B. 模仿动作

总结：虽然吉吉和磨磨的性格不同，但是它们能看到好朋友的优点，懂得相互配合，这是朋友相处时很可贵的品质。

5. 游戏：做相反动作

 小贴士

一、和孩子沟通的小细节

作为幼儿教师，我们说话要多用开放性的叙述，或是多些问句。让孩子多些机会说些话题。这不是那种简答题的问句，只能回答：是、不是；好、不好……如果你问孩子："今天在学校里面过得好不好啊？"这样就只能答：好，或不好。如果你问："今天你在学校有没有发生什么有趣的事情啊？跟我说说啊。"或是"你在学校最喜欢什么科目啊？为什么呢？"这样可以增进跟孩子之间的交流和了解。另外，你还可以跟孩子谈谈最喜欢幼儿园的什么科目，增进你们之间的共同感，拉近与孩子之间的距离。

二、教师要灵活运用有效的提问语，提高教育教学的成效

"你们喜欢不喜欢呀""这首歌好不好听呀""你们高兴不高兴呀"……对于这类教学提问语幼儿园教师都不会感到陌生。在幼儿园，经常可以听到很多教师使用这类语言来组织教学活动，这就是人们通常所谓的"正确的废话"。这样的提问是言之无物的、低效的乃至无效的教学语言。不仅没有真正形成积极有效的互动，而且也会引起幼儿出现消极被动的"鹦鹉学舌"现象。

一天上午，某幼儿园的陈老师正在组织幼儿进行音乐教育活动。活动的主要内容是欣赏并学唱儿童歌曲《小兔乖乖》。在陈老师给孩子们讲了《小兔乖乖》的故事之后，陈老师问："小朋友，《小兔乖乖》这个故事好不好听呀？"全班幼儿齐声回答："好听。"陈老师接着问："有一首歌的名字也叫《小兔乖乖》你们想不想听呀？"全班幼儿齐声回答："想听。"于是，陈老师用录音机播放了一遍歌曲，然后，陈老师问："小朋友，《小兔乖乖》这首歌好不好听呀？"全班幼儿齐声回答："好听"。陈老师又问："老师非常喜欢这首歌，你们喜欢不喜欢呀？"全班幼儿齐声回答："喜欢。"陈老师接着问："小兔没有给大灰狼开门，为什么呀？"全班幼儿不假思索地接着老师的话问："为什么呀？"陈老师说："因为小兔的妈妈告诉它们，只有妈妈回来才能开门呀。你们明白了吗？"全班幼儿齐声回答："明白了。"陈老师又问："你们想不想学习这首歌呀？"全班幼儿齐声回答："想学。"陈老师说："好，那你们就跟着老师一起来唱这首歌，好不好呀？"全班幼儿齐声回答："好。"

任务1.4　结束环节的语言表达

 任务导入

散文诗：《树真好》

树真好。小鸟可以在树上筑巢，每天天一亮，小鸟就会"叽叽喳喳"地叫。

树真好。它能挡住大风，不许风沙吵吵闹闹，到处乱跑。

树真好。我家屋子里清清爽爽，阵阵风儿吹，满树花香往屋里飘。

树真好。我们全家在树荫下野餐，大家吃得很香，说说笑笑，热热闹闹。

树真好。天热了，树下真凉爽，我和我的小猫咪，躲在树下睡午觉。

树真好。如果有一只大狗来追我的小猫，小猫就爬到树上躲起来，气得小狗"汪汪"叫。

树真好。我做个秋千挂在树上，让我的布娃娃坐上去，摇哇摇，摇哇摇。

树真好。夏天的夜晚静悄悄，只有树叶和微风在一起唱歌谣。

树真好。树叶在秋风里飘哇飘，树下铺着树叶地毯，我们可以在上面滚来滚去，跑跑跳跳。

树真好。我在大树旁边，种棵小树苗，勤浇水，勤施肥，让它做大树的小宝宝。

树真好。一天天，一年年，我在长，树也在长，今年比我矮，明年比我高。

树真好。人人都来种树，低低的山谷，高高的山坡，大树连成片，森林真美好！这世界真美妙！

思考：这是一首散文诗，是中班的课程，如果你是幼儿教师，你会设计怎样的结束语完成这节课？

 知识要点

一、什么是结束语

结束语就是在教学临近结束时，教师为了总结教学内容和幼儿的学习情况，让课堂内容在课后得以延伸而使用的语言。

很多幼儿教师都习惯在课堂的结束部分加入歌曲和游戏。其实目的很明确，那就是让幼儿根据课堂所学进行兴趣的延续和拓展，让教学不在活动结束时画上休止符，而让幼儿有兴趣在课堂之后得以继续的发展。那么，指导幼儿的结束语就会因为结束活动方法的不同而不同，有的是对幼儿的鼓励评价，有的是充满希望的建议和要求，有的则是让小朋友充满希冀的未来活动的计划。

二、结束语的要求

（一）突出要点

结束语的目的在于归纳总结所授内容，巩固和强化教学效果，所以重点要突出，语言要简练、概括、精当。

示例1

中班科学活动：认识肥皂

师：今天我们认识了一个神奇宝贝，能帮助我们把手上的细菌去除掉，它的名字是什么？

幼：肥皂。

师：对了，这个神奇的宝贝就是我们今天要用的"肥皂"。那么，小朋友们来说说你知道的肥皂有哪些特点吧。

幼：清洁皮肤。

幼：消灭细菌。

师：小朋友都非常棒哦，希望回家后也教给自己的好朋友们，能不能做到？

幼：能。

 分析

这一案例中，老师总结的就是对本堂活动课要点的归纳，通过师幼的一问一答的方式，再次复习了一遍，加深了幼儿的印象。

（二）巩固教学效果，深化教学内容

教学活动结束之时，也是很多教师进行思想品德教育和情感教育，进行知识技能巩固和提升的大好时机。这时教师用具有感染力的语言，生动地对教学内容进行描述、总结，引起幼儿的情感共鸣，使幼儿积极良好的情绪情感在师生互动中得以升华。

示例2

花婆婆（片段）

师：花婆婆知道了那么多四季开放的花，写信买了许多花籽……可是，孩子们也不知道将来会做什么！

幼：做美好的事情。

师：你觉得做什么事，可以让世界变得更美好呢？

幼儿甲：（愣了10多秒）念儿歌……

师：对，唱歌可以让世界变得更美好！

幼儿乙：做花，做纸花、布花，会让世界更美好！

师：是啊！那些纸花、绢花可美丽了！

幼儿丙：弹琴。我弹的钢琴声传到许多人家里，世界就变得更美好！

师：啊！真的美好！

幼儿丁：我要保护世界……

幼：啊？

幼儿丁：让大家知道，不要往水里扔垃圾，小河就变得更美好！

师：对！小河一美好，世界也就更美好！孩子们，你们已经知道了做一件让世界变得更美好的事情。请你们记住这件事情，努力去做这件事情。等你们长大了，世界因为有你们，会变得更美好！

 分析

这段结束语中，教师注重挖掘教育素材的思想性、情感性，使幼儿懂得了世界是美好的，每一个人都可以为了让世界变得更美好而做一些事情。教师充满感情的话语，激发了幼儿努力去做这件事情的愿望，使孩子向往美好生活、乐于奉献的美好情感得到了升华。

（三）评价并鼓励幼儿的学习活动，促使幼儿养成良好的学习习惯

在教学活动结束的时候要对课堂上幼儿的表现进行总结，鼓励正确的课堂行为，促使其转变为良好的学习习惯。

示例3

大班科学：神奇的指纹（片段）

师：第一组、第三组画得最快、最干净，你们真棒！

……这幅画，画得和老师的不一样，想得真好！

……画了一个动物园，哦，他把自己的每一个指纹都变成了动物……

幼：老师你看看我的。

师：哦，你把指纹想成了小丑的红鼻头，很棒！要是能再多画些别的就更好了。

 分析

教师对幼儿的评价以鼓励为主，坚持了正面教育的原则，并让幼儿理解好在哪里，应该继续努力的方向是什么。对幼儿的团结合作和幼儿大胆创造这两种品质，进行重点的强化。相信经常进行这样的评价，一段时间以后，幼儿的这两种品质会得到巩固和提高。

 案例描述1

老鼠娶新娘（片段）

师：我们玩游戏抬新娘……新娘抛的花球让男孩子接住，我们就换新郎；下一次新郎抛的花球让女孩子接住，我们就换新娘。好吗？

幼：（雀跃。大声回答）好！

师：（带着幼儿在教室游戏几遍）咱们把花轿往新郎家抬好不好？

（幼儿挽着手玩抬新娘的游戏，逐渐走到室外。）

分析

教师的结束语自然收束了本次教学活动，同时又激发了幼儿继续进行游戏的热情。幼儿游戏的情绪高涨，他们在乐曲的伴奏下一遍一遍地玩着游戏，乐此不疲，并且很容易自发产生新的游戏，生成下一次相关的集体活动，这就是幼儿园进行的综合主题活动的教育素材。

附：

大班民间故事：老鼠娶新娘

从前，在一个村庄的墙角下，有个老鼠村。村长的女儿很漂亮，村里的小伙子都想娶她做新娘。村长不知道把女儿嫁给谁才好，他想来想去，决定让女儿抛绣球。谁接到绣球，就可以娶她做新娘。

抛绣球那天，村里的老鼠们都来了。村长女儿站在台上，把绣球一抛……忽然"喵呜"一声，冲出一只大黑猫。老鼠们吓得"吱吱"乱叫，不知道该往哪里逃。大黑猫一爪打倒高台，村长女儿从半空中掉下来。幸好一个叫阿郎的老鼠接住她，拉着她的手就跑。黑猫连扑带咬，把村子搞得一团糟。

晚上，村长做了一个噩梦。他梦见大黑猫袭击村子，女儿被黑猫抓住。村长吓醒了，钻进被窝一边发抖，一边说："太可怕了，为了女儿的幸福，我一定要找一个比猫还强，全世界最强的女婿。"谁比猫还强？谁是全世界最强的？村长想到了太阳。于是，他出门去找太阳。村长走了好久，终于爬上山顶。他问太阳："你是全世界最强的吗？"太阳得意地放出全身的光和热，说："当然，我是全世界最强的。世界上有谁能抵挡我的光和热？"村长擦着头上的汗，说："我是老鼠村的村长，我要把女儿嫁给你……"村长的话还没说完，忽然一片乌云飘来，遮住了太阳。

村长看见乌云遮住太阳，连忙大声说："我是老鼠村的村长，我要把女儿嫁给全世界最强的。你是不是全世界第一强？"乌云笑着说："没错，我就是全世界第一强，因为只有我才能遮住炎热的太阳。"

乌云的话还没说完，一阵风吹过来，把乌云吹散了。老鼠村长对风说："我在找全世界最强的，好把女儿嫁给他。你知不知道，世界上谁最强？"风说："全世界谁能比我强？我能吹散乌云，吹掉人们的帽子，也能把你吹回家。"风鼓起嘴"呼"地吹出一阵强风，把村长吹到半空中。

风吹得正高兴，碰到一堵墙。老鼠村长重重地撞在墙上，他一边揉着屁股，一边对着墙说："墙啊墙，你是不是全世界最强？"墙挺着胸回答："我天不怕，地不怕，我是天下第一强！"墙正在说着，忽然大叫一声："啊呀！"只见墙角破了一个洞，阿郎从洞里钻了出来。墙小声地说："我天不怕，地不怕，就怕老鼠来打墙。"老鼠村长这才知道，原来老鼠虽小，也有别人比不上的本事呢。他高兴地对阿郎说："我决定把女儿嫁给你。"就在正月初三，村长女儿坐着草鞋做成的花轿，吹吹打打地嫁给了阿郎。

从此，年初三老鼠娶新娘的传说，便流传下来。每到这一天，孩子们总爱唱：小白菜，地里黄，老鼠村，老村长，村长女儿美叮当，想找女婿比猫强。太阳最强嫁太阳，太阳不行嫁给云，云不行，嫁给风，风不行，嫁给墙，墙不行，想一想，还是嫁给老鼠郎。一月一，年初一，一月二，年初二，年初三，早上床，今夜老鼠娶新娘。一拜堂，二拜堂，三拜堂来入洞房。

 案例描述2

大班科学：《神奇的指纹》教案

目标：

（1）通过观察发现每个人的指纹都不一样，它是具有特征的记号。

（2）了解指纹的类型及指纹的用途，提高观察能力及探索能力。

准备：

（1）布置"指纹画展"。

（2）《黑猫警长》录像片段。

（3）放大镜、印泥、白纸、实物投影仪、硬卡纸等。

过程：

1. 参观"指纹画展"，萌发探索兴趣

（1）今天我们要去看一个特殊的画展，请你们仔细看。

（2）幼儿观看"指纹画展"，教师提问：你发现了什么？这些画和我们平时画的画有什么不一样？（这些画是用指纹印出来的。）

2. 观察指纹，了解指纹的外部特征

（1）你有指纹吗？指纹在哪里？

（2）幼儿用放大镜观察自己的指纹，或是用印泥将指纹印到纸上进行观察，并与同伴的指纹进行比较。

教师引导幼儿进一步观察：你的指纹是什么样的？你每个手指的指纹都一样吗？你的指纹和别的小朋友的指纹一样吗？哪里不一样？

（3）小结：每个人的指纹都不一样，它是每个人的特征之一。

3. 观察指纹的类型

（1）将几个幼儿的指纹印放到实物投影仪上，引导幼儿观察指纹的类型。

（2）找出3种指纹类型，分别给它们起名字。（第一种叫弓形纹，它的中心像一把弯弯的弓；第二种叫蹄形纹，它的中心向左或向右偏，很像马蹄；第三种叫涡形纹，它的中心像小旋涡。）

（3）各人统计自己各类指纹的数量，巩固认识指纹的类型。

4. 观看录像《黑猫警长》，了解指纹的用途

（1）幼儿观看录像《黑猫警长》。

（2）黑猫警长是如何破案的？（通过罪犯留下的指纹找到罪犯。）

（3）小结：指纹能够帮助警察破案；因为每个人的指纹都不一样，它是具有特征的个人记号。

5. 想象指纹的用途

（1）你们设想一下指纹还有哪些奇妙的用途？（指纹锁、指纹门、指纹冰箱、指纹钱包、指纹手机、指纹汽车等。）

（2）为什么这些物品上用上指纹会更好？（每个人的指纹都不一样，就像身份证。）

延伸活动：幼儿制作指纹身份证。上有幼儿姓名、性别、班级名称及指纹印。

拓展阅读

几部经典文学的结束语

1.《双城记》，作者查尔斯·狄更斯

我今日所做的事远比我往日的所作所为更好，更好；我今日将享受的安息远比我所知的一切更好，更好。

2.《茶花女》，作者小仲马

我不是邪恶的鼓吹者，但不论我在什么地方，只要听到高尚的人不幸哀鸣，我都会为他应声呼吁。我再说一遍，玛格丽特的故事非常特殊，要是司空见惯，就没有必要写它了。

3.《荆棘鸟》，作者考琳·麦卡洛

鸟儿胸前带着棘刺，它遵循着一个不可改变的法则，它被不知其名的东西刺穿身体，被驱赶着，歌唱着死去。在那荆棘刺进的一瞬，它没有意识到死之将临。它只是唱着、唱着，直到生命耗尽，再也唱不出一个音符。但是，当我们把棘刺扎进胸膛时，我们是知道的。我们是明明白白的。然而，我们却依然要这样做。我们依然把棘刺扎进胸膛。

4.《呼啸山庄》，作者艾米莉·勃朗特

我在那温和的天空下面，在这三块墓碑前流连！瞅着飞蛾在石楠丛和兰铃花中飞舞，听着柔风在草间吹动，我纳闷有谁会想象得出在那平静的土地下面的长眠者竟会有并不平静的睡眠。

5.《基督山伯爵》，作者大仲马

人类的一切智慧是包含在这4个字里面的："等待"和"希望"！

任务② 不同活动形式中的沟通与表达
Misson two

 学习目标

1. 了解幼儿园的区角活动、小组游戏活动包括哪些内容。
2. 掌握不同活动形式的沟通与表达方式。

任务2.1 区角活动中的沟通与表达

 任务导入

李老师的班级开展区角活动，她首先拿出一个幼儿平时没玩过的玩具来吸引幼儿的注意力及兴趣，然后提了一点要求：①要安安静静地玩玩具。②在哪里拿的玩具送回哪里去。③在鞋子宝宝家玩时，和别的小朋友一起分享玩具，也不要在几个鞋子宝宝家跑来跑去。接着，幼儿就自己去选择想玩的玩具。

但在玩玩具中，幼儿不愿听她的话，不愿去收掉落在地上的玩具，这种情况李老师在班中已经遇到很多次了，也并不是每一次她和孩子好好说之后都能奏效。

思考：如果你是幼儿教师，你会怎样解决这个问题？

 知识要点

一、区角活动概念

区角活动是一种区域性的活动，就是给孩子提供材料，让孩子以小组或个人的形式自主进行观察、探索、操作的活动形式。一般在幼儿园设的区角活动大多是娃娃家、自然角、图书角等。主要是合理利用教室或幼儿园的空间，增设一些自由活动角，幼儿在自由活动时间可能会去这些设置的区域中游戏、观察。

二、区角活动特点

（一）自主性

区角活动一般采用自选游戏的组织形式，注重让幼儿自选、自由地开展游戏活动，充分发挥游戏的自主性特点，不论是主题的确定、玩具的选择、玩伴的选择、语言的运用、动作的展示等游戏过程的各个环节都自然地进行。

（二）教育性

区角活动虽然有其自主性，但它也不是幼儿完全自由自在、不受控制的活动区域，它有鲜明的教育性，但这种教育性比较隐蔽，主要体现在幼儿在游戏的过程中对材料的操作上，对区域规则的遵守上，以及在与伙伴们的相互交往中产生积极的体验。通过轻松愉快的活动过程，促进其身心得到发展，实现游戏本身的发展价值。

例如，角色游戏区（娃娃家、小餐厅等）最重要的教育性在于它有助于幼儿学习社会性行为，发展交往能力。

（三）实践性

不管是哪种类型的区角活动，都要通过幼儿的具体实践活动才能实现它的教育性。区角活动是非常具体的活动，有角色、有动作、有语言、有玩具材料，幼儿在活动中只有身体力行、实际练习才能发展自身的各种能力。

三、各年龄层区角活动安排

小班：娃娃家、建构区、阅读区、美工区、自然角、操作区。

中班：娃娃家、建构区、阅读区、美工区、自然角、操作区。

大班：娃娃家、建构区、阅读区、美工区、科学发现区、益智区。

四、区角活动的设计与指导应遵循的三个原则

（一）适宜性原则

区角活动的安排、设计，环境的创设，材料玩具的提供，要适合幼儿的年龄特点，考虑其已有的生活经验及能力，使幼儿在原有基础上得到发展。

例如，小班幼儿在活动中常常各人玩各人的，彼此玩的游戏是相同的。加上小班幼儿生活经验贫乏，接触社会的范围小，教师在设计小班的区角活动时，要根据孩子的特点，可在一个区角内多放几套相同的材料，在指导方面也应以具体的示范、参与指导为主。

（二）发展性原则

发展性原则是指区角活动的设计与指导应体现层次性和循序渐进性。

例如，小班幼儿活动的目的性较差，主要依靠客体的生动性、新颖性和颜色的鲜艳性吸引他们进行活动。而到了中、大班，幼儿活动的计划性、目的性逐渐明确，活动的结果成为吸引他们进行活动的主要原因。因此，在进行积木区活动时，小班幼儿积木的颜色要丰富，形状可少些，但数量要充足。在指导方面则着重于帮助他们学会独立地构造物体，并能表现物体的主要特征。而对于中班幼儿，积木的形状可以增加，还可以提供一些辅助材料。指导方面则要求他们会有目的有计划地构造。到了大班，可以提供更多形状的积木和丰富的辅助材料，要求幼儿学会通过协商共同构成一个复杂的大型结构物。假若一套积木从小班玩到大班，小班是搭小房子，到了大班还是搭小房子，这是不可取的。

（三）整体化原则

整体化原则是指将整个活动室的环境作为一个动态系统，发挥整体优化功能。

例如，娃娃家的"爸爸"可以到"建筑工地"上班，美工区可以为表演区制作道具等。由此可以衍生出许多游戏的情节，促进幼儿创造力和想象力的发展。但是，这个动态系统要建立在幼儿自觉自愿的基础上，要由幼儿创造，教师只是为他们创设一定的环境，并引导他们想象新的游戏情节，而不是由教师指定他们的行动。

五、开展区角活动的意义

（1）促进幼儿自主参与活动、自发地学习。

（2）增进幼儿、师生交流，培养幼儿交往能力。

（3）锻炼幼儿动手操作能力。

（4）培养幼儿好奇好问的能力。

（5）增强幼儿的表现力，促进幼儿社会性的良好发展。

案例描述1

小班区角活动美工区活动案例

区角活动开始了，东东把橡皮泥放在桌上并用手压平。他把彩泥滚成球，又把它略略压扁："看，生日蛋糕。"把蛋糕推向乐乐："给。"（乐乐没有回答），东东把蛋糕拿回自己面前，把它揉成香肠状："看看我做了什么？"乐乐："这是什么？""香肠。"东东说。乐乐伸出胳膊抓住了香肠的另一端——香肠变成两截：变成了两根香肠。东东拿起两段彩泥香肠揉成圆球状。乐乐说："给我。"东东："不给。"乐乐伸手抓过一个彩泥小圆球，他背朝着东东，在东东背上推了一把。东东："我的。"乐乐："不是。"东东生气了，发出怒吼。乐乐把彩泥给了东东。乐乐和东东把小彩泥球揉在一起，滚成大球，又把它拉开揉捏。东东端来一个盘子，乐乐把彩泥球放在盘子里，他们拿给老师看，"看，馒头。""看起来很好吃，我想吃面条，你能做吗？"老师说。他们拿回去，又开始将彩泥揉搓出面条形状拿来给老师，老师说："谢谢。"他们很高兴，开心地笑了。

 分析

儿童对自身的情感已有了相当大的控制，能同时运用口头语言和身体语言与别人交流，其间常常不需要成人的介入，他们能够独立完成交流。两位小朋友不用成人的帮助就能在一起玩得很好，当成人加入他们的想象游戏时，他们异常开心。

 案例描述2

中班区角活动案例分析

区角活动即将开始，老师正给孩子们分配区角，当老师说到"我们今天的活动有美工区、建筑区、语言区……"时，高峰忽然按捺不住兴奋高声喊起来："我要玩橡皮泥！我要玩橡皮泥！"老师的话被他的喊声打断，脸上平静的表情转为微怒。就在这时忽然又听到一个声音："你等一下好了，老师会给你安排的，等一下我和你一起玩好吗？"当老师的目光朝向那个声音的时候，看到的是童欣，这时已经有更多的孩子开始说话了："是啊是啊，老师会安排你的，干吗这么着急啊。"这时，老师看见高峰低下了头，不再说话了。最后，老师答应了高峰的这个请求，同时也把他和童欣安排在一起，从游戏的过程中老师看到他们玩得很开心。

 分析

这是教师给幼儿分配区角活动项目时所发生的一次事件。从事件中我们发现，幼儿是主动的，他善于表达自己的意愿，能够把自己的想法大胆地说出来，希望得到满足。而同时又有孩子出来，及时纠正和指引了个别幼儿的行为，充当主体的位置。这表明孩子在活动中有了共同合作、游戏的意愿，活动发挥了良好的社会交往特性。而教师此时也扮演了支持者、引导者的角色，对孩子的想法给予回应。在其中教师观念转变尤为重要，教师应该让幼儿成为活动的主体，创设一个自由、和谐的游戏空间，从而建设良好师生关系以及幼儿个性品质的形成。

反思

　　区角活动对于幼儿来说，是一种自由活动，幼儿可以自己决定玩什么，怎么玩。在区角活动过程中，小朋友表现出极大的学习积极性和自主性。他们发现问题、寻找问题答案的能力，是教师难以在其他教学中见到的，幼儿的潜能得到了真正发挥。教师应在区角活动中具备敏锐的观察力，要善于捕捉来自幼儿的信息，要善于倾听孩子，懂得包容孩子，学会支持孩子。当孩子对一事物感兴趣时，他们会用不同的方式通过不同的途径来表达自己的情感需求。教师应该细微观察、及时察觉，分析孩子行为产生的背景和真实意图。

　　通过这个案例，我们得出结论：

　　第一，目标应随孩子的需要灵活调整。

　　第二，方法应灵活多样。

 案例描述3

大班区角活动案例分析

　　又到了区角活动时间了，慧慧和几个小伙伴还是选择了"小舞台"进行游戏，老师注意到，在平时的其他的活动中慧慧也是和她们一起玩的多。只见她们到了"小舞台"后就开始分配起角色来，慧慧今天是伴奏，只见慧慧听着音乐敲起节奏来，还边敲边唱呢，那样子和平时的她真是判若两人，看着这副情景，老师在想这不是个教育的好机会吗？于是对慧慧说："你真棒！"慧慧听到老师的表扬后，马上停止了敲奏，一副难为情的样子。老师真没想到一句表扬会带来这样的结果，可能是这小家伙害羞吧，于是老师就悄悄走开了，不一会儿，就听见外面的敲奏声又响了起来，老师偷偷观察了一下，慧慧又恢复刚才的活泼开朗的样子了。

 分析

　　慧慧今天这一表现说明她的性格并不完全内向，她的内向是在一定的情况下才表现出来的，其实，这也是孩子两面性性格的表现。她在和她熟悉而又喜欢的小伙伴面前表现得是那么活泼，在见到老师或者陌生人时却那么的沉默。要改变慧慧的这一现象，首先要让孩子经常接触一些陌生的人和事物，只有先去接触她才能适应和接受，渐渐地她就会表现得自然大方了。

 拓展阅读

　　幼儿园各项教学活动中，区角活动有着它独特之处，不仅深深地吸引着每一位幼儿而且还使幼儿在其中得到发展。因此重视区角活动，合理开展丰富的区角活动，必将使每一位幼儿得到更好的发展。走进童心世界，不只是尊重、理解幼儿，还应努力促进其发展。然而"养料"从哪里来？仅仅靠在集体教育活动中汲取的那些是远远不够的。因为，一是幼儿们对该教育活动内容不一定会有兴趣。二是集体教育活动中幼儿们动手参与的机会太少。这不免让他们觉得乏味，于是幼儿的积极性就不高，这就需要老师通过观察与分析，找到一种使幼儿得到发展与提高的途径，这种途径便是区角活动。区角活动的作用有：

　　第一，参与区角活动的幼儿可以自主行为，不受控制，没有被强制之感。

第二，区角活动中幼儿各方面的潜能得到发挥和体现。

区角活动已成为幼儿园教学活动中的重要内容。对中班的孩子来讲，他们对事物的兴趣深厚，但这一年龄段幼儿的理想、信念尚未形成，而知识经验的积累来源于兴趣，兴趣能把幼儿的认知与行为统一起来，集中幼儿的注意力。例如，"想一想，接着串"活动区角，就很好地体现了认知与行为的和谐统一。在这个活动区角里，幼儿在"玩一玩，串一串"的过程中，不仅能学会按规律排序、区别长短、认识颜色，还能使幼儿的手、眼、脑得到协调发展。再如，"夹一夹，数一数"活动区角，孩子们练习夹豆子的过程中，自然就练习了分类、数数以及认知各种农作物的种子，同时孩子的专注力得到培养，小手肌肉群也得到协调发展。

观察中不难发现，幼儿对区角活动往往兴致很高，每次到活动结束时，仍有许多幼儿玩得乐此不疲，总是要求老师再玩一会儿，这就表明幼儿对区角活动充满兴趣。当幼儿对某一事物充满兴趣时，就会从中学到很多东西，而这种学习是积极的、主动的、快乐的。区角活动属于自由的游戏活动，幼儿的自由度很高，高度的自由活动中，难免会出现这样那样的问题。这时就又需要教师发挥其主导作用，熟练、灵活地运用技巧来解决问题。例如，有一次，孙德鹏和孙钰波在"想一想，接着串"活动区角里玩儿，不一会儿他俩竟用老师准备的操作资料——小吸管拼摆起小房子来，由于小吸管长短不规则，拼出来的小房子歪歪斜斜，可是他们仍拼摆得津津有味。并且他们还高兴地喊："老师，老师快看看，我们摆的小房子多漂亮！"老师随即对他们加以指导，引导他们拼摆出一幅完整的画面。还有一次，雪儿、武乔等几个小朋友在建构区里玩，商量着用废旧纸箱做个大型积木，搭建一个"小超市"，但他们却为分配角色争吵了起来。这时老师及时参与了进来，当然，孩子们的战争自然就结束了，并且高兴地玩起了游戏。游戏中，孩子们学会了"您好""欢迎光临""欢迎下次再来"等礼貌用语。区角活动中，需要研究教育对象，依据特定的教育对象的实际，主动采用适宜有效的指导方法。不时地发现问题，就能不断地进步。例如，赵一舟、王政、郑文星、纪开心等几个小朋友，由于年龄比较小，理解问题的能力比较差，因此在数学集体教育活动中，对比较抽象的问题不易接受。于是区角里，专门为他们创设了数学操作区角，让他们在实际操作中来理解、感知。操作的过程中老师给予指导。玩区角活动时，老师发现赵一舟小朋友对物体一一对应的点数还存在着一定的困难，于是针对这一实际情况，区角活动中为他创设了"筛子"游戏区角，来激发赵一舟对数字的学习兴趣。玩的过程中老师及时给予指导与帮助。通过一周的区角游戏活动，赵一舟果然对数字产生了兴趣，一一对应地正确点数物体数量的能力也有了很大的提高。

随着区角活动发展的深入，使每个区角内容不断丰富，使其向纵深发展，让幼儿不断接受新的挑战，获得胜利的同时得到提高。例如，"夹一夹，数一数"活动区角，让本来不会使用筷子的幼儿去夹数大的粗糙的东西，给他一个成功的体验。有的孩子会使用筷子了，会让他夹数更小更圆滑的东西，给孩子创造一个自我挑战的机会。

开始创设区角活动的时候，难免会让家长们协助老师搜集一些废旧材料，为此可能有些家长不理解。可是让家长们观摩了幼儿的区角活动情况后，家长们真正地了解了区角活动的意义所在。在观摩幼儿的区角活动时，家长感慨地说："别说是孩子了，就连我们当家长的也想动手玩一玩。你们创设的这些区角，能真正挖掘孩子们的潜能、开发孩子的智力、培养孩子们学习兴趣。""孩子们在区角里，3个一群，5个一伙，在一起玩得这么开心。孩子在这里学会了交往、学会了合作。这正弥补了独生子女时常在家一个人独处的缺陷。"可见，我们创设的游戏区角也得到了家长的认可。

任务2.2 小组游戏中的沟通与表达

任务导入

"三人五足行"游戏

目的：训练幼儿的平衡能力及协调能力。

准备：小椅子2把，放在终点线。

玩法：将幼儿分成人数相等的两队，每队以3人为一组，各队按顺序排列在起点先后，面对终点线后的椅子。每组3人横排，两边的幼儿扮演助人为乐者，内侧手相拉，中间的一名幼儿扮演残疾人，一只脚站立，另一只脚弯曲搭在两位"助人为乐者"相拉的手上，两臂搭在"助人为乐者"的肩上、教师发出口令后，"助人为乐者"驾着"残疾人"向前跑，"残疾人"单脚跳。至终点线时，"残疾人"跑步绕过小椅子，3人再恢复原样，跑回起点线，依次进行。先跑完的队获胜。

规则：各队两组间接替时，必须由前一组扮演残疾人的幼儿，拍后一组"残疾人"的手掌后，后一组方可起跑。

思考：如果你是幼儿教师，你在组织小朋友做这个游戏前，会跟他们说些什么？

知识要点

一、什么是幼儿游戏

幼儿游戏是儿童运用一定的知识和语言，借助各种物品，通过身体运动和心智活动，反映并探索周围世界的活动。

二、幼儿游戏的特点

（一）具体性

游戏有内容、情节、角色、动作、语言、活动、玩具和游戏材料。

（二）虚构性

是在假想的条件下完成的一种反映现实的活动，其情节和角色的扮演、活动的方式、代替物的使用，是象征性的。

（三）兴趣性

形式生动活泼、富有趣味性，适合儿童心理和年龄特征，能使儿童主动参与。

（四）主动性

游戏是由儿童内在驱动力产生的，儿童根据自己的意愿选择游戏内容、安排游戏进程，按自己的体力、智力和能力进行各种活动。

（五）社会性

游戏是社会生活的反映，周围的现实生活是儿童游戏的基本源泉。借助游戏，儿童学习成人社会生活经验，从中看到未来生活的前景。

三、游戏的分类

游戏作为一种特殊的活动，内容是丰富多彩的，形式也是多种多样的，分类方法也不尽相同，它为幼儿展现了广阔的天地和五彩的世界。中外教育家、心理学家对游戏的分类方式主要有以下几种：

（一）按照儿童对游戏的体验分类

（1）机能游戏，幼儿反复做某个动作或活动以示快乐和满足。这类游戏自然地锻炼感觉运动器官，有效地发展身心机能。

（2）想象游戏，又称"过家家""模仿游戏""角色游戏"，即再现成人生活的游戏。幼儿开始时是模仿周围成人的某些行为，进而有意识地扮演成人的角色，以后逐渐能够按角色的要求行动和协调相互关系。

（3）接受游戏，幼儿通过看画册、听故事、看电视、电影等而获得乐趣的活动。这是相对被动的游戏。

（4）结构游戏，又称"创造游戏"。幼儿运用积木、黏土、沙或纸等制作物品，进行造型活动。

（二）按照幼儿游戏的社会性水平分类

（1）独自游戏，幼儿自己一个人玩玩具；兴趣全部集中在自己的活动上，不在意周围其他伙伴的活动。

（2）平行游戏，幼儿单独做游戏。由于玩的玩具材料与其他人相类似，因此看起来好像是在一起玩，其实幼儿是在同伴旁边玩。

（3）联合游戏，幼儿与同伴一起游戏。他们谈论共同的话题，活动中偶尔有借东西的，出现相互追随模仿的行为，但没能围绕具体目标进行组织，每个幼儿仍是依个人的愿望游戏，是凑在一起玩。

（4）协作游戏，幼儿形成小组做游戏。游戏中有分工和协作，有共同的目的及达到目的的方法。小组通常由一两个领头的孩子组织指挥。

四、开展幼儿游戏的意义

游戏是一种符合幼儿身心发展要求的快乐而自主的活动，游戏可以巩固和丰富幼儿的知识，促进其智力、语言等各种能力的发展。与此同时，游戏又是幼儿普遍喜爱的活动，也是最适合幼儿年龄特点的活动形式及幼儿教育中采用最广泛而又最重要的教育方式，它不仅接近幼儿生活，带给幼儿快乐，而且还能使其人格得到应有的尊重，使其各种心理需要得到体验，从而有效地促进幼儿健康发展。

五、幼儿园幼儿游戏中教师语言指导要求

幼儿园幼儿游戏中教师的语言指导可分为建议式、询问式、陈述式、鼓励式、示范式等。教师在运用语言指导幼儿角色游戏时应注意：防止建议变指令，防止指令变独断，防止询问变质问，防止陈述变独白，小心鼓励变味，注意示范失范。同时教师应把握语言指导开放性的度。

例如，幼儿进行医院游戏时，由于没有病人，"医生"一个人坐在医院里摆弄材料，此时教师扮作病人介入。

老师：医生，这是我挂的号。（幼儿将挂号单子放在盒子里，并在筐子里寻找可以看病的仪器。）

老师：你还没有问我哪儿不舒服，你就拿这些东西啊？你都不问我哪儿不舒服啊？

医生：你哪儿不舒服啊？

老师：哎呀，我感觉我的喉咙特别疼。（幼儿又站起来到筐子里找仪器，这一次拿了一个听诊器。）

从案例可以看出，教师试图运用建议的方式帮助幼儿丰富游戏情节。但她忽略了中班幼儿以行动思维占主导的年龄特点，也没能准确把握幼儿的游戏脉络，所以，她这种较为主观的指导方式没能对幼儿发挥作用。于是，教师为了达到指导目的，连续运用了看似建议式实为不可选择的指令式语言对幼儿的游戏进行指导。虽然教师的目的达到了，可是幼儿的意愿却被淹没了。如果教师能够在了解幼儿游戏特点、尊重幼儿意愿的前提下，根据游戏情节发展的脉络对幼儿进行积极的指导，将能达到更好的指导效果。

 案例描述1

大班角色游戏：打了喷嚏怎么办？

生活馆里由美容院和理发厅组合而成，琳琳协商后选择当一位美容师。刚开始她拿了枕头、大毛巾、化妆品、蒸汽机等材料布置成美容院，但客人一来，琳琳美容院提供的材料就不够用了，她拿大毛巾为客人包住头发后，就没有毛巾可以帮客人洗脸了。于是，她掏出自己的小手帕，假装用它为客人清洗；当小手帕使用完后，她还拿了个篮子充当水槽，洗干净后再继续使用，看到美容院由她来管理，老师满意地走向其他主题区。一会儿，琳琳跑过来对老师说："我把喷嚏打在客人脸上，他们都跑光了！""你感冒了？怎么忘了转过脸或是捂着嘴巴呢？"我问道。"来不及了！而且捂着嘴巴，等下还要帮客人按摩也是很脏的！"她说。"那你找个东西帮你捂着好了，想想，什么东西比较适合？"老师说。琳琳想了一会儿突然喊道："阿姨在分点心时不是用口罩吗？好像大一班开的医院也有，我去借一个用用。"于是，琳琳向大一班的"医生"借了一个口罩，继续当起美容师。

分析

游戏中幼儿比较喜欢使用已提供的道具或材料，替代物的使用现象较少，几乎都以教师提供的材料为主，有的幼儿则会不断地询问教师解决的办法。该幼儿在游戏时的自主性较强，当没有毛巾时，能想出用手帕代替，使幼儿游戏进行下去，并丰富了游戏的情节。在打喷嚏事件中，幼儿虽在开始无法独立解决问题，但通过教师的适当引导与提示，她能够联想到其他主题中可相互使用的游戏材料，因此，幼儿对各主题中的知识、材料经验与角色职责也需要一定的认识。

游戏中老师发现除了丰富幼儿的生活经验外，可提供些半成品或是在游戏中可用来替代的材料、道具等，放在百宝箱中供幼儿自由选择，同时本班的多种玩具，也可启发幼儿发挥想象，充当游戏中所需要的物品。

 案例描述2

幼儿个案观察：自主性游戏

游戏时间到了，今天玩的是自主性游戏，小泽选的是"建构区"。他拿起了一些雪花积木，并且用雪花积木搭了一个大圆圈，高兴地跑过来对老师说："老师，你看，我搭的。"老师走过去，及时表扬了他："嗯，真不错！你搭得真好，再想想，把这个搭得更漂亮些，好吗？""好的。"他回答。可是过了一会儿，他并没有再去搭建，而是走到别人搭建的建筑前，看看你的，看看他的，再回头看看自己搭建的，老师走过去，看着他旁边的涛涛说："涛涛，你跟小泽一起合作搭建吧！你看，我觉得你的房子很漂亮，他的雪花积木也搭得好看，如果你们合作的话，相信你们的作品一定非常棒！""好！"涛涛爽快地答应了，而小泽也低着头笑了笑。

 分析

作为老师，面对部分缺乏自信的孩子应该做到主动与其交流，并且可以采用同伴互助的方式来鼓励孩子更积极主动地参与各项活动，今天，小泽能够有勇气走过来给老师看他搭的圆圈，说明孩子有了一点自信，这是一个很大的成功。相信多给他鼓励和信心，他会变得更加自信。面对孩子的点滴进步，老师进行了及时的鼓励，并且请来了能力较强的涛涛与他一起合作搭建，这样的方式老师让他在和同伴一起合作搭建的同时相互之间有语言上的交流，也提高了他的交往能力。从今天游戏中来看小泽，他进步很多，能主动过来跟老师交流，这已经跨出了很大的一步，开始和同伴交往也是一个很好的表现，相信接下来，孩子一定会有更大的提高。

 案例描述3

幼儿园中班角色游戏案例分析：我饿了

今天角色游戏的活动时间又到了，程程担任的是理发店的发型师，有一个顾客来到了理发店，程程开始为他理发。程程一只手拿着梳子，一只手拿着小推子，梳一梳、推一推，认真地、有模有样地为顾客理着发。理完了，顾客照了照镜子，高兴地走了。程程看见顾客走了，又没有新的顾客来，就在椅子上坐了下来摆弄着理发店里的物品。摆弄了一会，程程看还是没有顾客来，就起身离开了。

程程来到烧烤店，对服务员说："我饿了，给我一串韭菜吧。"他接过服务员给的韭菜串，然后独自坐在烧烤炉前开始烤他的韭菜串。他烤了一会儿韭菜串，听到旁边的小朋友说这个很香，那个很好吃，就又跑到服务员面前，大声地喊着："我还要一串这个，一串这个。"他一边说，一边指着架子上的各种烧烤串，不一会儿，手里又拿了好几串各式烤串，他回到烧烤炉前，一边烤着串，一边还跟旁边的小朋友说着话。好长时间过去了，他烧烤的热情依旧不减，在老师的提醒下他才放下了手里的各种烧烤串，离开了烧烤店，回到了理发店继续当理发师，等待顾客上门。

 分析

从这个案例中可以看出，幼儿的角色意识不是很强，对游戏的坚持性也比较差，不管是担任服务员、医生、娃娃家的爸爸妈妈或是顾客的幼儿都存在同样的问题，他们容易被其他游戏所吸引，不能很好地坚守岗位，尤其是当他们在无所事事或是比较空闲的时候就会特别明显地表现出来，就像程程小朋友，他的岗位在理发店，是一名理发师，可他在理发店只招呼了一会客人，当看到店里没有顾客自己也就离开了，也不管后面有没有顾客再来，他在别的游戏区逗留了较长时间才回到自己原先的岗位，已经完全忘记了自己今天的角色任务。

 指导

1. 老师的指导

老师发现这种情况后，可以去当一回顾客，到理发店里去剪发，并指名要他剪，让理发店里的另一名工作人员去把他找来，可以对他说："你剪的头发很漂亮，我就喜欢你给我剪，我刚才已经来过了，没找到你，你到哪里去了呀？"等他回答完后可以接着说："一定有很多顾客来找过你了，找不到你就走了，那你店里的生意就不好了。下次你能在店里等我们吗？这样我们会经常来找你剪头发的。"教师用自己的角色身份给幼儿以暗示：不能随便离开工作岗位，同时也暗示了幼儿的角色任务：你是理发师，要为顾客服务。

2. 材料的丰富

在游戏开展过程中，各个游戏区都会有时而人多拥挤，时而冷冷清清的现象，当冷清的时候我们该怎样让他们觉得不那么无所事事呢？这需要老师提供游戏材料，引发幼儿产生新的游戏情节。比如，理发店里可以提供一些毛巾，让理发师在空闲的时候洗洗、晒晒、叠叠毛巾，给他们一些小抹布，让他们能经常把理发店的柜子擦一擦，把各种理发用品理一理，这样一来，他们就能比较长时间地专注于一个游戏，对自己的角色任务也就会更加明确了。

 拓展阅读

大班，让孩子在提问中成长：测身高

近来班里根据主题做了很多影子的小游戏，幼儿对此极感兴趣。于是，在我们又进行了测量影子的探索活动。最近孩子们一直在量自己的身高，所以他们对测量过程不陌生，而对于测量影子来说却是一个新的挑战。

为了这个测量活动大家准备了好几天，因为前几天都见不到阳光。那天孩子们一看到太阳出来了就兴奋极了，提醒老师可以到操场上去测量了。于是，我们带上测量工具出发了。

那天风很大，纸尺总是被风吹起。在测量的过程中孩子们首先碰到的第一个难题就是：怎样固定住尺子，把刻度零对准。首先，有孩子提醒被测量的同伴用脚踩住尺子就不会不准了，这个方法并不要老师特意引导，孩子们很快就看样学样解决了这个小问题。在测量的过程中，孩子们通过实践进一步发现了，被测量的对象不能移动，否则就不能准确地测量。虽然事先老师没说过这些规则，但是通过孩子自己的探索不但发现了，而且因为是自己探索出的所以更容易遵守。

因为是下午，所以人的影子被拉得很长，而尺子只有100cm，所以很快有孩子提出了新的疑问。首先是张赟，他跑来说："老师，这尺子不够长，怎么量啊？"其实，这时也有很多孩子发现了这一问题，但是没有提出来，只是被动地不知所措。于是，老师乘此机会把这个问题抛给了孩子们，引发他们的思索，许多孩子纷纷表示这个问题自己也发现了。在共同的讨论中，孩子们提出了几种解决的方法：① 用两把尺子接起来量。② 被测量的幼儿蹲下来，这样影子就变短了。③ 测量不到的地方，自己继续用铅笔在地上画刻度。④ 在尺子的终点做上标记，再用尺子移到标记上继续测量。到底这几种方法怎样呢？老师让孩子们继续去试，孩子们兴高采烈地去探索了。

在探索过程中，赵益峥发现第三种方法并不好用，自己画的尺子不但看不清而且也不一定准确。而在使用第一种方法时，孩子们一开始发生了矛盾，因为谁都想自己量，特别是能力强的姜可欣更是这样。但是最后他们发现这样吵吵闹闹永远也量不好，要有一定的协商合作。最后是姜可欣做了统一的分配任务，使探索顺利进行。

在最后的小结中老师做了经验的提升，让他们知道很多问题是在自己不断地探索中得到解决的，让他们感到自己的本领真大，也让他们明白了合作的重要性。

思考：这是一次预设的活动，一开始老师在准备时也没有考虑到风会很大，纸尺会飞起来。但是当在实际操作中孩子们遇到这个问题时发现，这并不需要老师事先告诉孩子。只要一个孩子这样做了，其他孩子自会依葫芦画瓢去学。这时的老师其实是个戴着眼睛的隐形人，只要仔细观察孩子们的活动情况，在最后的经验分享中做一个提升即可。

一开始，老师没有意识到孩子们能够想出那么多的方法，特别是蹲下来这一方法，真正是出于孩子的思维。在整个探索活动中，其实老师和孩子都是探索者，从孩子们的积极想象中老师也学到了很多，这是一个双向的学习，也使老师能够低下身从孩子的角度去看世界，理解孩子，倾听他们的声音，这样才能真正地上好探索课。而不是一味地把已有的知识经验想各种巧妙的办法灌输给孩子，形成一种思维的定式。

幼儿园室内外小游戏
拉小猪走

目的：练习蹲着走，培养幼儿的竞争意识。

准备：藤圈4个，小猪头饰若干，"猪圈"若干。

玩法：全班幼儿分成两队，各队两名幼儿为一组，1、2报数，第二名幼儿扮演小猪并戴上头饰，第一名幼儿扮"拉猪人"拉着藤圈向前走，"小猪"蹲着走。全体幼儿边拍手边说儿歌："耳朵大，眼睛小，猪的全身都是宝。快拉小猪进猪圈，小猪小猪要走好。"把"小猪"送到端线的椅子上坐下（进猪圈），扮拉猪人的幼儿跑回把藤圈交给第二组，依次进行。

规则："小猪"必须蹲着走，不能站起来。

小小守门员

目的：锻炼幼儿踢球和控制球的能力。

准备：甲队每人一个球。

玩法：将幼儿分成甲、乙两队，各成一列横队，距6米相对站立，各队队员左右间距1米。甲队每人脚下各放一个球，乙队队员双腿开立，与左右同伴脚抵脚。

游戏开始，甲队幼儿同时踢球射门，乙队幼儿进行堵截（用手接球或用脚挡球，踢回）。射门成功（球过乙队防线），一个球得一分，教师记下总分。然后甲、乙两队互换位置，交换射球，守门。射进球多的队获胜。

规则：(1) 射门时必须站在线外，只能用脚踢，不能用手扔。(2) 可以直线或斜线射门，但必须设在有效范围内，即两端守门员的外侧脚之内。(3) 守门员不得离开守门去堵截。

可根据幼儿年龄，适当缩短或延长射门距离。

对碰球

目的：培养幼儿的目测能力，锻炼幼儿的手臂肌肉。

准备：皮球若干个。

玩法：请4名幼儿分别站在甲、乙、丙、丁处拿1只皮球，甲丁为一组，乙丙为一组。听教师口令，甲将球滚向丁，丁将球滚向甲，半路两球相撞得一分。乙、丙动作相同。撞球多的组获胜。

此游戏也可以在桌子上进行，幼儿各站一角，方法同上。

没有鼻子的"大象"

目的：通过游戏培养幼儿的幽默感，并在欢笑声中培养幼儿对拍子歌曲的演唱兴趣。

玩法：一半幼儿围成一个圆圈，另一半幼儿扮演小猪站圈内。

①～②小节，在圆圈上幼儿边唱边拍手（一拍一下）。扮演小猪的幼儿身体向前倾，两臂屈时，两手按在耳朵上，做大耳朵状，一拍走一步。

③～④小节，"小猪"边走两手边在身体两侧下垂成圆弧状，做很胖的样子。圆圈上幼儿动作不变。

⑤～⑥小节，"小猪"动作同①～②小节，圆圈上幼儿动作不变。

⑦～⑧小节，"小猪"在原地上左手叉腰，右手伸食指在右侧点一下。圆圈上幼儿动作不变。

⑨～⑩小节，"小猪"边拍手边走，寻找一个圆圈上的幼儿。

幼儿园大班户外游戏活动：传帽子

设计意图：

为了增强幼儿的体质、合作意识和协作能力，根据幼儿喜欢游戏这个特点，我设计了"传帽子"这个游戏。通过这个游戏，使幼儿获得与同伴一起玩的乐趣，并在游戏中磨炼自己，充分体会来自班集体的力量和融入集体的那份温馨。

活动目标：

(1) 使幼儿在游戏中感受与同伴游戏的乐趣，培养幼儿活泼开朗的性格。

(2) 提高幼儿的应变能力和游戏动作的敏捷性。

活动准备：

（1）哨子1个，大红苹果卡片若干。

（2）自制帽子若干。

活动过程：

教师带幼儿到户外操场，慢跑一圈，指导幼儿做简单的热身动作。

（1）导入游戏。

小朋友们，今天我们一起来做一个好玩的游戏，它的名字叫"传帽子"。看看哪位小朋友表现最好，今天老师就奖励给他一个红红的大苹果。（给幼儿出示大苹果卡片。）你们可要好好参与啊！

（2）首先说明游戏的规则和过程，并和部分幼儿一起模拟表演，其他幼儿认真看。

将幼儿分成人数相等的两组，排成八字形，各行排头的幼儿前面有10顶帽子，游戏开始后，各行排头的幼儿将第一顶帽子戴在头上，然后，第二个幼儿立即从第一个幼儿头上把帽子摘下来戴在自己的头上，后面的幼儿依次传下去。当第一名幼儿帽子被摘下后，他马上又拿起了放好的第二顶帽子，同样依次传下去，直至10顶帽子传完为止，传得快的小组为胜。

（3）开始游戏。

将全班幼儿分成两个小组，以老师的口令为信号，游戏开始。幼儿紧张而忙碌起来，看到帽子快速而紧张地在幼儿手中传递着，孩子们也沉浸在游戏的氛围中。

 分析

幼儿都非常喜欢传帽子这个游戏，在游戏中，感受到了大家一起努力做游戏的氛围，并且都在为本小组的胜出做努力。在这个游戏中，幼儿学会了集体合作，理解了合作的重要性，获取了游戏的快乐，也锻炼了自己的自信心。

任务❸ 有关幼儿评价的沟通与表达
Misson three

 学习目标

1. 了解有关幼儿评价中表扬、批评的相关知识。

2. 掌握表扬、批评幼儿的沟通技巧。

任务3.1　表扬幼儿的语言沟通技巧

 任务导入

户外活动时间快到了，老师弹起了音乐提醒小朋友把积木收好，准备下楼。这时，小峰手里拿着一个挺复杂的建构作品，兴冲冲地跑过来，对老师说："老师，你看，我搭的新型战舰。"老师看了一眼，果然不错，便夸奖说："嗯，真不错！快去收起来吧。"小峰失望地走开了。

　　思考：如果你是这个幼儿教师，遇到这种情况，你会怎样跟小峰说？

 知识要点

一、表扬语

（一）表扬语的作用

　　表扬语是对幼儿良好的思想行为予以肯定和鼓励的教育形式，目的是调动其自身的积极因素，发扬优点，激励上进，使之健康成长。同时，用公开的形式对幼儿的某些方面予以肯定评价，本身也是一种教育导向，是用榜样的力量影响集体中其他幼儿的有效教育手段。

（二）表扬语的使用技巧

1. 善于发现幼儿的"闪光点"

　　所谓"闪光点"是指孩子身上容易被忽视的可贵之处。它一闪就过去了，教师这时要"热处理"，要"助燃"，要及时予以表扬和激励。这时候，话要说得直接、具体，让孩子们看到可贵在什么地方，并知道为什么值得表扬、值得鼓励。

　　董宇是个非常可爱但又很调皮的小男孩，教学活动时，手脚总闲不住，爱做小动作，一会儿弄弄衣服裤子，一会儿又惹惹前面的小朋友，屁股上像抹了油一样，坐不住小椅子，还特别喜欢跷个二郎腿晃呀晃。老师也没少批评他，但是每次他总认真地说："老师，我再也不这样了。"可一眨眼工夫，告他状的小朋友又来了："老师，他打我。""老师，他抢我玩具。""老师，他推我。"……为此，老师也没少想办法，可是效果甚微。外婆说他在家里也是这样，让大人很头痛。美术课上，孩子们正在设计着《我和动物朋友》的作品，当老师巡视指导时，发现大部分孩子还是根据老师的范画来模仿，走到董宇面前时，却发现他的作品很有创意，而且布局及背景也有自己的想法，老师当即表扬了他，并把他的作品展示给小朋友看，然后请他说一说自己和动物朋友的故事，他很开心地和小朋友们分享了他的作品故事。放学离园时，他很开心地把来接他的外婆拉到他的作品资料袋前，得意地说："外婆，这是我画的，好看吧？老师还表扬我了呢！"

 分析

　　这位老师没有过分注重幼儿平时的不良表现，及时找到孩子的"闪光点"——抓住他在画画中的专心、认真劲，对他给予表扬与鼓励，在平时和他多进行交流，让他知道老师和小伙伴都是喜欢他的。这样幼儿会越来越进步。

2. 表扬要准确恰当

　　不恰当的表扬只会使被表扬的孩子不能正确看待自己，助长其骄傲的情绪，对幼儿的成长不利。

　　一位中国人去拜访外国学者，带了点礼物送给他的小女儿。见了面，小女孩主动问好，并对友人赠送的礼物表示感谢。友人见她满头金发，极其可爱，随口夸道："你真漂亮！"

等小女孩离开后，学者严肃地对我说："你伤害了我的女儿，请你向她道歉。"友人大惊。学者说："因为先天的优势，不需要通过努力就能获得。你夸她漂亮，这就会使她错误地认为：要得到别人的赞赏，并不需要努力，而是先天决定的。这对她今后发展是不利的。"最后友人向小女孩真诚地道歉，并夸奖了她的礼貌。

 分析

对于幼儿容貌的赞美，在我们日常生活中是非常常见的事情，但是上面的例子的确引人沉思。作为一个幼儿教师，我们的表扬能起到引导孩子向好的方向发展的作用，那这个表扬也就落到了实处。

3. 态度要真诚，语调要热情

早操以后，孩子们排着整齐的队伍回教室上课。老师发现有个学生拖拉着鞋。

师：朱敏，你的鞋怎么啦？

生：刚才不小心，被别人踩掉了。

师：那你怎么不提上鞋再走呢？

生：我停下来提鞋，咱们队伍就不整齐了。

师：啊。（若有所思地点点头）

（回到教室后）

师：大家看，朱敏同学是拖拉着鞋上楼的。

生：（惊讶，议论）哟，鞋也不提上，怎么走路哇？

师：小朋友，你们说，拖拉着鞋走路方便呢，还是把鞋提起来走路方便呢？

生：当然提好了走路方便。

师：可是，朱敏小朋友却是拖拉着鞋，跟着队伍走上楼的。现在我想请她给大家说说，为什么不穿好了鞋走路呢？

生：我鞋被别人踩了，要是我停下来提鞋，咱们的队伍就乱了。

师：（动情地）大家听听，朱敏小朋友想得多好啊！那么，她脑子里想的是什么呢？

生：是我们班集体。

师：说对了，她心里装的是我们班集体。为了我们班集体，为了我们班队伍整齐，她吃力地拖拉着鞋上楼，为了咱们班集体，她宁可自己走路不方便。事情虽然小，但是，我们看到了美好的心灵。让我们用掌声表扬她，感谢她！（热烈地鼓掌）

 分析

上面示例可以说是一个极小的事情，毛老师却从极易被忽视的小事情中发现了孩子健康向上的好思想，并且及时抓住这个"闪光点"，趁热加温，通过集体谈话形式，表扬了朱敏同学自身具备的良好道德品质，同时也触动了其他同学。她的这段群体教育谈话，迂回切入，由表及里，使孩子感知什么是爱集体，什么是心灵美，最后毛老师连用"为了咱们班集体"来强化印象。毛老师的教育口语简洁明快，语意真诚，热情洋溢，很有感染力。

（三）表扬语的不同形式

1. 直接表扬

直接表扬是表扬中最常见的方法。针对幼儿年龄小，理解能力不强的特点。它直接具体，植入孩子心扉，让孩子切实感到：我进步了，我能行！它能激起孩子的自信，提高自我认识能力，促进他们奋发向上，取得最佳效果，教师在采取直接表扬时，一定要注意以下两点：

（1）表扬内容要具体。

①"某小朋友近来画画得越来越好了。"②"某小朋友近来在画画方面有了很大进步，不仅在画面构图上极富想象力，色彩的搭配也特别有感染力，而且还注意了细节的描绘。只要这位小朋友坚持下去，老师相信，他的作品在不久的将来一定会出现在咱们幼儿园展览板上！"

 分析

同样是表扬语，第一句缺乏具体内容的表扬，没有说服力和影响力；第二句对他的构图、色彩搭配、细节描绘予以肯定，同时也让被表扬者明确自己努力的方向，对其他幼儿也有激励作用。

（2）从细微之处入手。

"老师今天才知道，每天都是你自己穿衣服、洗脸、吃饭。你真棒！这么小就已经学会照顾自己了，你爸爸妈妈一定会为你骄傲！"

 分析

这样的表扬会让幼儿觉得老师不仅仅在课堂上传授知识，还很关心自己，有助于孩子养成良好的生活习惯。

2. 间接表扬

有时候老师的直接表扬会被孩子误认为是在哄他或有其他目的，而通过其他人之口传到他耳中的表扬，则会认为是真实的，就会把对教师的信任和感激转化为做好事的动力。

一次音乐课上，一个平时唱歌不错的孩子，因为感冒嗓子发炎了，歌唱跑调了，引得学生哄堂大笑。老师对他父母说："你的儿子平时歌唱得很好，老师和学生都喜欢听他唱歌，这次音乐课他因为感冒可以不唱，但他却不愿意放弃这次练习的机会，他的这种努力和不怕吃苦的精神，老师和学生都很佩服他。"当这个孩子从他母亲口中听到老师的表扬后，十分感动，决心不辜负老师的期望。后来，他不仅更加刻苦，还被同学选为音乐课代表。

 分析

良言一句三冬暖。教师运用间接表扬，让孩子深刻体会到老师的真正意图，拉近了师幼之间的距离，使幼儿更加信任喜爱自己的老师，从而主动接受老师的教育。

3. 迂回表扬

当一个孩子做了一件错事后，已经无法挽回了，当作看不见是不对的，如果采取批评的方式又可能导致孩子"破罐子破摔"，适得其反。这时如果换一种思维或处理方法，来个迂回表扬，可能会收到意想不到的效果。

有个孩子在手工课上，自己不好好制作，却喜欢偷偷拆卸其他小朋友的作品，拆卸的速度还非常快，没等老师和别的幼儿发现，他就拆卸完了。一次老师看见他又要拆卸其他小朋友的作品，但没有出声，而是暗暗观察他是怎么做的。只见这个孩子拿起别人的作品，只细细看了几眼，就迅速拆卸完毕。等他拆卸完了，老师走过去，望着一堆部件对他说："你破坏别人的作品是不对的，但老师没想到你观察得那么细致，反应那么快，要是你能把这股劲头用到做自己的作品上，老师相信，你的作品一定能参加作品展览。"

 分析

正是老师充满包容和赏识的话给了这个孩子自信和无比的激励。后来这个孩子的手工越做越好，还拿到展览角展示给家长们看。

 案例描述1

一天，小班幼儿熊熊在离园时，对妈妈说："今天我想把幼儿园的玩具带回家。"妈妈摇头说："幼儿园的是不能带回家的，不然老师该批评你了。"熊熊争辩道："那怎么小宇把玩具带回家，老师还表扬了他呢？"妈妈听了一惊，赶忙找老师问明缘由。原来，小宇把自己喜欢的玩具带回了家，在家玩的时候被妈妈发现了。在妈妈的劝导下，小雨第二天把玩具还了回来，于是教师就当着那么多小朋友的面，表扬了小宇，说："小雨真乖，能主动把带回家的玩具还回来，应该受到表扬。"

 分析

熊熊之所以觉得可以把幼儿园里的玩具带回家，再到第二天还回来，其实也是因为想得到老师的表扬，老师的一句不经意的表扬，把孩子带入了一个误区：把玩具在老师不知情的情况下，带回家，再带回来是完全正确的事。老师在表扬孩子能主动把拿走的玩具带回来之前，应该把事情说清楚，幼儿园的玩具是在幼儿园里和小朋友一起分享的，如果你悄悄地把玩具拿走了，小朋友就不能和你一起玩了。但是小宇知道自己这样做不好，还是把玩具从自己家中带回来，和小朋友一起玩，老师还是觉得小宇是个好孩子，下次能把幼儿园里的玩具带走，一个人在家玩吗？如果这样的话，孩子们就不会像熊熊那样被误导了。所以，在孩子能主动承认错误的时候，不要一味地表扬，还要用孩子能听得懂的方式给孩子把道理说清楚了，这样孩子才能明白过来。有时候，老师的一句不经意的表扬，会给孩子在心理上蒙上一层阴影。

 案例描述2

"跑、跑、快跑，一脚用力蹬地，一脚抬起跨跳，身体稍前倾，跨跳后慢跑。"体育教学活动中，年轻的老师边讲解边示范跨跳15cm障碍物（纸板）的动作。孩子们个个跃跃欲试，随后老师让每人自由摆放障碍物（纸板），且边说动作要领边让孩子学练跨跳，孩子们快活地学练着。这时，老师发现转学来园不久的菁菁小朋友不停地起跑着，但接近障碍物（纸板）时总是停住脚步，不敢进行跨跳。班上任教的老师都知道，菁菁的性格比较内向，她的脚先天有些缺陷，一只脚比另一只脚明显大些，仔细观察她走路也稍微有些异常。只见她一脸无助的样子，对自己的脚部动作显得有些为难。于是，老师热心地走过去，鼓励她按动作要领放慢步子……终于她学会了动作，达到了要求。活动结束时，老师很高兴地对全班的孩子说："今天我要表扬菁菁小朋友，虽然她的两只脚长得有点不一样，行动不很方便，但她很努力，按要求学会了动作。希望她继续努力，学期结束一定能评上'小健将'。"听到这里，其他孩子都向菁菁的脚和面孔看了过去，而她非但没有高兴，反而无声地哭了……老师很纳闷，悄悄地走到菁菁身旁，对她说："你是个好孩子！今天老师表扬了你，为什么还不高兴？"老师刚一说完，她的眼泪又快涌了出来，她用很低的声音说："小朋友不知道我的脚不一样……"

 分析

为什么非要这样表扬呢？表扬维护了孩子的自尊了吗？其实，有很多表扬她的说法，比如："太棒了！都是你自己跑出来的动作，我喜欢你不怕困难的做法！"等等。如果以尊重为前提，用直接的肯定语言，真诚而具体地说出她所取得的成绩和值得提倡的努力，孩子也不会有这次由表扬而导致的伤害的。

 拓展阅读

一位成功母亲的教子之道

第一次参加家长会，幼儿园的老师对她说："你的儿子有多动症，在板凳上连3分钟都坐不了，你最好带他去医院看一看。"回家的路上，儿子问妈妈，老师都说了些什么。她鼻子一酸，差点流下泪来。因为全班30位小朋友，只有她的儿子表现最差；唯有对他，老师表现出不屑。然而她还是告诉她的儿子："老师表扬你了，说宝宝原来在板凳上坐不了1分钟，现在能坐3分钟，其他孩子的妈妈都非常羡慕你的妈妈，因为全班只有宝宝进步了。"那天晚上，她儿子破天荒吃了两碗米饭，并且没让她喂。

儿子上小学了。家长会上，老师对她说："全班50名同学，这次数学考试，你儿子排在第40名。我们怀疑他智力上有些障碍。你最好能带他去医院查一查。"走出教室，她流下了泪，然而，当她回到家里，却对坐在桌前的儿子说："老师对你充满了信心。他说了，你并不是个笨孩子，只要能细心些会超过你的同桌，这次你的同桌排在第21名。"说这话时，她发现儿子黯淡的眼神一下子充满了光亮，沮丧的脸也一下子舒展开来。她甚至发现，从这以后，儿子温顺得让她吃惊，好像长大了许多。第二天上学时，他去得比平时要早。

孩子上了初中，又一次家长会。她坐在儿子的座位上，等着老师点她儿子的名字，因为每次家长会，她儿子的名字总是在差生的行列中被点到。然而，这次却出乎她的预料，直到家长会结束，都没听到他儿子的名字。她有些不习惯，临别去问老师，老师告诉她："按你儿子现在的成绩，考重点高中有点危险。"听了这话，她惊喜地走出校门，此时，她发现儿子在等她。走在路上，她扶着儿子的肩膀，心里有一种说不出的甜蜜，她告诉儿子："班主任对你非常满意，他说了，只要你努力，很有希望考上重点高中。"

高中毕业了。第一批大学录取通知书下达时，学校打电话让她儿子到学校去一趟。她有一种预感，儿子被第一批重点大学录取了。因为在报考时，她对儿子说过，相信他能考取重点大学。

儿子从学校回来，把一封印有清华大学招生办公室的特快专递交到她的手里，突然，就转身跑到自己的房间里大哭起来，儿子边哭边说："妈妈，我知道我不是个聪明的孩子，可是，这个世界上只有你能欣赏我……"听了这话，妈妈悲喜交加，再也按捺不住十几年来凝聚在心中的泪水，任泪水流淌，打在手中的信封上……

23 种幼儿园课堂表扬语及肢体动作

（1）金咕噜棒，银咕噜棒，我是宝宝我最棒。（左右手先后左右转，然后放胸前交替转圈，最后竖起大拇指。）

（2）Gu ga ga gu ga ga. Gu ga ga gu ga ga.（左右手心合并再弯空，慢慢往上游动。）Boom.（双手臂相离、再垂直放置在胸前做爆炸的样子。）

（3）Yummy yummy good.（双手向嘴巴方向夹两下，双臂前伸并顶出两根大拇指。）

（4）Nice nice very nice.（拍手，两慢，三快。）Great great very great.（拍手，两慢，三快。）

（5）Hey hey we are great.（对着天花板大吼两声，然后两只手露出大拇指从身前突然举过头顶。）

（6）你的想法很特别哦。（做 yes，竖起 2 个手指。）

（7）Good good very good.（双手竖立拇指，双臂在胸前交叉转动，双手竖立拇指。）

（8）淅沥沥，（右手刷左臂）哗啦啦，（左手刷右臂）Good.（竖立右手拇指）Good.（竖立左手拇指）Very.（双臂交叉滚动）Good.（两根拇指前面）

（9）Gu ga ga gu ga ga.（右手做嘴巴往左走）A ya ya ya a ya ya.（左手做嘴巴往右走）You are super.（左手往左做 shoot 的动作。）

（10）表扬竞赛获胜的幼儿。（双手上下交替垂两下，双手竖立拇指指向获胜的幼儿。）

（11）Give me five/ten。（幼儿跟老师拍手）Come and kiss me。（右手向自己招手，左手指向自己的脸颊，亲一下幼儿的脸，或者在幼儿的脸上贴一个大大的嘴唇的 Sticker。）

（12）Hey hey wonderful. Hey hey wonderful.（先拍两下手，然后双手竖立大拇指。）

（13）点点头，叉叉腰，我的表现最最好。（先点头，叉腰，然后双手交替上下转几下，最后竖起两个大拇指。）

（14）小脚，小脚，踩一踩，你的表现真不错。（左右脚交抬起，踩踏地板然后拍手，竖起两个大拇指。）

（15）小手转一转，你棒，我棒，大家棒。（双臂前伸转一转，然后拍手，两慢，三快。）

（16）你的表现好，你的表现棒，你的表现 No.1。（拍腿、拍手，然后双臂前伸竖起食指。）

（17）左边小红花，右边小红花，奖给我们小朋友顶呱呱。（伸出左右手，双手做花状移动，最后快速拍 3 下手。）

（18）请你伸出左手，请你伸出右手，变成奥运选手。耶！耶！耶！（交替伸出双手，然后做个跑步运动员，最后举起双手伸出食指和中指上下动 3 次。）

（19）唧唧唧唧，小鸡小鸡喜欢你，也来表扬你。（双手十指交叉做小鸡吃食，在幼儿跟前移动，最后拍手用食指指向被表扬幼儿。）

（20）棒，棒，棒，你真棒！（拍手 6 下后竖拇指。）

（21）噼里啪啦，噼里啪啦，碰！（慢拍手 2 下，然后碰肩膀，也随意碰，如碰屁股。）

（22）拍拍我的小手，请你吃菠菜，变成大力水手，耶！耶！耶！（拍手，双手放嘴边做吃状，然后双手握拳上举，也可双手叉腰，做大力水手。最后，双手伸出食指和中指上下动 3 次。）

（23）拍拍我的小手，我可真不赖，我是拼音能手，耶！耶！耶！（先拍手，然后甩手，接着伸出右手大拇指指向自己，最后，右手伸出食指和中指上下动3次。）

任务3.2 批评幼儿的语言沟通技巧

 任务导入

小阳和小伟一起搭积木，不知为何发生了争执，生气的小阳对小伟说了一些很难听的脏话，正好被老师听见。老师觉得：小小年纪就这么不讲文明，万一别的小朋友也跟着学，这怎么了得，应该好好批评。于是在晨间谈话时，老师便对大家说："今天老师特别生气，因为我听见有个小朋友说脏话，真不讲文明。"话音刚落，其他小朋友就窃窃私语："是谁呀？""说什么脏话啦？"小伟马上接上："是小阳，他说……"

而过后，又经常有小朋友来告状："老师，小阳又说脏话啦！""老师，刚才小阳说我……"

思考：如果你是这个老师，你会用什么方法批评小阳？

 知识要点

一、批评语概念

批评是指对幼儿某种不良言行做否定评价的一种教育手段。为的是让幼儿引起警觉，自觉地纠正缺点或错误。

二、批评语的使用技巧

为达到最佳的教育效果，幼儿教师应该重视自己的批评语言，讲究运用语言的艺术。

（一）深入调查，尺度适当

批评通常都是事情发生后出现的，老师一定要深入了解事实，调查情况后对幼儿的思想行为做出实事求是的评价。

区角游戏结束后，孩子们都在忙碌地收拾玩具。明明是班中比较调皮的孩子，他趴在桌子底下，看不见他在干什么。

幼：老师，明明钻到桌子底下去了，我喊他，他也不肯出来。

师：（厉声）明明，你是怎么回事？这么不讲卫生，快出来！

明：（惊恐地从桌子底下钻出来，小声）老师，我……

师：别说了，快去洗手。

明明快快地走进盥洗间去了。

幼：老师，明明刚才捡了好多小纸屑，这都是剪小花纸掉在地上的，明明是在收拾好玩具后帮助他们整理。

听着孩子的话，想着明明刚才委屈的样子，老师心中懊悔不已，她连忙找来明明。

师：刚才，老师没听你说完话就批评你，真对不起！那些纸屑不是你掉在地上的，你为什么去捡呢？

明：你说小朋友要讲卫生，保护好班级的环境，还要保持桌面和地面的清洁。他们都回到自己座位上去了，谁都不愿意捡，我看离我座位近，就去捡了。

师：（摸着明明的头）你做得很好！但以后不要趴在地上哦，你把地上的垃圾清理了，但你的衣服却会变脏，对不对？这样吧，你去拿一把笤帚来，我们一起把纸屑扫掉吧！

 分析

孩子们时常会犯这样或那样的错误，但有时往往出于好意，只不过在一些方法上有些不妥当，如果教师没有深入地调查、细致地观察，就简单粗暴地批评一定会伤了孩子的心。地上的垃圾是可以清理的，可一味责怪孩子的话语却也会成为孩子心里的垃圾，要清理干净那就难了。

（二）委婉含蓄，旁敲侧击

有些教师在批评幼儿时容易发怒，喜欢单刀直入，这会导致幼儿口服心不服，直接影响教育效果。在批评幼儿时，可以采用迂回方式，委婉些，即把"良药"装在"糖衣"中来解决苦口的问题。幼儿园的小朋友们总喜欢乱涂乱画，不同的老师面对这样的情况，采用了不同的处理方法，结果自然不同。

小王老师抓住了正在桌子上乱画的小明，批评他说："老师讲了多少次了，不能在桌上乱涂乱画，你这样做对不对？""不对。"小明答。老师问："你自己说，该怎么办？"小明不知所措。"老师，让他用自己的衣服擦干净。"有孩子大叫起来。小明听了，急得眼泪都流下来了，护着衣服直往后退。小王老师见状说："老师今天就原谅小明了，以后再不能乱画了，大家记住了没有？""记住了。"小朋友齐声回答。小明也松了一口气，护着衣服的手也放下了。过了没几天，这样的事情又发生了。

同样的事，小李老师的班里也发生了。小李老师给小朋友们讲了一个故事《小猪找朋友》。讲完后小李老师问："大家说说，小狗、小猫为什么不愿意和小猪做朋友？""因为小猪在小狗、小猫家门口乱画。"孩子们回答。"现在，老师想请小朋友找一找，我们活动室里有没有乱涂乱画的东西。"小朋友在墙上、桌椅上找到了乱涂乱画的痕迹。"那我们能不能想个办法，把这些脏东西去掉？""用毛巾擦。""用洗洁精。"孩子们回答。小李老师给每个小朋友一块小抹布，蘸上洗洁精。小朋友发现只有瓷砖上能擦干净，其他地方都不行，就找老师想办法。"这些痕迹擦不干净了。只能用油漆和涂料重新粉刷了。可是油漆和涂料有毒，只能等放假的时候再刷。整洁干净的活动室是老师和小朋友一起学习和游戏的地方，大家都要爱护它。以后，小朋友想画画，请到老师这里来拿纸，画在纸上，和小朋友一起欣赏，好不好？"小朋友听了，纷纷表示再也不乱画了，而且还真的做到了。

 分析

从这两个例子来看。同样是批评，前者语言直来直去，孩子口中认错但心中并不一定认错。后者通过讲故事的方式，告诉小朋友小猪乱涂乱画的行为让它找不到朋友，借此来向孩子们讲明乱涂乱画的行为是不对的。接着又通过擦拭污痕的方式，让孩子们再次知道画上去容易，清除起来却是很难。这种委婉的批评比前一种更人性化，也更能让孩子们接受。

（三）地位平等，以理服人

批评不应该是审判，而应该是交流。在交流中了解事情的来龙去脉，分析幼儿的言语和行为，对有错误的孩子"晓之以理、动之以情"。不仅让其"知其然"还要让其"知其所以然"，以帮助幼儿发现并认识到自己的错误，进而改正错误。

有一天，浩浩不小心碰到了一位小朋友，小朋友向老师告了状。浩浩平常比较顽皮，老师便不分青红皂白地呵斥浩浩："你好讨厌，老是打人！待会儿不准玩游戏！真不讨人喜欢！"或许浩浩已经习惯了老师的这种态度，他并没有辩解，只是后来更爱打人了。问他为什么，他脑袋一歪："我就要打！反正老师也不喜欢我。"

 分析

上面例子中这位老师，在处理孩子间问题的时候，没有给孩子申辩的余地，自始至终都以审判者的角色来批评幼儿，让孩子有话难说、有理难辩，从而造成幼儿心底里反感、排斥，最后导致教育失败。其实，允许孩子对自己的不良行为有一个看法或说法，也允许他们对自己的所作所为有申辩的机会，这是师生平等的一个最起码、最根本的要求。师生之间只有做到互相尊重，坦诚相待，才能以心换心。

（四）注意场合，把握时机

教师应根据孩子犯错误的性质、程度选择适当的场合、时机开展批评。必须当场提出批评的，应及时批评；事态不严重的，也可以事后提醒，以达到既纠正了偏差，又防止了因小题大做而伤害被批评者的自尊心，从而给幼儿创造认识和改正错误的良好环境；性质严重的、影响较大或者带有普遍性的人和事，可公开批评，对全体幼儿"敲警钟"，以防止事态发展。

娜娜午餐时的坐姿总是让人十分担忧，跷腿、转身体、左右摇摆。这不，老师刚刚提醒娜娜小脚要藏在桌子底下，一个转身娜娜坐不住了，老师频频地指出，娜娜也暂时地改正。"娜娜，你这样跷腿会摔倒的！"老师再次告诫道。娜娜看了看老师，将腿放下，一会儿，娜娜又将另一条腿翘在椅子上，老师走了过去，趁娜娜不注意，用脚踢了一下娜娜的凳脚，另一只手则提着娜娜的衣领，以防娜娜真的摔倒。"哎哟，多亏老师救了你，要不你就摔疼了，是吧？"娜娜被这突如其来的一晃吓着了，睁大两只眼睛看着老师。"老师说得没错吧？不坐稳就会摔倒，还好老师抓住了你，要不你就要流血了！"娜娜逐渐恢复了神情，低下头扶起碗认真吃起来……吃完饭，老师表扬了娜娜："因为小腿放稳了，所以再也不会摔倒，桌子上也干干净净，真像大姐姐！"

 分析

教师的反复提醒对于娜娜来说没有什么作用，因为这个年龄的孩子，处于具体形象思维阶段，难以听从说教。老师抓住了孩子的年龄特点，创造了教育时机，让孩子亲身经历，切身感受，提高了教育的有效性。

（五）公平公正，一视同仁

教师对待幼儿，不管是平时表现较好的还是调皮任性的，有了缺点错误都应一视同仁，不能有一丝一毫的偏袒。同是做错一件事，对于平时各方面表现较好的孩子，老师往往认为是偶然或无意的，因而对他比较宽容、理解；而对于平时表现较差的孩子，老师常会认为是必然的或故意的，因而常会小题大做、百般刁难。老师这种无意中的厚此薄彼，会使幼儿产生不平衡的感觉，增大了教育的难度，降低了教师的威信。

在美籍华人周励的自传体小说《曼哈顿的中国女人》中有一段令她刻骨铭心、难以忘怀的幼儿园生活的描写。

一位年轻漂亮的老师很不喜欢我，嫌我丑，嫌我脏，嫌我穿戴土里土气。我总是悄悄地望着她一会儿抱抱莎莎——莎莎的爸爸很有钱；一会儿抱抱艳艳——艳艳长得特别漂亮……；我多么希望老师也抱我一下，亲我一下。于是我鼓足勇气，怯生生地挨到老师身边，低声说："老师，你也抱抱我好吗？"谁料她却厌烦地把我推开说："去去，看你那两筒鼻涕，脏样！"

我幼弱的心一下凉到冰点，认为自己是世界上最难看、最不幸的孩子，放声大哭起来……

 分析

在现实生活中，乖巧、长得漂亮、嘴甜、家境比较好的孩子，都会受到老师的偏爱。老师这种不公平的对待对幼儿的身心健康都是不利的，严重的甚至影响孩子的一生。

（六）先扬后批，鼓励为主

有经验的教师一般采取"赞扬——批评——激励"的方式来批评教育孩子。人际关系学大师卡耐基说："听到别人对我们某些长处表示赞赏后，再听到批评，心里往往好受得多。"所以，首先肯定其优点，然后指出其不足，再进行激励，这样不但幼儿容易接受，而且会增添其前进的信心和勇气。特别是对一些心理承受能力差的孩子，一般宜通过鼓励达到批评的目的，使他们从鼓励中发现不足，看到希望，增强信心。

有一次，一个小朋友吃午饭的时候，剩了一口菜，就要跑到活动室去玩，于是老师这样批评他：第一步——赞扬："今天你吃得比昨天好，小饭碗真干净。"第二步——提醒（实为批评）："只是菜碗里还有一点点哦。"第三步——激励："这个小问题，我相信你会把它解决好的。"听完老师的话，这个孩子立即主动地把剩下的菜吃了。

教育家陶行知当小学校长时，有一天看到一个学生用泥块砸自己班上的同学，当即喝止他，并令他放学时到校长室里去。

放学后，陶行知来到校长室，这个学生已经等在门口了。可一见面，陶行知却掏出一块糖送给他，并说："这是奖给你的，因为你按时来到了这里，而我却迟到了。"学生惊讶地接过糖。

随之，陶行知又掏出一块糖放到他手里，说："这块糖也是奖给你的，因为我不让你再打人时你立即住手了，这说明你很尊重我，我应该奖给你。"那个同学更惊讶了。

陶行知又掏出第三块糖塞到他手里，说："我调查过了，你用泥块砸那些男生，是因为他们不守游戏规则，欺负女生。你砸他们，说明你很正直善良，有做斗争的勇气，应该奖励你啊！"那个同学感动极了，他流着泪后悔地说："陶校长，你打我两下吧！我错了，他们毕竟是我的同学啊……"

陶行知满意地笑了，他随即掏出第四块糖递给这个学生："为你正确地认识错误，我再奖励你一块糖……我的糖送完了，我看我们的谈话也该结束了。"

 分析

从此故事中，我们发现陶行知先生在处理这个事件的过程中，没有使用任何的批评性语言而是采用了表扬的方式。故事中陶行知先生一共表扬了3次：第一次表扬学生的诚信，遵守约定按时来与他见面；第二次表扬学生的正义，能够仗义执言，帮助弱小的同学；第三次又一次以奖励一块糖的方式表扬了他。

在这三次表扬过程中，我们能够感受到虽然奖励、表扬的方式都是一样的，但其中分量最重、含义最深的是陶行知先生对这个孩子的第三次表扬——表扬学生自己认识到了在整个事件中所犯的错误，也就是实现了学生的自我教育。

三、运用批评语的注意事项

对幼儿批评要注意以下几点：

（一）控制情绪，用语客观

实施批评必须保持良好的情绪，防止把批评和斥责等同起来，言辞要恳切，不说过头话，不做尖刻的指责。

（二）一事一评，不能算总账，或做结论式批评

"算总账"式的批评是对幼儿做全盘否定的评价，这会在幼儿心中形成自我否定的心理定式，造成幼儿的自卑心理，增加教育的难度。更重要的是，千万不要给幼儿打上某种结论性的印记。

例如："你想想这个星期犯了几次错误，第一次……""班里数你最淘气，最讨厌，我看你是改不了了！""笨死了，将来一定不会有出息……"

这样"算总账"式的批评会使孩子远离教师，产生抵抗情绪，也会使他认为自己真的什么都不行而自暴自弃，而消极的结论往往会变成预言。

（三）不厌重复，刚中显柔

幼儿自控能力弱，教师的批评并不能一次奏效，因此要经常指点。这种指点若是包含批评因素的话，可以说得"硬"一点。

例如："××，你的被子叠得不整齐，你看看别人怎么叠的？早上起来，把被子一团可不行。来，重新叠给我看！""××，你怎么又打人？啊，他把小椅子碰倒了，不肯扶，是

他不对。那我问你，如果你有了一点错，老师抬手就给你几巴掌，你会有什么想法？你要向他道歉！""拉椅子，声音怎么这么响？我听到小椅子喊疼。是哪几个小朋友把椅子的腿拉疼了呀？"

在对孩子进行严肃的批评时，也必须让孩子体会到教师的关切和期待，从而缓解幼儿因犯错误而导致的紧张、拘束，减少抵触心理，这有利于幼儿克服缺点。切不可用过度的挖苦、训斥去"批评"孩子，更不要让孩子带着"流血的伤口"离开办公室。这不仅是教育口语运用的大忌，更是教育的失误。

 案例描述

批评也需要艺术

有个叫成成的幼儿，相对于班里的其他幼儿比较幼稚，自控较差。一次，老师听到他和艺艺在争执。了解了才知道：艺艺带的图书封面的一个角被撕坏了，成成说不是他弄的，可艺艺坚持说是成成弄的。旁边还有几个帮腔的都说是成成撕的，而问问他们都没有亲眼看见。两个孩子争得面红耳赤，谁都不肯松口。由于没有旁证，所以，这事最后只能以成成嘟着嘴和我一起帮艺艺把书修好来了结。但我清楚地感觉到了成成满脸的不情愿。

又过了几天，自由活动之后，孩子们纷纷整理好了自己的玩具、书籍，突然，蓝蓝大叫："老师快看，有人用水彩笔画到桌子上去了。"顷刻，五六个孩子围观了上去，其中一个孩子说："是成成画的！"顿时好几人附和了起来："是成成！""不是我！"成成一脸无辜地争辩着。老师问那些孩子："是不是你们亲眼看到是成成画上去的？"孩子们摇摇头。其实，在刚才的活动中，成成跟另外的一个孩子一直和老师一起在走迷宫，根本没到那桌子旁边去过。于是，老师帮成成做了澄清，并教育幼儿："没有亲眼看到的事情就别乱说，这样会冤枉人的！"这时，老师发现成成的腰杆儿直了好多！为什么班里的孩子一而再地冤枉坏事是成成做的呢？

 分析

由于该孩子的自控能力较差，动不动就会去碰碰旁边的同伴或是离开座位跑一圈，等等，每当这时，老师就会立刻阻止他，"成成不可以这样""你怎么又那样了"……由于学生都有向师性，而且，幼儿园的孩子年龄较小，是非观念、自我评价意识尚未健全，他们均是以成人的评价来认识、辨别是非的。由于老师一次次地在集体面前批评成成"不该干这""不该干那"，所以，孩子们的脑中就容易产生"成成做错事"这一印象。久而久之，只要一出现不好的事情，幼儿就马上与"成成"画上了等号。以至于出现孩子一次次地冤枉了成成。教师应对这一现象负主要责任！有了这一层的认识，从此每当某个孩子犯了错，老师总会避免在集体中批评孩子，避免给孩子定性。

 反思

卡罗林·奥林奇（著名的美国教育心理学家卡罗林博士，著有《塑造教师：教师如何避免易犯的25个错误》一书）说："有些言语和行为能给人脆弱的心灵带来创伤，且这种伤痕会伴随人的一生。"作为学校教育的主要实施者——教师，其人格、心理健康状况，甚至是一言一行都会直接或间接影响学生的成长。

拓展阅读

批评孩子的错误做法

1. 任凭自己的情绪，对孩子发火

妈妈看到孩子在厨房玩碗筷时，如果自己心情不错，就会很随和地提醒孩子注意安全，但在她很忙的时候，她就大声朝孩子嚷嚷："赶紧放下！知不知道这样很危险，会打碎的！"

几乎所有的妈妈都会有对孩子发脾气的时候，这样也最容易伤害孩子幼小的心灵。一个好妈妈在面对孩子的时候，首先应该是心情舒畅的。如果是对孩子危险的事情，要严肃地、明确地告诉孩子。

2. 不问缘由、不分青红皂白地批评

儿子爬上椅子去拿高处的剪刀，妈妈马上对儿子说："快给我下来，你在干什么？"然后，一边责备孩子，一边把他拉到门外，"砰"的一声关上了门。

妈妈应该为孩子准备一把他专用的安全剪刀，鼓励孩子学习使用安全剪刀的方法，只要孩子在摆弄剪刀的时候，妈妈在一边看着，孩子就不会有大危险。

3. 不分时间、场合的批评

孩子和小伙伴一起在院子里玩耍，因为急于出来忘了穿外套，被追出来的妈妈一通责骂。这种不分时间、场合的批评，让孩子很不能接受，亲子关系也因此恶化。

4. 贴标签、翻旧账的批评

孩子因为做错了一道题，爸爸就随口说孩子笨，还把孩子过去的错事重新数落一遍。这样会让孩子反感，觉得自己只要犯了错误，就永远无法摆脱，既然摆不脱，改又有何用？

5. 威吓式的批评

女儿把玩过的玩具随便一放，又去玩其他玩具了。妈妈假装要把这些乱放的玩具拿出去全扔了，对女儿说："你不整理我就全扔掉！"整理收拾自己的东西对大人来说也不是件简单的事情，对孩子来说更是一个很难养成的习惯，妈妈应该对孩子更加耐心一些。用"扔掉"之类的威胁其实并不能起多大的作用，孩子很快就会知道，妈妈只是说说而已。

6. 边动手，边动口

儿子非常调皮，爸爸养成了边动手，边动口的习惯，他总是一边打儿子，一边朝儿子嚷嚷。于是，不久之后儿子也学会了打人，在幼儿园里把小伙伴给打了……

7. 喋喋不休的批评

孩子吵着要在睡觉前吃糖，妈妈生气了："都睡觉了，还吃糖，你这个孩子真难缠！把手里的糖给我放下！你到底听不听我的话……"

孩子不明白妈妈究竟在说些什么，孩子不知道他错在什么地方。妈妈不如只说一句："睡觉前吃糖牙齿会疼的。"如果孩子经历过牙疼，那么他就不会坚持了。如果孩子不知道什么是牙疼，那就告诉他，牙齿会疼得咬不动东西，当然再也吃不了糖了。

批评孩子三大禁忌

忌讳一：不该出手也出手——皮肉之苦最伤孩子自尊

5岁的宣宣弹琴时表现出极大的随意性，老师讲过的正确指法、手型和要求在她的脑子里没有留下丝毫的印迹，仿佛从来就没有学过似的。妈妈看在眼里、急在心上，一遍又一遍地提醒外加亲自示范，可宣宣摆出了一副不合作的态度，在琴凳上扭来扭去，一会儿喝水、一会儿上厕所，没过两分钟又嚷嚷着累了要歇会儿。

内心的怒气终于冲破了忍耐的底线，妈妈一巴掌挥了过去，宣宣的手背顿时就红了——说服教育升级为武力惩罚。

 分析

从根本上说，武力惩罚不能解决任何问题，只能使双方的矛盾激化，使原本有可能继续下去的学习中途搁浅；在父母的拳头下，孩子的自尊心也被打得一败涂地，容易形成破罐破摔的心理，甚至会对所有的批评刀枪不入，那可真是两败俱伤。

另一个直接后果是：你以什么样的方式对待孩子，孩子就会以同样的方式对待你和他周围的人——对暴力行为的模仿是轻而易举的。由于父母的坏榜样，孩子在独立面对自己和小朋友的冲突时，头脑中的第一反应就是"先下手为强"。

将批评升级为"战争"，是父母的不是。幼儿还没有形成自我评价体系，他们是通过成人尤其是父母对自己的评价来看待自身的。而且，脆弱的内心特别希望得到父母的肯定，这能给孩子自信，也能使他们愉快地接受批评。批评的艺术在于正强化，而非负强化。与其强化孩子的弱点或全盘否定，不如将孩子的点滴成绩和好的苗头看在眼里、记在心上、挂在嘴边，强化其好的一面，给予必要的指点，让孩子看到自己的潜力，提升自信。

所以，家长此时不如使用"表扬式的批评"方法，去发现孩子的点滴长处，先褒后批："你的左手手型比右手的漂亮，左手三指比二指好看，这一遍强弱感觉掌握得不错"，接着再提要求："右手能不能也像左手那样漂亮，二指能不能往回勾一点，速度如果再放慢一点会更好。来，我们来试一试，我想宣宣一定没问题！"孩子需要在比较和实实在在的夸奖中发现自己的差距，如果父母肯定了孩子的一点成绩，她会有信心纠正自己的9个错误；相反，父母对孩子的一个错误采取粗暴的方式，她很可能会毫无心情保持自己的9个优点。

忌讳二：大喊大叫——失控的情绪难以给孩子正确引导

陶陶每天都把家里弄得天翻地覆：玩具散落一地，画笔、画纸摊满了桌子，床上也堆着他的各种小玩意儿，自己最喜欢的书也十有八九到想看的时候不知道去哪了。多次的提醒仍然没能使陶陶有任何改观。

屋里的一片狼藉点燃了妈妈心中的怒火："跟你说过多少次了，从哪儿拿来的东西玩完了还放回哪儿去。你就是不长记性，你不收，看我全把它们扔掉！"说着假装把孩子最心爱的玩具扔了，接着是一阵急风暴雨般的叫嚷。

 分析

不是你的嗓门越高就越能产生立竿见影的效果，声调和结果往往成反比；并且大喊大叫使孩子丝毫感觉不到尊严，也把你的修养咆哮得无影无踪。如果大人孩子都发脾气，批评很有可能会升级为哭闹和打骂，教育的效果为零。而且孩子很快就会知道，妈妈嘴上说"扔掉"，但是手上却没有真正"扔掉"，妈妈的威信也由此丧失。

千万不要以为你的态度，包括表情、语气和目光无足轻重，只有好心就足够了；不肯在表达方式上花心思，孩子难以心服口服地接受批评。因为，有时候他们拒绝的不是批评本身，而是父母的态度。

心平气和地批评孩子，有助于保持良好的亲子关系，也能达到批评的目的。所以，最好管住自己的脾气，让自己息怒。

收拾好自己的东西对孩子来说是一个很难养成的习惯，妈妈应该对陶陶耐心一些。先和孩子一起收拾，能收好一件东西就鼓励一下。孩子被妈妈的肯定激励着，会慢慢学会独立整理自己的物品。

忌讳三：喋喋不休——过滥的批评引来逆反

玟玟有一大盒子各种形状的小珠子，串起项链漂亮极了；但当她看到别的小朋友拿着几个透明的围棋棋子充当"夜明珠"时，哭着喊着要，对方不给，她就把人家装"夜明珠"的小瓶子扔到地上……

玟玟的举动让妈妈觉得很没面子："跟你说过多少次了，你怎么就不明白呢？不能总是看着别人的东西好，你家里的玩具还少吗？自己的东西扔在一边不玩，一看到别人拿点什么就跟宝贝似的，真没出息……下次再这样，我绝不再给你买任何玩具！"

 分析

如此絮叨、缺乏新鲜感的批评，不能给孩子大脑以明显的刺激，说得越多，孩子越会把这些话当成耳边风。而且，别看孩子小，对语言的领悟能力一点不差，"没出息""占有欲"一类不尊重孩子人格的话很容易引起他们内心的反感，明着或暗着和你对着干，身上的毛病很可能会有增无减。

漂亮的和新鲜的东西对孩子来说是一种诱惑，抵御诱惑其实是一件很不容易的事。所以，父母不妨告诉孩子：喜欢自己没有的东西并没有错，但他人的东西我们不能要，更不能抢或毁坏。接着向孩子讲清楚：世界上的好东西多得数不清，我们不可能全部拥有；如果特别想要，就得凭自己的努力去争取，比如，如果对方愿意，可以用自己的漂亮珠子和小朋友换。

任务4 教学研讨中的语言表达
Misson four

 学习目标

1. 如何写好一篇说课稿。
2. 怎样正确客观地评课。

 任务导入

小于在一家幼儿园工作不到一年，但她刻苦、努力、认真，受到了家长的一致好评。今年市里有一个说课比赛，园长打算让小于代表幼儿园去参加，可是小于从来没写过说课稿，心里十分着急。

思考：假如你是小于，你会怎样写一篇漂亮的说课稿呢？

一、说课中的语言表达

（一）说课的内涵

说课，就是教师口头表述具体课题的教学设想及其理论依据，也就是授课教师在备课的基础上，面对同行或教研人员，讲述自己的教学设计，然后由听者评说，达到互相交流、共同提高目的的一种教学研究和师资培训的活动。实践证明，说课活动有效地调动了教师投身教学改革、学习教育理论、钻研课堂教学的积极性。

（二）说课的类型与内容

1. 说课的类型

说课的类型很多，根据不同的标准，有不同的分法：按学科分，包括：语文说课、数学说课、体音美说课等；按用途分：包括示范说课、教研说课、考核说课等。但从整体上来分，说课可以分成两大类：一类是实践型说课，一类是理论型说课。实践型说课就是针对某一具体课题的说课，而理论型说课是针对某一理论观点的说课。

2. 说课的内容

说课的内容就是说课的关键，不同的说课类型内容自然也不同。实践型说课侧重说教学的过程和依据，而理论型说课则侧重说自己的观点。

实践型说课主要应该包括以下几个方面的内容：

（1）说教材：主要是说说教材简析、教学目的、重点难点、课时安排、教具准备等，这些可以简单地说，目的是让听的人了解要说的课的内容。

（2）说教法：就是说说，根据教材和幼儿的实际，准备采用哪些教学方法。

（3）说过程：这是说课的重点。就是说说准备怎样安排教学的过程、为什么要这样安排。一般来说，应该把自己教学中的几个重点环节说清楚，如课题教学、常规训练、重点训练、课堂练习、作业安排、板书设计等。在几个过程中，要特别注意把自己教学设计的依据说清楚，这也是说课与教案交流的区别所在。

理论型说课应该包括以下几个方面的内容：

（1）说观点：理论型说课是针对某一理论观点的说课，所以我们首先要把自己的观点说清楚。赞成什么，反对什么，要立场鲜明。

（2）说实例：理论观点是要用实际的事例来证明的。说课中要引用恰当、生动的例子来说明自己的观点，这是说课的重点。

（3）说作用：说课不是纯粹的理论交流，它注重的是理论与实践的结合。因此，我们要在说课时结合自己的教学实践，把该理论在教学中的作用说清楚。

（三）说课的意义

1. 说课有利于提高教学活动的实效，营造教研气氛

以往的教研活动一般都停留在上课、评课上，教研实效得不到普遍提高。通过说课，让授课教师说说自己的教学意图，让听课教师更加明白应该怎样去教、为什么要这样去教，会使教研的主题更明确、重点更突出，从而提高教研活动的实效。同时，通过对某一专题的说课，探讨教学方法，可营造较好的教研氛围。

2. 说课有利于理论与实际的结合，提高教师备课的质量

教师的备课都是备怎样教，很少有人去想，为什么要这样备，备课缺乏理论依据，导致备课质量不高。说课活动可以引导教师去思考，为什么要这样做，这就能从根本上提高教师备课的质量。

3. 说课有利于提高教师素质，提高课堂教学的效率

教师通过说课，可以进一步明确教学的重点、难点，厘清教学的思路。这样可以克服教学中重点不突出、训练不到位等问题，提高课堂教学的效率。同时，说课要求教师具备一定的理论素养，这就促使教师不断地去学习教育教学理论，提高自己的理论水平。教师用语言把自己的教学思路及设想表达出来，在无形之中提高了组织能力和表达能力，提升了自身的素质。

4. 说课不受时间和场地等的限制

上课、听课等教研活动都要受时间和场地等的限制。说课则不同，它可以完全不受这方面的限制，人多可以，人少也可以。时间也可长可短，非常灵活。

(四) 说课的特点

1. 说理性与可操作性

说课要求教师从教材、教法、学法、教学过程4个方面分别阐述，而且特别强调说出每一部分内容的"为什么"，即运用教育学、心理学等理论知识去阐明道理。说课的内容及其要求，具有规范性，不受时间、地点和教学进度的限制，能很好地解决教学与教研、理论与实践脱节的矛盾。尽管说课的层次性较高，但并不会因此而降低它的可操作性。

2. 理论性与科学性

理论在说课中占有突出的地位，其根据一方面来自现实，另一方面靠的是教育教学原理。没有理论，说课也就没有了分量，没了光彩。课堂教学要求教师以科学的理论为指导，用科学的方法解决教学的矛盾和问题。教师必须遵循教育原则去设计教学程序，力求使教材的处理、挖掘及传达程度，具有科学性、逻辑性、思想性。

3. 交流性与高层次性

说课是一种集思广益的活动，说课者与听课者要彼此进行教义切磋，在交流教学经验中获益。说课的理论性促使教学研究从经验型向科研型转化，促使教师由教书匠向教育专家转化。说课要求教师把理论与实际紧密联系起来，用理论指导实践、说明实践。并且，说课对教师最基本的教学技能——教学语言，即口语表达能力提出了更高的要求，所以说，说课是一种高层次的教研活动。

4. 预见性与演讲性

说课要求，教师不仅讲出自己怎样教，还要说出幼儿怎样学。说课者要对所教幼儿的知识技能、智力水平、学习态度等方面的差异进行分析，估计幼儿对学习新知识会有什么困难及解决的办法，这是说课的预见性。说课也是对备课的解说、上课的演示，主要靠语言表达。这使其具有了演讲性的特点，即对同行或专家、领导发表自己的施教演说。

（五）说课应具备的语言技能

说课是一个教师专业素质和文化理论水平的综合体现。它是一门以说课者个人素养为基础，以说课的方法、手段的巧妙运用为核心，以显示说课者的艺术形象和风格为外部表现的综合性艺术。语言是联系说课人与听者的纽带，说课人也凭借着语言鲜明地反映个人的素质。

1. 综合语言技能

语言是说课的主要表达方式，由于说课主要是对教学方法的探究和理性阐发，因此，其语言表达与上课相比又有不同的特点。说课要求交替使用几种语言形式，但总体的要求基本要保证：语言表述科学准确、用词恰当、语法规范、通俗简练、语言连贯、表述流畅、生动形象、具有逻辑性、富有节奏感；内容正确、完整、系统、有序、连贯、有详有略、突出重点；说课过程节奏统一、和谐、讲究风度，有条不紊地说完该说的全部内容。

（1）理论性语言。

由于说课是对课堂教学方案的理性阐发，这种理性阐发必须以理论为依据。从说课的评价标准上看，对教师的教育教学理论运用水平要求较高。在说课中，教师应准确使用教育教学理论的专门术语，使理论与叙述、说明、议论自然融合。

（2）专业性语言。

专业性语言指说课人在说课的过程中，应采用与说课科目相应的专业术语。教师语言要求科学、规范，符合本学科的特点，善于运用专业术语。

（3）讲述性语言。

讲述性语言指的是一种客观的讲，就是把事情和道理讲出来，是说课者面对听者的一种"独白"性的语言活动。独白是一种长时间的独自言语活动，其特点是，语言信息输出的单向性，没有听众的言语配合，而依靠独白活动来阐明事理。说课应当以使用此种语言为主，是因为独白语言便于说课者系统地介绍自己的教学设想和所持的理论依据。说课不等于备课，不能按说课稿一字不差地背，说课也不等于读课，不能拿着事先写好的说课稿去读。说课时，应该紧紧围绕一个"说"字，突出说课的特点，真正将说教材、说教学方法、说教学过程、说板书设计，以说的形式展示在评委面前。除了教学设计过程中，会涉及教学语言的使用以外，说课的其他环节尽量使用独白语言。说课者的独白必须条理清晰，陈述的内容要简明。理论分析部分，尽量平缓，要用高低升降、错落有致的语调。

（4）教学性语言。

教学性语言是用专业的语言展示课堂设计和课堂安排，即教师在课堂上把知识、技能传授给学生的过程中所运用的语言。一般来说，说课中除了在说教学程序设计时要用教学性语言以外，课堂教学的导语、总结也应该使用教学性语言。说课者通过自己绘声绘色的课堂语言，把教学情境展现在听者的面前，把听者带到真实的课堂中去，这是课堂语言在说课中独特的魅力。

（5）朗读性语言。

说课中教师介绍重点词语，中心语段，或其他相关内容时，要使用朗读性语言。所谓"朗读性语言"，就是有感情地运用各种语调、语气将文字读出来的语言。如果能在说课中根据说的材料的内容所要反映的思想感情，恰当地运用朗读语言，就可以增强说课的感染力，并产生良好的艺术效果。

（6）体态性语言。

尽管说课只是说课者的单向活动，但是如果说课者能充分运用好自己的体态性语言，则既能辅助有声语言，以增强表达效果，有时还能代替有声语言表情达意。使用体态性语言应该注意：说课者不能手舞足蹈，目中无人，特别是要注意和听者做好眼神交流。微笑能给说课现场营造轻松、愉快的情境，给自己带来自信和好的心境。手势语言要与有声语言相配合，辅助有声语言的表达。在姿态上，多用站姿，做到抬头挺胸，站稳站正。说课人在着装打扮方面，应从教师这一特殊角色出发，研究服装款式、发型、饰物的风格、视觉感受及观者的心理感受。

2. 解说技能

解说是说课的重要特征，解说包括解释和说明。解释就是对说课中知识的解释、分析和阐发，这种语言以简明、准确、条理清晰为要点，对某些观点等做出理论阐述。说明就是说清楚说课内容"是什么"和"怎样教""怎样学"。前者侧重于静态表述，常常运用概述法，如说教材，教师说清楚教材的知识结构、教学重点、难点等；后者则侧重于动态描述，常常以夹叙夹议的方法论述，如说教法、说教程等。

3. 议论技能

说课不仅要说清楚教什么，怎样教，而且要说清楚为什么这样教。实践表明，说课中的理论含量越大，理论水平越高，说课的价值就越大，因此，需要不断提高教师理论阐发、议事、论事的能力。主要表现为，证明、阐明和辨明3个方面。证明是对自己提出的观点，能拿出准确的事实或事例加以佐证；阐明则是，对自己依据的原理或原则能从内在因素和结构关系中揭示其本质；辨明，即通过比较、对比，以区分事理。因此，理论的逻辑顺序通常有就事论事、正反对比、夹叙夹议和由理而立等几种形式。在说课过程中，可以根据具体的情况和实际内容选择运用，要注意运用中的多样性，以避免议论的单一化从而降低议论的说服力。

二、评课中的语言表达

（一）评课的内涵与类型

评课即评价课堂教学，是听课活动结束之后的教学延伸。是指对课堂教学成败得失及其原因进行中肯的分析和评估，并且能够从教育理论的高度对课堂上的教育行为做出正确的解释。评课是加强教学常规管理、开展教育科研活动、深化课堂教学改革、促进幼儿发展，推进教师专业水平提高的重要手段。

评课是教学、教研工作过程中一项经常开展的活动。评课的类型很多，有同事之间相互学习、共同研讨的评课；有学校领导诊断、检查的评课；有上级专家鉴定或评判的评课等。

（二）评课的意义

1. 有利于促进教师转变教育思想

先进的教育思想不仅是课堂教学的灵魂，也是评好课的前提。评课者要评好课，必须研究教育思想。在评课中，评课者只有用先进的教育思想、超前的课改意识去分析和透视每一节课，才能对课的优劣做出客观、正确、科学的判断，才能给授课者以正确的指导，从而促进授课者转变教育思想、更新教育理念、揭示教育规律、促进幼儿发展。

2. 有利于教师提高教育教学水平

在评课中，评课者必须十分注意去发现、总结授课者的教学经验和教学个性，要对教学者所表现出来的教学特点给予鼓励、帮助总结，让教师的教学个性由弱到强、由不成熟到成熟，逐步形成自己的教学风格。

3. 有利于教学反馈、评价与调控

通过评课，可以把教学活动的有关信息及时提供给师生，以便调节教学活动，使之始终目的明确、方向正确、方法得当、行之有效。评课的目的不是为了证明，而是为了改进，以有利于当前新课程的教学，它集管理调控、诊断指导、鉴定沟通、反馈及科研于一体，是研究课堂教学最具体、最有效的一种方法和手段。

（三）评课的方法

1. 评课目标设定

教学目标是教学的出发点和归宿，所以，评课首先要评教学目标。首先，从教学目标制定来看，要看是否全面、具体、适宜。其次，从目标达成来看，要看教学目标是不是明确地体现在每一个教学环节中，教学手段是否都紧密地围绕目标、为实现目标服务。

2. 评教材处理

在评课时，授课者对于教材的组织、处理是否精心也是评课的重点。教师必须根据教学内容、教学目的以及幼儿的知识基础、认知规律、心理特点，对教材进行合理的调整，充实与处理，重新组织、科学安排教学程序，选择好合理的教学方法，使教材系统转化为教学系统。

3. 评教学程序

教学目标要在教学程序中完成，教学目标能不能实现，要看教师教学程序的设计和运用。因此，评课就必须要对教学程序进行评析。教学程序评析包括以下两个主要方面：

（1）看教学思路设计。

评教学思路，一是要看教学思路设计符不符合教学内容实际、符不符合幼儿实际。二是要看教学思路的设计是不是有一定的独创性、超凡脱俗，给幼儿以新鲜的感受。三是要看教学思路的层次、脉络是不是清晰。四是要看教师在课堂上的教学思路实际运用是否有效果。

（2）看课堂结构安排。

课堂结构侧重教法设计，反映教学横向的层次和环节，也称为教学环节或步骤。通常，一节好课应结构严谨、环环相扣、过渡自然、时间分配合理、密度适中、效率高。

4. 从教学方法和教学手段上分析

教学方法是指教师在教学过程中为完成教学目的、任务而采取的活动方式的总称，是"教"的方法与"学"的方法的统一。评析教学方法与教学手段包括以下几方面的主要内容：

（1）看教学方法是否得当。

一种好的教学方法总是相对而言的，它总是因课程、学习对象、教师自身特点而相应变化的。也就是说，教学方法要恰当选用。

（2）看教学方法的多样化。

教学活动的复杂性决定了教学方法的多样性。教师的教学方法要具有多样性，才能使课堂教学常教常新、富有艺术性。

（3）看教学方法的改革与创新。

教学方法的改革与创新包括课堂上的思维训练的设计、创新能力的培养、主体活动的发挥、新的课堂教学模式的构建、教学艺术风格的形成等。

（4）看现代化教育手段的运用。

信息技术为教师提供了更广阔的知识空间，已成为教师教学的工具与幼儿学习的工具。但在运用现代化教学手段时，要注意适时、适当。

5. 从教师教学基本功上分析

教学基本功是教师上好课的一个重要方面，所以评析课还要看教师的教学基本功。通常教师的教学基本功包括板书、教态、语言、教具等。

6. 教学方法指导

（1）要看教学的目的要求是否明确。

（2）要看教学的内容是否熟悉并付诸实施。

7. 评能力培养

即评价教师在课题教学中能力培养的情况，可以看教师在教学过程中，是否为幼儿创设良好的问题情境，激发幼儿的求知欲？是否有助于培养幼儿敢于独立思考、敢于探索、敢于质疑的习惯？是否有助于培养幼儿善于观察的习惯和心理品质？是否有助于培养幼儿良好的思维习惯？等等。

（四）评课的语言表达

1. 真实、具体

评课的语言应做到真实、有效、实事求是，正确把握评课的角度和艺术。在评课过程中，可适当举出课程中的例子做具体的说明，语言要准确、简洁、干练；也可从一堂课整体的角度对优势与问题做概括性的总体说明，语言要有多样性、针对性和理论性，使评课活动真正成为促进教学质量的一种有力保障。

2. 坦率、诚恳

坦率、诚恳的评价是评课者必须具备的一种修养和素质。评课是以发现问题、促进教改、指导教学、共同提高为目的的教学活动，授课者和评课者都应以积极、正面的心态对待教学中出现的问题，悉心研究、共同探讨，坦率、诚恳有利于形成良好的研究氛围，切实提高教研的质量。

3. 肯定、鼓励

评课应该秉持求真的观点，但任何层次的课、任何人上的课都不可能是十全十美的，也绝不是一无是处的，所以评课人的语言应注重肯定性与鼓励性。通常情况下，评课应该多赞扬、少批评，在肯定优点的同时，直言不讳地指出需要改进的方面，但是批评应该注意方式、讲究策略，不要引发负面的对抗或消极情绪，从而真正促进课堂教学的改进与提高。

 案例描述

小班语言活动：儿歌《耳朵》说课稿

各位领导、各位老师：

大家好！今天我说课的内容是小班语言活动儿歌《耳朵》，此活动选自辽宁省幼儿园教育活动教材——小班儿歌。

一、说活动的教材

《耳朵》是一首符合该年龄段孩子的特点，并且简单、富有童趣的儿歌。语言比较简单，有重复，生动形象，有利于小班的幼儿理解与学习。儿歌介绍了不同小动物耳朵的特点，可以让幼儿知道小动物们的耳朵都长成什么样子，有什么本领，重复的问答，适应小班幼儿的语言发展水平。

在日常生活中，我们就常带孩子做一些有关小动物的游戏。如音乐活动《小花狗》《小兔和狼》等，还有手指游戏《手指变变变》等，让孩子们对小动物们并不陌生，还有很熟悉的感觉。孩子们也很喜欢，更容易理解，这也是我选择这个儿歌的主要原因，使孩子们在对动物的认知中有一个明显的提高和进步。

二、说活动的目标及重点、难点

1. 说活动的目标

根据儿歌及我班幼儿的特点，我从认知、能力及情感3个层次，制定了活动的目标如下：

（1）使幼儿喜欢说儿歌，理解儿歌内容。

（2）能用肢体动作表现儿歌的内容。

（3）学会热爱小动物，体验表演儿歌的乐趣。

 分析

第一条目标是主导目标，通过这个活动，让幼儿喜欢表达朗诵，从而发展幼儿的语言表达能力。我认为小班初期要注重对幼儿语言表达和理解的训练，所以我在目标中，体现了这一点。

第二条是能力目标，模仿小动物的动作特点。让幼儿通过了解小动物特征，生动形象地表现出来，从而喜欢上它们。

第三条目标，情感目标。可以使幼儿喜欢小动物，喜欢表演。

2. 说活动的重点

活动的重点就是让幼儿理解儿歌的内容，学会儿歌。

分析：我们在制定重点难点时，是从活动的目标出发，因为，是语言活动，又是以儿歌的形式出现，在理解内容的基础上学说儿歌，就成了本次活动的中心和重点。

3. 说活动的难点，用动作来表演儿歌

 分析

因为幼儿比较小，手口协调能力还不是很强，所以容易光说不做或只做不说。在此，我们要让幼儿在熟练说出儿歌的基础上，加以动作模仿。

三、说活动准备

（1）猫、猴、兔、马、狗图片一套。

（2）猫、猴、兔、马、狗耳朵图片两套。

（3）捉迷藏，图片一张，并配有能遮挡动物的活动图片：树、石头、草丛、蘑菇、房子。

（4）猫、猴、兔、马、狗头饰与幼儿人数相等。

四、说活动的设计流程

本次活动我设计了6个环节，根据小班幼儿的年龄特点，第一个环节，我用观察的方式，让孩子们认识了小动物。第二个环节，我制定了游戏的方式，引起幼儿的兴趣，激发幼儿学而思的欲望，发展幼儿的动脑思维能力。第三个环节是完整欣赏，熟悉儿歌中的小动物和它们的特点。（主要针对第三、四个环节设计本次活动的第一个目标，也是本次活动的重点。）第四个环节是以游戏的方式，强化幼儿对儿歌中句子的理解和表达。第五个环节是让幼儿根据自己扮演的角色，模仿小动物动作进行表演，也是本次活动的难点，是整个活动的高潮和延伸。第六个环节，鼓励幼儿有秩序地结束活动。

五、说活动过程

（一）谈话导入

出示猫、猴、兔、马、狗的图片，请幼儿观察。提问：图片上有哪些小动物，你喜欢什么动物？

（二）游戏《找耳朵》引出儿歌名称

（1）教师：小动物们要和小朋友玩一个找耳朵的游戏（出示猫、猴、兔、马、狗的耳朵图片）请小朋友到前面帮助小动物找到它们的耳朵，并贴在洞图片的旁边。

（2）教师：老师把这个游戏编成了一首好听的儿歌，名字叫《耳朵》。

（三）学说儿歌

（1）说说小动物耳朵特征：出示图片，请幼儿逐一说出尖、圆……

（2）认一认小动物：出示动物图片（掩住耳朵）及动物耳朵图片，请幼儿指认是谁的耳朵，说出特征：尖、圆、长……

（3）幼儿用肢体动作表现动物耳朵特征。

（4）教师完整示范说儿歌，幼儿根据图片学说儿歌，肢体动作表现儿歌。

（四）游戏：捉迷藏

（1）教师：小动物们在玩儿捉迷藏游戏，请你帮助它们找一找其他小动物们都藏在了什么地方？（出示捉迷藏图片）

（2）幼儿根据小动物露出的耳朵，猜猜藏在大树、石头、草丛、蘑菇、房子后面的是什么小动物，并用儿歌中的句子说出来，幼儿猜出后，拿下活动图片。

（五）表演：幼儿自由选择动物头饰表演儿歌

（六）游戏：送小动物回家

 分析

这是一篇比较成熟的说课稿。里面包含了：说活动的教材、说活动的目标及重点和难点、说活动准备、说活动的设计流程、说活动过程。如能再加一点"说教学反思"就会完整许多。所谓教学反思，就是对整个教学设计的总体把握，肯定一下优秀的部分，同时也总结一下不足之处，是为下次的教学做准备。

 拓展阅读

幼儿园大班：《彩色的阳光》说课稿

一、说活动目标

基于以上教材的特点及幼儿的年龄特点，我从以下3方面来制定本次活动的目标：

（1）通过自主观察、探索、发现太阳光是由红、橙、黄、绿、青、蓝、紫7种颜色组成的。

（2）借助各种材料学习探索发现太阳光的方法，激发幼儿发现身边事物本质的兴趣。

（3）初步尝试分格对应记录实验过程，培养协商交往能力。

二、说教材：

我从两方面来分析：

1. 活动背景

《新纲要》中指出：科学教育应利用身边的事物与现象作为科学探索的对象。本次活动《彩色的阳光》就是取材于我们身边最熟悉的一种现象：阳光。阳光虽然在我们身边，给我们的生活带来了很多方便，但很多幼儿都不知道阳光是多彩的。另外，基于阳光的不可见性，我决定通过各种材料，让幼儿在动手探索中去产生疑问，调节认识。

2. 幼儿的年龄特点

大班幼儿对自然界有着强烈的好奇心和探究欲望，他们已有一些动手操作的经验，但他们对物质世界的认识还必须以具体材料为中介和桥梁，在很大程度上借助于对物体的直接操作。所以我为幼儿准备了一些常见的材料，根据陈鹤琴"玩中学、玩中教"的思想，让幼儿通过玩一玩、看一看、说一说、填一填，认识太阳光的7种色彩。从玩一种材料到玩多种材料，从填简单的记录表到填复杂的记录表，我的每一个过程都是从幼儿的年龄特点以及认知特点出发。

三、说活动准备：

1. 经验准备

只有在了解幼儿原有经验的基础上，才能提升幼儿的经验，所以以下两经验是幼儿必有的：

（1）已经接触过简单的记录表。

（2）认识三棱镜，知道它的玩法。

2. 物质准备

根据《纲要》中指出"提供丰富的可操作的材料，为每个幼儿都能运用多种感官、多种方式进行探索提供活动的条件"，我做了以下3项物质准备：

（1）三棱镜人手一面。

（2）两类记录表《彩色的阳光》（含红、橙、黄、绿、青、蓝、紫），彩色笔4组加教师一张大记录表（上面没有材料的图片），及一份与大表大小匹配的材料图片。

（3）实验用品：肥皂泡、多棱面小球、CD光碟、透明薄膜若干。

天气要求：晴朗的天气。

四、说活动重、难点：

活动重点：利用各种材料发现七色光。

活动难点：分层次记录实验过程。

五、说活动过程

这次活动我分为以下几个环节来实施：

初玩材料，感知多彩—再玩材料，加深认识—课后延伸，巩固经验。

（一）玩三棱镜，初步感知阳光的多彩

1. 引发兴趣，发现阳光的色彩

师幼人手一面三棱镜

师："把三棱镜对着阳光看一看，你看到了什么？"

（我采用直接导入法，通过我自身的演示引导幼儿去发现阳光的奥秘，在幼儿发现问题的基础上，进入下一小环节。）

2. 记录简单的记录表

教师出示记录表："请你再用三棱镜对着阳光看一看，看到什么颜色就在颜色下的格子里打√。"

幼儿自由运用三棱镜观察记录。

（这里我请幼儿记录简单的记录表，唤醒幼儿已有的经验，为下面记录复杂的记录表打下基础。）

3. 反馈记录表

请幼儿边说边展示自己的记录表

4. 小结

师："这是谁的颜色？"

共同小结："原来阳光不是无色的，它是多彩的。"

（这一环节中，幼儿通过玩三棱镜这一种材料，发现了阳光的多彩。幼儿通过操作记录法，使这一问题在脑中变得更清晰，"那阳光到底有哪些颜色呢？"通过这一提问，自然过

渡到第二环节。)

（二）加深认识，寻找运用多种材料探索的方法

1. 介绍材料，引发探究欲望

师："老师也准备了一些材料，让我们一起来认识一下。"

师出示材料，并根据幼儿的回答在大记录表上贴上材料图片。

2. 认识记录表

（1）出示先前简单的记录表。

师："这张记录表和刚才的有什么不一样？"

（2）师介绍记录法。

师："我们先选一种材料对着阳光看一看，再在这种材料后面的格子里用√表示出你所看到的颜色。"

（3）游戏"你说我指"。

（幼儿是具体形象思维，所以在这一下环节中，我利用前记录表和新记录表比较，让他们通过直观的对比，认识新记录表。另外，这一环节我利用游戏解决了分层次记录这一难点，为下面的操作打好基础。）

3. 自主探究活动

（1）布置任务：

① 每个人选其中的两种材料玩一玩。

② 填写记录表。

（2）幼儿自由分组活动。教师个别巡视。

（3）反馈活动结果。

师："你用了什么材料？""你看到了什么颜色？"

请幼儿上台边回答边展示自己的记录表。（请4位选择不同材料的幼儿）同伴互相检查记录表。

六、总结延伸，区角玩一玩，巩固经验

1. 总结

师："太阳光到底有哪些颜色呢？"

请幼儿根据记录表总结：阳光是由红、橙、黄、绿、青、蓝、紫组成的。

2. 延伸

把材料投放到区角，请幼儿玩一玩自己没有玩过的材料。

 小贴士

评课是一门艺术、一门学问，如何评好课，直接关系到授课教师今后的工作与学习方向。

第一，从听好课入手，记录听课时的第一手材料。

第二，从记录的材料中，思考评课时应点评的内容。

第三，倾听授课教师的自评，做出对点评内容的取舍。

第四，思考以什么方式加以点评，实现点评的目的。

第五，加强学习，勤于思考，使点评别有一番风味。

项目四
幼儿教师与家长的沟通技巧

任务1 与存在不同教养误区的家长沟通
Misson one

学习目标

1. 幼儿教师要透过家长的言行与态度，了解家长的教养误区。
2. 通过良好的沟通策略帮助家长走出误区，以促进孩子的健康成长。

任务1.1　与包办代替的家长沟通

任务导入

晨晨上幼儿园不到两个星期就学会了自己吃饭、自己喝水，但是一回到家就等着爸爸妈妈、爷爷奶奶喂。老师对晨晨家长说孩子自己能做的事情，家长不要包办代替，以免影响孩子独立性的发展。晨晨家长告诉老师，孩子在幼儿园听老师的话，可是回家就不听话了，不喂就不吃，这样会影响孩子的健康。再说，孩子长大了，一定能自己吃饭，就再辛苦两年吧。

思考：假设你是晨晨的老师，面对这种情况，你该怎样与晨晨的家长沟通？

知识要点

一、了解包办代替的主要原因

学龄前阶段的孩子年龄小，需要大人的照顾，但是照顾过度就很容易形成包办代替。家长之所以包办代替有 3 方面的原因：一是特别爱孩子以致缺乏理性，认为爱孩子就要为孩子做好一切，不要让孩子受委屈。二是家长的养育习惯没有跟随孩子的发展而调整，仍然沿袭婴儿时期的养育方式，导致孩子衣来伸手、饭来张口，没给孩子动手锻炼的机会。三是包办代替比让孩子自己动手更加高效、利落、省事，否则孩子做得不好，家长还得为孩子收拾整理。

教师需要跟家长沟通包办代替的危害。从表面上看，包办代替让孩子舒服，让家长省事，实际上，它是阻碍孩子健康成长的"温床"。习惯了家长包办代替的孩子不但动手能力差，独立自理和抗挫折能力发展得缓慢，而且容易任性娇气。总之，孩子的许多不良习惯和个性特点都是家长包办代替造成的。

二、分析包办代替的表现形式

包办代替是当前家长存在的最常见的教养误区，在孩子成长的各个方面都广泛存在，主要有以下 5 种表现形式。教师可以根据每个家长包办代替的不同表现，进行有针对性的分析与指导。

（一）在饮食上包办代替：吃流食、吃碎菜、吃烂饭，不用孩子动牙

孩子都有一个从吃流食到半流食，再到主食的过程，而长期停留在只吃流食的孩子，容易导致只会吞咽、不会用牙齿咀嚼，这样不但吃饭容易噎着，而且不利于牙齿的发育，因为口腔里的酸性环境很容易滋生龋齿菌。另外，因为咀嚼还能刺激大脑活动，所以不咀嚼的儿童其大脑的发育也会受到影响。美国的一项医学研究发现，咀嚼少的儿童的智商普遍低于以耐咀嚼食物为主的儿童。

（二）在行动上包办代替：一出门就抱、就坐车，不用孩子动脚

现代生活条件越来越好，出行工具越来越便捷，于是不喜欢走路、出门就坐车的孩子不在少数，孩子行走跑跳的机会也因此大大减少。孩子的腿脚被包办代替了，会导致他们下肢肌肉力量的发展受到限制，进而影响整个身体的运动能力。因此，家长要鼓励孩子勤动手、勤动脚。

（三）在语言上包办代替：一个眼神或动作，家长即心领神会，不用孩子动口

有一个孩子 3 岁了还不会说话，妈妈有点着急，爷爷却说："没事，孩子只要长嘴巴就能学会说话，主要原因是你们总不在家，不了解孩子的心思。孩子只要一个眼神、一个动作，我就知道他想干什么，你们要不明白，就问我吧。"爷爷的误区就在于陷入了语言上的包办代替，没给孩子说话锻炼的机会。足够的语言听觉经验是孩子理解语言、模仿发音、学

会说话的基础。家长一声不吭地拿了玩具就递给孩子，减少了孩子的听觉刺激，同时也剥夺了孩子表达的机会，会阻碍孩子的语言能力发展。

（四）在思维上包办代替：孩子一遇到困难就帮助，不用孩子动脑

孩子特别爱问"这是什么""为什么"之类的问题，有的孩子遇到困难就爱说"怎么办""我不会，你帮帮我吧"，家长觉得仅仅是举手之劳就一帮到底了。实际上，思考问题、解决问题的能力在孩子几个月的时候就已经发展了，而 3 岁以上的孩子具有更高级、更复杂的思维能力。因此，家长不宜代替孩子思维。在孩子提出请求后，不必立即回答、立即帮助，要鼓励孩子动脑想一想、猜一猜，动手试一试、做一做，帮助他成为勤于动脑、勤于动手的聪明孩子。

（五）在情绪上包办代替：孩子一不高兴就满足，不用孩子动心

当自己的愿望得不到满足时，人们难免会不高兴。心智成熟的成人能够主动调节自己的情绪，而年幼的孩子管理自己情绪的水平较低，可能就会发脾气甚至大哭大闹。看到孩子这样，家长就心软了，于是满足了孩子的愿望。实际上，一味地满足孩子的愿望，换来的只是暂时的平静，孩子以后不但可能形成用发脾气来要挟家长的习惯，而且不断增长的愿望会越来越难以满足。孩子在日常生活和与他人交往过程中，难免会体验到失意、难过、伤心等不愉快的情绪，成人要帮助他们逐渐学会平衡自己的需求、调节自己的心理，只有这样他们才有能力享受真正的快乐。如果孩子一不高兴家长就满足其要求，是在情绪上包办代替的心理体验，不利于孩子健康心理的发展和良好性格的形成。

三、避免包办代替的策略

幼儿教师与这类家长沟通的时候，重点是帮助他们相信孩子自我成长的力量，放手锻炼孩子的自理能力。

（一）鼓励孩子动手做，宽容孩子做得不好的地方

孩子通常有很大的发展潜力，因此，持续的锻炼会提高孩子的动手能力。实际上，孩子天生就喜欢自己动手做事，但是因为通常在他们动手之前家长就已经为他们完全准备到位，甚至当他们坚持自己尝试时，有的家长还会阻止甚至批评他们，使他们的积极性、主动性受到打击，渐渐地他们就变得只会被动地等待家长的包办代替了。因此，教师要提醒家长不要怕麻烦，不要嫌孩子做得不好、不熟练、帮倒忙，要充满热情地鼓励孩子动手操作，并宽容孩子在操作中出现的失误。久而久之，孩子就会蓄积出强大的、自主成长的内在力量。

（二）经常启发孩子"试一试""想一想"

孩子经常会求助于家长，家长不要拒绝孩子的求助，也不要代替孩子动手动脑，要经常启发孩子"动手试一试吧，看看有什么新发现"或者"动脑想一想吧，你一直是个爱动脑筋的好孩子！"家长要始终视孩子为成长的主人，视自己为孩子成长的有益助手，这样会极大地促进孩子的自信心和独立性的形成。

（三）家长做一半，为孩子留一半

生活中的许多技能需要家长手把手地教给孩子，但这不意味着家长可以完全代替孩子。在教授某种技能时，家长可以先做一遍，然后让孩子模仿着做一遍；如果孩子不能完全独立地模仿，家长可以先做一半，为孩子留一半，使孩子处于半独立模仿的状态。比如，在帮助孩子穿衣服、系扣子、系鞋带时，家长可以只做一部分，剩下一部分留给孩子做。总之，我们成人要积极地为孩子营造一个从依赖到半独立的过渡空间，以促进孩子心智的健康成长。

 案例描述

不少家长将子女视为"小皇帝"，十分宠爱，娇惯无比，甘做保姆、奴隶，生活上包揽一切，学业上越俎代庖。早上起床时，父母匆匆忙忙地一边给孩子穿衣服，一边铺床叠被，还帮孩子整理好书包，帮他提书包，牵着孩子的小手走出家门，不放心地送到校门口。放学时，爸妈们早早等候在校门口，一见孩子出来赶紧上前帮助拎过孩子的书包，然后又牵着孩子的小手回家。在家里，吃饭时，帮他盛饭夹菜……

 分析

这样包办下去，会让孩子产生严重依赖心理，消磨掉孩子的独立精神。由于家长们过分溺爱，处处包办代替，使孩子们渐渐习惯于依赖他人，错失能力养成的机会。这样的孩子，没有独立性，甚至不具备基本的生活自理能力。面对这种情况，父母们应该下得了决心、狠心，不包办代替。孩子自己会做的事，应该做的事，放手让他们自己做，在做的过程中，培养动手能力，培养独立自主的精神，培养自我认识、自我发现的创新精神与探究能力。在成功中找到喜悦与自豪，在失败中找到经验与教训。

 拓展阅读

让包办代替淡出育儿理念

有一个上一年级的孩子，老师们发现这个小孩拿不住笔，拿了就掉。然后老师就跟家长说，你家小孩需要到医院里面去看一下，为什么他的手拿不住笔呢？家长听后非常着急，爸爸、妈妈、爷爷、奶奶、外公、外婆，一起带孩子去医院检查，结果把医生跟家长全部吓了一跳，这个6岁的孩子的肌肉从来没有被锻炼过！什么意思？就是他生出来以后，他的手指肌肉没有被用过，因为到现在他吃饭还是喂，他的肌肉没被锻炼过，所以他连笔都拿不住。他原先在母腹中就具有的肌肉运动能力现在都在退化！

中国的家长包办代替竟到了这样的一个程度，简直难以想象生活中竟有这样极端的案例。孩子是家庭的希望，是祖国的未来。因此，我们心中都有一个美好的愿望，可结果会不会如愿以偿呢？中国有一句俗语：富不过三代。为什么会这样，因为我们通常给孩子东西太完整了，不需要他动脑筋就可以得到。

华东师范大学学前教育专家周念丽留学日本多年，对这个现象做出剖析，她认为中国的家长太喜欢包办代替了。她拍了一个家长给六七岁孩子剥香蕉的图片，并且分析孩子的表情说，孩子认为这是理所当然的，甚至甘之如饴，殊不知家长正在剥夺孩子自己剥香蕉的权利。而日本的孩子基本上 1 岁就可以自己提裤子，在 2 岁的时候就可以自己穿衣服了，家长笃信的原则都是孩子能做的事情就自己做。

事实并非都是如此，国人在这方面也很早就有体察。

早在两百多年前曾国藩就曾经说过：看一个家庭的孩子有没有出息，就看 3 条：看这家孩子几点钟起床，看这家孩子是不是自己的事情自己做，看这家孩子是不是读圣贤书？他将自己的事情自己做看成是孩子是否成才的三大标准之一，这对于我们国人来说不能不是一个很好的警示，因为我们中国人太溺爱孩子，同时又太不会爱孩子了。

当你包办代替的时候，你剥夺了孩子自己练习摔跤和爬起来的机会，而这个机会是让他学会爬起动作、建构危机意识、发展平衡能力的机会。当你包办代替的时候，你剥夺了孩子自己剥去果皮的成就感，孩子也失去了习得事物之间相互关系，相辅而生的机会。当你包办代替的时候，孩子缺乏和食物之间的亲密接触的机会，而将食物这一和人生关联度最密切的物件永远看成是客体、对象而非亲密的重要之需。当你包办代替的时候，孩子永远看到的都是完型，而不是未完成的线条，你剥夺了孩子想象力的成长机会，损伤了孩子的创造和探究欲。

所以，请缩回你想要包办代替的双手，让它渐渐淡出你的育儿视野，当他脱离母腹、襁褓时，他就变成一个独立个体，世界就向他打开了，在这幅生动唯美的世界图景之前，让他自由体验吧，因为体验才能昭示存在之价值。

（资料来源：孕育网 http：//www.wybbao.com/，有删改。）

小贴士

家长检验自己是否包办代替的几个小贴士

1. 孩子会走路时，摔跤是不是自己爬起来？
2. 孩子会走路后，爬高上低的时候是阻止还是提醒他危险的存在？
3. 孩子 3 岁前，香蕉皮、鸡蛋壳、橘子皮之类易于处理的东西是不是让孩子自己做？
4. 孩子 3 岁前，简单的衣物是不是自己穿？
5. 当孩子自己尝试做事情的时候是不是鼓励？
6. 当孩子自己尝试做事情失败后是鼓励还是阻止？
7. 孩子是不是有个闹钟自己按时起床？
8. 孩子每天穿什么衣服是孩子自己选择吗？

（资料来源：http：//blog.sina.com.cn/databak.）

任务 1.2　与崇尚孩子自由的家长沟通

任务导入

约翰跟着爸爸妈妈回国定居不久。在幼儿园里，他总是用玩具砸别人或地面。有的孩子被砸到了，就愤怒地用手去抓约翰，在约翰的脸上留下了几道红印。约翰的妈妈看到了并没有护短，她认为，约翰砸了别人、别人打还过来是应该的，这样约翰就知道以后该怎么办了。此外，约翰在班里从来不坐凳子，而是站在椅子上或者坐在桌子上。教师告诉约翰的妈妈后，他妈妈说没有关系，孩子在家里还爬电视机呢，所以专门买了没有辐射的电视机。约翰妈妈说，让孩子自由发展有利于培养他的个性和创造性。约翰父母的观念给孩子的入园适应带来了很大障碍，也给教师出了难题。

思考：假设你是约翰的老师，面对这种情况，你该怎样与约翰的家长沟通？

 知识要点

一、了解家长的认识误区

孩子的健康成长需要自由的生活空间与精神空间。成人因为担心孩子出危险而限制孩子的活动，或者希望孩子按照自己的愿望生活而限制孩子的想法，都容易导致孩子将来形成缺乏主见、唯命是从的性格，这是一种在未来社会没有竞争力的性格。所以，过度限制孩子是错误的，但是让孩子过度自由也是不行的。

婴幼儿以自我为中心的思维特点，决定了他们主要是从自己的需要出发，与外界发生各种关系。如果一切都顺应孩子的本性，他们就学不会与他人打交道的礼仪常识和规则，导致为所欲为的倾向。孩子长大后形成的许多不良行为习惯，如好动、不服管教、攻击性强等都与成人过度满足孩子的自由需要有关。从另一角度来说，人人都有自由的权利，但一个人的自由不能以侵犯他人的自由为代价，为了自己的自由而影响和干扰到别人的自由，是自私的、不文明的行为。因此，自由过度的教养态度培养出来的是孩子的任性而不是良好的个性。

二、与家长沟通的策略

与这类家长沟通的时候，重点是帮助他们辩证地把握自由与规则的关系，把培养孩子的个性与社会性有机结合起来。

（一）引导家长相互尊重，营造和谐的沟通氛围

约翰的妈妈之前一直带着约翰在国外生活，秉持着西方的教育观念教育孩子，所以教师在与其沟通中产生的困惑主要源于国内外教育文化和教育观念的不同。国外幼儿园的师生比大于国内幼儿园，所以孩子的自由活动空间更大；国外的家长也更加尊重儿童的自由权利，他们不但尊重自己孩子的自由，也尊重其他孩子的自由，所以能以淡定、宽容的态度看待孩子之间的矛盾与冲突。而我国绝大部分家庭都是独生子女，把孩子地位特殊化的现象普遍存在，家长对孩子的事情很重视也容易紧张。这是两种不同的教育文化，我们不能简单地断定孰是孰非。因此，教师在与家长沟通的时候，需要引导家长相互尊重彼此的文化传统，营造和谐的沟通氛围。

（二）与家长就事论事，避免在抽象观念上争执

观念是通过对社会生活的长期和反复体验，并接受相关的知识文化教育而逐步形成的。观念一旦形成，则很难改变。每个人都会选择与自己所处的生活环境相一致的观念体系用于解释并指导自己的言行。比如，约翰的妈妈认为自己在国外带孩子的经验很成功，于是回到

国内仍然希望延续自己的生活态度与教育观念，并对自己的观念坚信不疑。事实上，世界上不存在放之四海而皆准的真理。面对千差万别的生动现实，每个人都需要具体问题具体分析。因此，教师要避免与家长在抽象的观念层面谈论，而是就事论事，以解决现实问题为主。比如，约翰总拿玩具砸他人是存在安全隐患的，家长不能因为孩子侥幸没砸着别人或者没导致他人受重伤而放纵他的这种行为习惯，因为玩具是用来玩的，孩子喜欢投掷这个动作也需要专门的场地和一定的游戏规则，所以，家长需要培养孩子以尊重他人安全为底线的自由意识。

（三）指导家长与孩子建立起权威型的亲子关系

有一位过度尊重孩子自由的母亲，带着自己 2 岁的孩子去串门，一到朋友家里，孩子就开始拽她的头发，把她出门前收拾得整齐的发型拽得一塌糊涂，但是她依旧不对孩子说"不"。现在孩子已经 5 岁了，缺乏基本的规则意识，对大人和教师的劝告充耳不闻，而且伴随着动作的发展，还时常会制造出一些"危险"和"事端"，惹得其他小朋友都远远地躲着他。可见，真正的自由并不是任意妄为，而是自律。自律是自由与规则的有机统一体，孩子最终的成长应该体现在自律意识与自律行为的发展，以及有一定的自我控制能力。研究发现，放任型的亲子关系容易导致孩子过度自由，专制型的亲子关系容易伤害孩子的个性自由，而权威型的亲子关系则有助于发展孩子的自律与自我控制能力。权威型的家长既对孩子有适当的教导与管理，又鼓励孩子发展独立性。权威型家长与孩子间的交流、沟通和商量的就会比较多，使孩子在理解的基础上逐渐内化家长有益的教导，让孩子遇到困难、犯了错误不害怕、不逃避、不撒谎，而是坦然接纳现实、积极接受帮助、主动调节自我，因此，使孩子真正成为自我控制的主人。

（四）与家长同读一本书，放松地讨论读书心得

自由主义倾向的教育观念很受年轻家长的认可。其中，一个主要原因是年轻的家长喜欢阅读亲子教育类书籍，而许多书籍又充斥着批判现代教育的内容和观念，有的观念还比较偏激，导致辨别是非能力差的家长对书中的观念和内容断章取义。似乎一谈到"坏教育"就是限制孩子发展的种种规则与制度，一谈到"好教育"就是倡导个性飞扬的自由生活与环境。实际上，书中的许多说法是具有一定的国情背景、文化传统和个体差异的，在某种情况下是正确的观念，换一种情况就不是绝对正确的，甚至是错误的。为了与家长深入沟通教育观念，教师可以询问家长最喜欢读的书是什么、最欣赏书中的哪一段话以及对这一段话是怎么理解的，然后有针对性地翻阅书中的相关内容并冷静思考，再找个合适的时间与家长交流自己的看法。因为双方谈论的内容是针对书籍而言，避免了直接面对彼此间的观念冲突，从而可以放松地讨论读书心得，而讨论本身又具有相互理解与相互影响的作用。

 拓展阅读

我有一个"攻击性"的孩子

当你秉承"爱与自由"的观点充分理解孩子，希望给他自在的成长空间时，不可避免

会遇到来自周围人的质疑——哪个环境能容纳一个攻击性的孩子啊！

本期我们探讨的是，如何帮助家长把理解孩子、支持孩子的优势放大，真正地帮助孩子适应及成长。

倾诉人：王跃，32岁，儿子小石头，4岁

感受：苦闷、孤立、不被理解

自述：

每个小区都有一个"刺儿头"，不是打得这家孩子哇哇大哭，就是把那家小朋友的玩具抢走，所到之处鸡飞狗跳的。从儿子一岁半开始，我就不得不慢慢接受，我们家小石头，就是这么个"小魔王"。

我非常欣赏"爱和自由"的育儿观，从孩子出生，我就在尽自己最大的努力去接纳小石头。我爱他的优点，也包容他的缺点。他经常闯祸，我告诉自己，这不就是孩子吗？哪能天生就懂事。别人都烦他，我如果再给他伤口上撒盐，不站在他身边，那他该多可怜？所以，每次，我都是坚定的护卫着他。

可反对的人越来越多了。幼儿园老师见到我就告状，有的家长也开始孤立我，甚至当面指责我。我想，我还是会继续支持儿子的，只是周围环境的不认同，让我也很难过。

这是九月份发表在《时尚育儿》杂志上的一篇文章，分享给大家。

见证者说：

有一次小石头和我儿子趴地上玩土，我们几个妈妈在稍远处聊天。也不知道两个人怎么了，小石头突然跳起来追着我儿子打。一看这情景我连忙冲上去拉开他们，气不过就说了小石头两句，这孩子立马发飙了，大哭大闹的。小石头妈妈却一句话都没说，只是追着小石头安慰他。后来我就很少让小谦和他玩了。

——小区邻居谦妈

在班里我真的不知道拿他怎么办。他几乎打遍了所有的孩子，曾经还冲我脸上吐过唾沫。我和他妈妈沟通，她反问我："那他为什么会打人？一定有人招惹了他。"现在，我把他安排在教室的最后一排。

——幼儿园老师沫沫

他10个月大开始抓头发、扔东西，到后来经常咬人、掐人、踢人，我们都时刻防着，一出现这类行为马上制止。另外，我和他妈妈都不是爱争斗的人，即使有了争执也都会避着他，不让他受到坏的影响。真不知道为什么会这样？

——小石头爸爸

过去，我们常常以为攻击性的孩子，家庭里一定是充满了攻击性的管教方式，孩子才会在父母的行为中习得用攻击性来表达自己的愤怒，用攻击性来表达自己的力量。现实的生活中，却有越来越多"温柔的父母"，从不与人发生争执和冲突，凡事忍让，可孩子却成了幼儿园里的调皮蛋，这是怎么回事？

孩子的攻击性从何而来？

从周围人中习得的。当家庭和同伴用攻击性的方式去表达情绪、力量感和权威感，实现自己的愿望等，孩子确实会习得这样的行为。电视节目中出现大量的攻击性行为，孩子也会从中习得。在这些因素中，父母的示范作用的影响力是最大的。

能获取实际的好处。孩子攻击他人后，不管态度上是不是会受到批评，但会获取实际的价值。如抢东西，就是能成功；如攻击别人，就是能让自己获得权威感和力量感……

当孩子在出现攻击性行为时，父母的反应大。比如，父母很生气、情绪很激烈，表现出紧张或者严厉批评教育孩子等。而对于年幼的孩子而言，惩罚和批评都是强化他行为的方式，因此，这样的行为很容易反复出现，并且在反复中逐渐给自己贴上一个大大的标签，"我是一个喜欢打人的孩子！"

语言、情绪能力、延迟满足能力的发展。

语言发展不充分的孩子，容易借用肢体表达，表现出攻击性。年幼的孩子，需要有足够的发展空间，如果生活的物理空间不充足，孩子也容易出现攻击性行为。4~8岁的孩子，攻击性会随着情绪能力和延迟满足能力的提升，逐渐进入一个下行的过程，比如，4岁多的孩子，开始出现语言的攻击，这就是在抑制自身肢体的攻击性所呈现的状态，这是一个不小的"进步"。慢慢地，他会逐渐整合，发展出友善与合作的行为方式。

攻击性不等于"坏"。

很多人认为，攻击性行为是"暴力"的，是"坏的"。但心理学家一般认为，只有孩子意识到他所做的事时，才是暴力。一般来说，六七岁以下孩子的攻击性只是能量的释放，并不在道德范畴之中。

在这个年龄段之前的孩子，攻击性是正常的，甚至可以说是必要的。

攻击性与孩子的探索性、好奇心，在心理根源上是同源的。只是表现出破坏性时，我们常称之为攻击性；表现出开拓性时，我们称之为探索性。年幼的孩子第一次出现攻击的行为时，不管是不是真的想打人，都是探索的一种尝试。

但是，这并不意味着完全放任自流。低龄的孩子也需要大人告诉他，他的攻击性必须有限度，这样将来才不会演变成暴力。

3岁，一个重要的转折期。3岁左右对于孩子攻击性发展是一个非常重要的转折期。如果孩子这个年龄之前的很多打人或者类似的行为，总被我们泛泛地禁止和批评，孩子很容易怀疑自己。

我们需要帮助孩子管理好攻击性行为，并且寻找到可能的、更好的行为方式。

比如，跟孩子分享愤怒的感受：很生气，很激动，很想把那个威胁到自己的人"打跑"。但是也要告诉他：想和做是不同的，如果只是想想是没有关系的，但是如果真的打人了，会给自己和他人惹来麻烦。

我们可以和孩子去想一些更好的办法，比如，学会用言语表达，让别人知道"我怎么了，我想要什么"。比如，用交换、交朋友、分享的办法来实现想要拥有的想法。

爱和自由之外，需要有明确的界限。和小石头的妈妈一样，很多崇尚爱和自由的父母，往往太想给孩子自由发展的空间，担心自己的指导会给孩子束缚，进而害怕给孩子指导。这样的父母，初衷是非常美好的，但是由于缺少规则，并且接受的指导又往往过于专制，所以孩子一遇到指导、规则，往往手足无措。

什么可以，什么不可以，这两方面都需要让孩子知道，才是完整的指导。如果我们有等待的时间，有对孩子的观察，帮助孩子去理解自己的需要和情绪，也理解他人的感受和需要，我们的指导就是给孩子成长真正的帮助。并不是说所有的指导都会成为控制和束缚孩子成长的工具。

　　给孩子美好和幸福，是做父母的理想和责任。但是不要忘了，我们养育的终极目标是让孩子适应社会。要知道，周围人也好，幼儿园也罢，对孩子有要求是正常的，孩子需要在不同的情境下学会适应。

　　爱和自由，并不意味着回避冲突。回避冲突的温柔的父母，给孩子呈现出的是对攻击性的害怕或者反感。一方面，冲突和攻击是每个系统都会客观存在的成分，父母如果害怕、回避冲突，又在养育过程中，让孩子的本能得以保护，孩子可能就会成为家庭这个系统中，冲突的表达者及冲突的释放者。

　　另一方面，如果父母自身反感冲突，孩子可能会因为攻击性的行为得不到接纳而反复出现这样的行为。对于孩子而言，他的攻击性只是在不断地验证，他和爱他的父母之间的情感纽带，是否能经得起考验，是否在自己表现"不好"时，就无法得到父母的爱。

　　改变孩子的攻击性，指导和接纳缺一不可。家里有一个爱打人的孩子，父母和孩子都会面临很大的社会压力。而面对班里攻击性的孩子，老师和学校的压力也是非常之大。我们需要帮助孩子知道，有哪些方式不用攻击也能实现自己的目标。我们的老师和更大范围的社会舆论，也不要因为孩子一出现攻击性行为，就给他贴上"坏孩子""捣蛋孩子"的标签，要知道，成长需要无数次"错误"的体验，要想孩子能够改变，指导和接纳缺一不可。而攻击性，对于目前整个社会和文化而言都是非常具有挑战性的。我们喜欢美好、崇尚和谐，这本身并没有问题。但是，如果我们不能给攻击性一个可以容纳、可以合理存在的空间，是很难有真正的和谐和幸福的。

　　攻击性，需要有一个心灵的房间可以居住，这样我们才能在需要勇往直前、开拓进取时，请它出来帮忙；在我们面对强敌、需要热血刚强时，请它出来帮忙；在我们享受和谐美好生活时，感谢它带给我们的安全。

（资料来源：http：//blog.sina.com.cn/weishizixun）

任务1.3　　与过度关注孩子的家长沟通

 任务导入

　　一般情况下，小朋友都是由一个家长护送到幼儿园。然而，孔老师发现淑涵小朋友经常是由爷爷、奶奶和妈妈3个人一起送到幼儿园，淑涵爸爸只要能抽出时间，也会尽量接送孩子。如果遇到家长开放日活动，一定是爸爸摄像，爷爷从一个角度照相，妈妈从另一个角度照相，奶奶则随机协助。淑涵妈妈对老师说："我们家什么都不缺，照顾好、教育好淑涵就是我们家最大的事，请老师对我女儿多加关照。"在家长的关爱下，淑涵长得聪明、漂亮、可爱，但是心思却比别的孩子重。一天，莉莉发烧了，老师对她很关心，户外活动的时候一直拉着她的手。淑涵看见了，玩游戏的时候心不在焉，时不时地看着老师。从户外回到教室之后，淑涵终于忍不住了，指着莉莉对老师说："我不喜欢她，她丑死了！"老师很诧异淑涵怎么说出这么难听的话，但也明白淑涵是嫉妒莉莉今天得到了老师更多的关注。

思考：假设你是淑涵的老师，面对这种情况，你该怎样与淑涵的家长沟通？

 知识要点

当今社会，家长的文化程度越来越高，加上孩子多是独生子女，所以家长对孩子也越来越重视。有些家长更是一意孤行，认为自己的教育观是最正确的。因此，也就出现了很多对孩子"关心过度"的家长，表现为对子女操心过多、忧虑过多、指导过多、监督过多、给予物质照顾过多，结果反而抑制了孩子的独立性和完整个性的发展。

一、分析过度关注给孩子带来的危害

孩子需要成人的关注，但是过度关注对孩子有害。过度关注孩子的家长往往一切以孩子为中心，强化了孩子的"以自我为中心"的思维特点，影响了孩子从客观的角度去理解和接纳他人、与他人平等交往、遵守规则及尊重外在环境等，使孩子陷入"唯我独尊"的狭隘世界。

王老师的女儿佳佳在王老师所在的幼儿园上学。从上幼儿园的第一天起，佳佳就得到一些教师的"特殊关照"。这些教师见到佳佳，不管是什么场合，都喜欢逗逗佳佳，久而久之，导致佳佳形成了"特殊化心理"，让她觉得自己就应该是大家关注的焦点，进而脾气逐渐变得骄横、霸道。佳佳时常拿"我妈妈是幼儿园老师""我让我妈妈狠狠地批评你"威胁与她"作对"的小朋友，不能与同伴和睦相处。佳佳的这种不良变化，是入园之后教师的过度关注造成的。

每个孩子都有自己的心理空间和思想意识，过多的干预与关照会减少孩子锻炼自己的独立性、坚强品质、创新能力以及解决问题的机会，阻碍孩子思维的客观性及社会性品质的发展。从成长的规律来说，孩子不被过度关注反而能获得更大的自由空间，能够按照自己的速度和节奏在平稳的环境中健康成长。"静悄悄的成长"是孩子形成独特风格与个性所必需的。

二、走出过度关注的误区

与这类家长沟通的时候，沟通的重点是帮助他们理解适度关注才是有利于孩子身心健康发展的，并帮助他们掌握适度关注孩子的具体方法。

（一）向家长阐述幼儿教师关注孩子的特点

几乎所有的家长都希望自己的孩子受到教师的重视，希望孩子在幼儿园像在家里一样，得到细致的关心与照顾。家长爱护孩子的心理是可以理解的，但实际上，并非所有的重视都有必要。在幼儿园集体生活中，教师对每个孩子的基本情况都是心中有数的，但教师最关注的是那些能力相对较弱和行为习惯相对较差的孩子，重视这些孩子有利于提高班级幼儿的整体水平。可见，有的孩子不受重视，反而说明孩子很能干。

（二）培养孩子乐于为他人喝彩、乐于帮助他人的品质

以自我为中心的孩子不易接受别人的优点、长处和成功，但是经过家长的引导，这种情况可以得到改善。比如，当家长听说某个小朋友获得了奖励、取得了好成绩时，不要立即批

评自己的孩子不如他人，而是要先鼓励孩子接纳比自己优秀的同伴，为小伙伴喝彩、祝福，从而培养孩子宽广、谦虚的胸怀；当其他小朋友有困难了、退步了或者被批评了，要引导孩子学会同情和帮助他人，而不是幸灾乐祸。

（三）正面鼓励孩子，不要一味地哄劝孩子

孩子特别需要家长的表扬和鼓励来建立信心，于是有的家长一味地、夸张地表扬孩子，即使孩子做了不对的事情，也把责任向别人身上推。孩子长期被这么哄着，久而久之就不愿意承认和学习他人的优点，不接纳和嫉妒他人的事情也就随时有可能发生。比如，当孩子因为在一次比赛中输了而特别伤心时，有的家长就会说："他有什么了不起的？我们也行！"这样眼下安慰了孩子，但是却对孩子进行了错误的引导。家长应该正面鼓励孩子："人家学会了，我们经过学习也一定能行！咱们回家试试吧！"

在玩棋、扑克牌、拍球等亲子游戏的时候，别给孩子总是造成他胜利的假象。幼儿与成人的思维方式不一样，成人觉得让让孩子没关系，儿童却把游戏当成"工作"一样对待。家长应该让孩子在游戏中学习尊重规则与结局，不应以自己的喜好与意愿随便改变规则。

（四）不助长孩子争强好胜、唯我独尊的心理

孩子在集体生活环境中会有攀比和竞争心理，教师和家长要引导孩子向良性竞争发展，不助长孩子争强好胜、唯我独尊的心理。比如，在游戏角色的分配中，孩子们都希望自己做主角，成人要引导他们轮流做主角，而不是只能自己做主角、不给他人做主角的机会。对于能力较强的孩子，要培养他们谦虚、友善的态度，要让他们懂得尊重他人，不要恃才傲物。

 案例描述

从开学后的第二周开始，洋洋妈妈每天上下午都会打电话给老师，一是询问洋洋心情怎么样，有没有哭；二是询问她午睡睡着了没有，有没有咳嗽。

随着一级幼儿园评估新标准的出台，洋洋所在的幼儿园对一日生活内容和作息进行了改革，将户外自主活动时间延长到了一个小时。结果，洋洋每天上幼儿园的时间也自动调整到10:20，因为10:20是户外自主活动结束的时间。这样的情况持续了两天后，教师就主动跟洋洋妈妈进行了交流。洋洋妈妈表示，洋洋体质敏感，不适合长时间的户外剧烈运动，只能等户外活动结束后再来。教师考虑到洋洋的敏感体质，对洋洋妈妈表示会根据孩子的个别体质进行特殊照顾。本以为这件事情已经得到了解决，没想到两天后教师又收到了洋洋妈妈的QQ留言："我想老师能不能向幼儿园领导反映一下，大风天，虽然天气晴好，但是气温低，对小孩特别是过敏的孩子影响很厉害。我打听到我们同事家的小孩所上的幼儿园，就没有这样的活动，只有做早操。"

 分析

是什么原因导致洋洋妈妈对孩子如此关注呢？经过了解，有以下两方面因素：

1. 孩子的身体素质导致家长过度担心

洋洋的身体属于敏感性体质，皮肤一被风吹，就会发出一大块红色的疹子。此外，她

还被鼻炎、支气管炎等慢性疾病困扰。她一生病往往就会持续个把月，中药、西药、雾化更是成了生活中的必需品。鉴于此，洋洋妈妈对洋洋的身体非常关心，一有风吹草动，就紧张不已。

2. 家庭问题导致家长忧虑过多

一个家庭如果很和谐，那么家长的教育观相对而言也会比较正向；反之，就会出现各种各样的问题。据了解，洋洋爸爸是教官，对待孩子就像对待自己的学生一样严格；洋洋妈妈则以孩子为中心，样样随着孩子。两个人经常为了孩子的教育问题发生争执。洋洋爸爸由于平时工作比较忙，就把教育孩子的问题交给洋洋妈妈，洋洋妈妈似乎为了证明自己的教育方式是对的，对孩子就格外用心，以至于出现过度关心的问题。

针对以上分析，在面对洋洋妈妈这种过度关注型的家长时，教师应可以采取以下措施：

1. 用心呵护，先行一步

案例中，洋洋妈妈过度关注的主要是孩子的身体健康方面。对于体弱儿，教师应该予以特别的关注。比如，户外活动的运动量要适宜，要根据孩子的出汗情况，运动前给孩子背上垫块吸汗巾，及时地提醒孩子穿脱衣服，运动结束后及时把吸汗巾取出来，提醒孩子补充水分，等等。教师只要用心呵护孩子，行动上先家长一步，相信家长一定能感受得到，从而对教师建立信任。

2. 换位思考，理解至上

案例中，洋洋妈妈一天要给教师打两次电话，教师可能对此有点反感；但是反过来站在洋洋妈妈的角度想，她只是担心自己的孩子，这是再正常不过的事情了。如果教师能主动打电话给洋洋妈妈，和她交流洋洋在幼儿园的情况，不用几次，洋洋妈妈就会感到放心、安心了。

3. 平等对待，沟通无碍

洋洋妈妈提出了关于"户外自主活动"的一些想法，有些还是比较中肯的。教师首先应该肯定其积极的一面，然后结合为何开展以及如何开展户外自主活动解释给洋洋妈妈听，让她了解这样做的目的及好处。同时，也可以请她到幼儿园现场观摩孩子运动的情况，眼见为实，更能得到家长的认同。

4. 以幼儿为本，家园共赢

对于那些被家长过度关照的孩子，教师平时应多观察他们，发现并充分发挥他们身上的优点，使他们感受到自己在集体中的价值。案例中，洋洋小朋友不仅聪明活泼，还是一个能力比较强的孩子，平时总是像一个大姐姐似的帮助其他小朋友。因此，教师可以鼓励她当值日生或者小老师，为其他小朋友服务，或者帮助教师做些力所能及的事情，让她充分感受到自己是很受小伙伴和老师喜爱的，让她爱上幼儿园。当然，教师还可以在家长面前多夸夸她的孩子，让她觉得自己的孩子在没有父母的庇护下，在幼儿园也一样如鱼得水。

 拓展阅读

很多孩子成长问题的元凶是父母关注太多！

独生子女所带来的问题，曾被反复讨论过。最开始的时候，人们把矛头都指向"溺爱"问题，认为是父母太宠爱孩子，所以导致了孩子出现各种各样的行为问题。但其实我们发现，很多父母并不溺爱孩子，他们也许还会对孩子很苛刻，但孩子所遭遇的成长问题依然存在，亲子关系困境也依然突出。

细究起来，很多孩子的成长问题，并非源于溺爱，而是父母关注过多。关注过多，就意味着控制、干预也多。于是孩子的自我发展就很容易被挤压、受限，甚至最终变得压抑和扭曲。

为什么会这样？

父母对孩子的"关注"，好比是一束光，这束光，只能照见孩子的一部分，尤其是父母最关心的那一部分。总之，绝对不会是孩子的全部。于是，这种"照见"，很容易会让孩子的感受和成长步伐被修正、甚至被歪曲。他们原本自然流淌的成长节律，被父母的关注"限制"住了，像被施了魔法，变得不自由。

最常见的、也是最糟糕的情况就是，父母的关注点，越是容易"照见"孩子的问题，孩子们就越是朝着那个问题演变。从这个角度来看，孩子们对父母的忠诚度，是这个世界上最强大又最脆弱的存在了。

父母的"关注"对孩子的自我建构可能存在怎样的影响，如何避免不良影响？

过度保护，是给孩子的成长增加难度。这类过度保护的问题常出现在小宝宝身上。比如，一位妈妈问：孩子现在1岁半，对什么都好奇，我们吃饭用筷子，他也想用。不给他，他就哭，给他，又害怕弄伤他，而且他总会弄得乱七八糟。还有厨房这些危险地方他也特别喜欢，把他抱走，他也不肯，有时候把他关在门外，他就一直在门口守着。我该怎么做呢？

这类父母更多看到的是"孩子太柔弱"或者"太淘气"，而没有关注到孩子在探索时的兴奋，以及不断花样翻新的操控身边事物的动作技能。许多父母甚至想着法与孩子斗智斗勇，阻止孩子的探索。这种情况在老人带孩子中尤其多见。

须知，好奇心是孩子探索世界获得成长的原动力，也是孩子的天性。父母要保护孩子的好奇心，鼓励孩子接触新事物、增长新见闻。

很多宝宝都三四岁了，还不会自己吃饭，大多是家长担心宝宝被餐具伤害到，或者嫌宝宝吃饭慢，会弄脏衣服，而情愿给宝宝喂饭，错过了宝宝学习欲望的高涨期造成的，想要重新纠正宝宝的坏习惯就比较费劲了。

如果担心宝宝的安全问题，可以给宝宝购置一些幼儿专用餐具，如带吸盘的塑料碗盘，或较钝较短的宝宝安全筷子等，让宝宝和大人一起用餐，培养宝宝对吃饭的兴趣，养成宝宝良好的用餐习惯。

关于宝宝探索危险领域的问题，我们完全可以尝试这样解决：

尽量将家中的危险品，比如，剪刀、易碎品等放置到较高的地方，电源插口带上儿童保护套，不想让宝宝打开的柜门可以锁上等，妈妈可以尽量运用成年人的智慧在既能保护宝宝安全的基础上，鼓励宝宝认识世界、探索世界。对于宝宝无穷尽的好奇心，父母要做的就是监护、鼓励和提供必要的支持。

你是否也在试图用自己的喜好去塑造孩子？

对于孩子性格的不满意、试图矫正，也是非常常见的父母问题。这类父母通过用自己的经历去"看"孩子。他们对孩子的"关注"，总是很容易蒙有一层有色玻璃。比如，下面这位妈妈的留言：

> 我们家女儿四岁了，话很多，想让她安静会很难，有什么好办法能让她学会安静？只是希望她动静合宜。而且她老是大喊大叫，担心她用嗓过度！在家不能安静

听大人讲话，总是打断，插嘴！

对这个妈妈的问题，想必很多家长都有。这些父母，其实都是在根据自己的喜好去塑造孩子的性格。对于这类父母，要想减少自己对孩子的伤害，最需要做的，就是学会接纳。

很多父母之所以不接纳孩子，在于他们有一个极大的认识误区：我的孩子未来发展的好不好，取决于他是这样的（比如，更开朗、更有礼貌、掌握某种技能，等等），不是那样的（比如，偏内向、大大咧咧、贪玩，等等）。其实，我们的孩子心理健康与否、性格健全与否，并不在于他是什么样的性格，而在于他对自己性格的接纳程度。因为接纳程度决定着孩子对自己的满意度。一个人若与自己的内在都无法和谐相处，总是别扭、纠结、冲突过多，那么，他与他人、与这个世界的相处就无法自在、自然，他的心理健康程度和性格健全水平也就低于他人。

回到上面这个案例。一个活跃的、爱说话的孩子，父母应该鼓励孩子多和家人或者朋友互动，鼓励孩子多问为什么……如果只是一味地想要让孩子安静下来，除了能让大人得到片刻的宁静，又会给孩子带来哪些好处呢？

随着孩子的成长，父母要学会转换教养方式。有一些父母也许在孩子小的时候，对孩子的要求低，相处也就融洽，但是随着孩子长大，问题慢慢就来了。这些问题之所以出现，其实原因在于孩子长大了，而父母却还停留在原地打转。父母的眼睛里"照见"的，还是一个孩子的模样，殊不知自己的孩子，早已经不是原来那个依赖父母的小婴儿了。比如，下面这个案例：

> 我女儿快9岁了，过去一直比较听话，近几个月不知怎么总顶嘴，什么事总要给自己一个开脱的理由，哪怕是一盒巧克力明明是自己吃完的，非要说是爸爸妈妈吃完了，她只吃了三四颗。写作业、弹钢琴，我让她做她总要找个理由跟我辩解。今天我陪着她听写单词并帮她记不会的，她不是抠鼻子就是抠手，我制止她，她不听，我生气之下打她手两巴掌，她又哭又闹跟我吵还气势汹汹打我、骂我、威胁我。我真的好绝望，从小在她身上下了那么多功夫，到现在不但不会感恩倒学会处处挑剔、厌恶、指责。我不知道该怎么办？

依据上面的描述，9岁的女孩有提前进入青春期的预兆。脾气秉性的突然转变，以及强烈的逆反心理都是这个阶段孩子的常见现象。所以，父母是时候转变以往对孩子的教养方式和互动模式了。

随着孩子年龄的增长，独立意识和自主、自控的需求不断增加，所有父母都应学会逐步将自主权交还给孩子，并在孩子遇到挫折和困惑的时候，帮助和引导孩子朝向正确的方向前进。比如，对于兴趣爱好的培养，父母最好能够和孩子商量，尊重孩子的主观愿望，帮孩子找到自己真正喜欢的。

处于逆反期的孩子，总是喜欢违背家长的意愿，做一些看似离经叛道的事情。其实，这正是因为孩子身体发育日渐成熟，觉得自己已经很"强大"了，而心理发育尚未成熟，因此常常会有各种挫折感。对此，父母要学会撤离，给孩子留更多做决定的空间，并对孩子的情绪反复予以理解、共情，对孩子的合理需求提供必要的支持和引导。

但绝对不是替代孩子的成长，甚至把原本属于孩子的事情，都还包揽到自己身上。比如上面这个案例中，无论是孩子的作业还是兴趣培养，妈妈的干预都过多。也许真相是，孩子并非不喜欢学习、并非学不会，只是在强烈抵触妈妈给自己带来的限制、抵触那种非常令人窒息的不自由的感受。

在很多家庭中都可以看到这种情形。孩子每天都在成长，而父母却一直原地踏步。2岁以内的孩子，也许需要父母更多地"包办"一些日常生活中的事情，但随着孩子自我意识的发展，生存能力的增强，社会化的成熟，逐渐会越来越不需要父母的参与和干涉。当然，孩子永远都会需要父母的倾听和接纳。孩子越来越大，往往父母给孩子一副倾听的耳朵，就已经是为孩子成长做得最好的事情了。

别用大人的思想去揣度孩子，了解孩子行为背后的心理需求，才能帮助孩子成长。我们常常看到，越是了解孩子的人，在孩子面前就越是谦虚与虔诚。只有那些不懂孩子的，才会在孩子面前要很多权威、要服从，随意给孩子贴标签，对他们做好与坏的评判，或者直接把自己的主观意志，强加到孩子身上，并且自以为是为孩子好。比如下面这个妈妈：

> 我11岁的儿子是一个很敏感的孩子，很念旧，他的房间里堆满了他玩过的旧玩具、旧书等，就连我们家去年的挂历都不给扔，他认为每样东西都很有纪念意义。几年前我硬扔掉他烂掉的被子，他哭了好久，现在还记得这件事。我的困扰是：1. 不想他收藏太多没用的东西在房间里。2. 我想教会他有些东西是不能一辈子拥有的。我的想法有问题吗？有必要去改变他的做法吗？

这位妈妈不希望孩子收藏太多没用的东西。在妈妈的观念中，想必这些没用的东西占用了很多妈妈有用的空间，所以引起妈妈的不满。妈妈用"没用的东西"来形容孩子收藏的物品，但这个物品到底有用无用，恐怕应该是孩子说了算。孩子之所以会收藏，这些东西一定是对孩子来说，在某方面具有无可替代的价值的。以上这些，妈妈统统没有想过，或者说，用自己的脑子去想了孩子的心思。

从有限的描述中体味孩子的心理，即想要通过收藏旧物，而停留在童年，拒绝成长带来的痛苦感。如果是这样，父母更不能随意处理孩子的收藏品，需要与孩子多做沟通和交流，了解到孩子喜欢收藏旧物的真实原因。若孩子的确是在拒绝成长、留恋童年，那么就需要家长做一下自我反思了。

是什么让孩子留恋于童年？是随着孩子的成长，父母对于孩子的关注越来越少吗？还是随着孩子的成长，父母对于孩子本身的关注已经转移到了学习成绩上，更在乎成绩而忽略了孩子本身呢？或者在孩子的成长过程中，孩子遇到了怎样的困难，导致失去了成长和面对的勇气，而选择停滞来逃避成长呢？其实，这些都需要家长给予孩子更多的关注和关爱，要尝试去了解孩子、认同孩子、体会孩子。

说起来这并不是一件很容易做到的事情，那么就尝试着先从沟通做起吧。不必着急收拾掉家中旧物，也不必着急灌输给孩子某些成年人的经验、看法和感悟，先从了解孩子开始，真正走进孩子的心灵，家长才会从根本上帮助并且陪伴孩子一起成长。

（资料来源：http://baobao.sohu.com/20150507/n412578924.shtml，
静观育儿微信公众号"jingguanyuer"原创文章）

任务1.4 与过度忽视孩子的家长沟通

 任务导入

小凯今年 5 岁了，有一个 3 岁的弟弟，但不幸弟弟患有白血病，妈妈常年在医院陪伴弟弟，爸爸也整天忙于工作，因此平时就由小凯姨妈照顾他。小凯很聪明，但是情绪反复无常。有时表现得特别好，有时又会闹一天别扭。一天，他竟然很乖地趴在老师的肩膀上，让老师很感动。老师说："你喜欢老师，对不对？"他说："我就是不说。"他好像很担心说了老师就不抱他了。在户外活动时，小凯喜好到处乱跑，老师拉住他，他就使劲推老师，边推边自言自语："妈妈喜欢我，妈妈爱我。"老师听着很心酸，知道他心里想念妈妈。在家里，小凯爸爸不耐烦了就会揍他。老师知道孩子的行为有问题，但是家长的教育方法问题更大。

思考：假设你是小凯的老师，面对这种情况，你该怎样与小凯的家长沟通？

 知识要点

一、分析过度忽视给孩子带来的危害

由于社会变迁对家庭及个人生活的深刻影响，在家庭中过度忽视孩子的情况并不少见。比如，父母在异地求学、就业，或者父母工作繁忙，或者父母离异，等等，都会导致他们平时较少关注孩子。此外，家庭中的一些突发事件，也会导致家长对孩子的忽视。小凯小朋友就属于这种情况。

小凯由于没有得到正常的母爱和父爱，导致他在识别他人的情感以及表达自己的情感模式方面发生了紊乱，他不知道怎样做才能得到家长的关注。因为他从切身体验发现：表现得乖乖的，没人理自己；如果胡闹一番，虽然会挨揍，但好歹爸爸关注自己了；挨揍之后他又发现好像自己乖一点，家长也会对自己好一点。因此，小凯的行为才会令人捉摸不透。家长则把孩子捉摸不透的行为当成自己严厉管教孩子的原因，对孩子时而冷漠不关心，时而训斥打骂，始终没有给孩子稳定的关爱和安全感。

家长不要以为孩子吃饱、穿暖、不生病、有学上就是尽到了自己的职责，家长更要关心和满足孩子对爱、接纳、关注、尊重、自我实现等心理情感的需要，只有这样才是真正给孩子创造了一个幸福的童年生活。

二、提供关注孩子的策略

与这类家长沟通的时候，沟通的重点是帮助他们学会积极地关注孩子，让孩子在爱与关怀的环境中健康成长。

（一）教师与家长用相互传达的方式给予孩子积极的关注

鉴于过度忽视的家长对孩子的成长关注较少，教师可以把孩子在幼儿园的进步表现描述给家长听，再请家长传达给孩子，这样孩子既得到了教师的鼓励，也得到了家长的鼓励。同时，教师还要经常问问家长孩子在家庭中的进步表现，并把家长的积极关注传达给孩子，孩子通过这个渠道又得到了双重鼓励。每次传达之后，教师都要与家长进行确认："您把我对孩子的鼓励传达给他了吗？"这种传达方式很简单，却对家长积极关注孩子起到提醒作用，还给孩子带来进步的动力，因为鼓励是一种最积极的关注。

（二）家长饶有兴趣地倾听或询问孩子，鼓励孩子讲述幼儿园发生的事

孩子离园之后的交流是亲子沟通的重要内容。每个孩子主动交流的状况是不一样的，有的孩子不等家长问，就滔滔不绝地向家长讲述白天在幼儿园的所见所闻，家长饶有兴趣地倾听，不宜三心二意，也不宜随意打断孩子。家长不时地对孩子注视、点头和提问，都会鼓励孩子交流下去。这个过程不但锻炼了孩子主动、大胆表达的能力及思维的条理性与逻辑性，还帮助家长了解了孩子在幼儿园丰富而详细的生活情况。其中，家长的提问对孩子具有积极的启发与引导意义。比如，孩子说两个小朋友在幼儿园争吵打架了，家长可以追问事情的来龙去脉，锻炼孩子的回忆能力；可以询问谁是谁非，观察孩子的是非概念；可以讨论正确的解决方法，引导孩子的交往能力。家长用心倾听、用心提问都会促进亲子之间的深度交流，既增进了亲情，又促进了孩子的发展。

（三）通过关注孩子的表情来关心孩子的精神世界

孩子并非无忧无虑，一件很小的事情就可能让他们情绪低落、生气难过。比如，一个小男孩有一段时间总不想上幼儿园，妈妈问老师是怎么回事，老师也说不清楚，经过再三询问孩子才知道是因为"画不好气球"。家长不要以为类似"鸡毛蒜皮"的小事不值得关注，因为孩子是在小事中完成"成长"这件大事的，所以孩子成长无小事。

孩子一般不善于隐藏自己的情绪。家长平时可以通过关注孩子的表情来判断孩子是否遇到了烦恼，然后再问孩子："妈妈看你好像不高兴，你愿意跟妈妈讲一讲发生什么事了吗？"如果孩子不愿意讲，就不要强迫他；如果孩子愿意讲，家长要引导孩子正确地看待问题，并与孩子商量解决问题的方法，促进孩子成为解决问题的主人。

 拓展阅读

家长课堂：忽视对孩子也是一种伤害

"你虐待孩子吗？"看到这个问题，大多数家长一定哈哈大笑："如今孩子金贵的一个指头都不能碰，就差当皇上供着了，哪儿会有人虐待？"

家长以为"殴打、捆绑"才叫虐待，其实并非如此。打骂只是虐待的一种，叫"身体虐待"。孩子考试考砸了，你骂他"笨，没脑子"，这就是最不容易引起注意而又普遍的虐待是"忽视"。

"忽视"是因为父母疏忽或缺乏监督以致对儿童身心健康造成伤害的现象。包括身体忽视、情感忽视、教育忽视和社会忽视等几个方面。

家长很忙，出差一走十天半个月，不出差也常常半夜到家，别说与孩子交流思想，说句话都难，没开过家长会，不认识班主任的家长并不鲜见。有这样一个女孩，有段日子精神恍惚，老师找她谈话，她犹豫半天大哭起来："老师，我得病快死了，下面老是在流血。"我

惊讶极了："这是来月经了，是正常现象，说明你长大了。"她妈妈整天忙，说是为了给女儿一个好的生活质量，却不知女儿已经长大了，孩子在成长中会碰到很多烦恼，需要和家长沟通商量，需要倾诉，这些与金钱无关。

有些家长独断专行，忽略孩子的想法，小到买衣服，大到填志愿，有的家长把自己的想法强加于孩子。从而反复、持续、长期地漠视、忽略对孩子身体和情感的需求，放弃淡化对孩子身心发育的关爱，必然会对其造成严重而不可逆转的伤害。比如，自尊心受打击变得胆小，对事物缺乏自信心。成人后的他们往往十分冷漠，不能与他人建立良好的关系。

孩子是独立的个体，家长有义务为他们提供良好的生活环境、足够的食物、充足的睡眠、语言和心灵上的交流，创造一个平等、安全、健康的生活环境。

（资料来源：http://blog.sina.com.cn/s/blog_7cc1602d0101fktv.html）

任务1.5　与在孩子面前缺乏威信的家长沟通

任务导入

每天早晨哄劝彤彤上幼儿园，成了爸爸妈妈每天的第一项"工作"。有一天，爸爸突发奇想："儿子，咱们来玩一次'石头、剪子、布'，好吗？我赢了你就得上幼儿园，你赢了就随你的便。"一听玩游戏，彤彤高兴地答应了。结果爸爸赢了，彤彤就大哭起来。爸爸心软了："好吧，别哭了，今天咱不去幼儿园了。"从此以后，劝哄儿子上幼儿园就变得更加艰难。过了暑假，彤彤要上大班了。开学第一天，妈妈把他送到班里准备走了，彤彤跟在后面追妈妈，老师赶紧用胳膊拦着他，他抱着老师的胳膊狠狠地咬了一口，妈妈转身看见老师的胳膊被咬出血了，连忙说："对不起。"并让老师看她胳膊上被儿子咬的大包小包。

思考：假设你是彤彤的老师，面对这种情况，你该怎样与彤彤的家长沟通？

知识要点

一、帮助家长意识到有威信才有教育

一般情况下，进入大班，孩子上幼儿园已经不是问题，无理取闹的事情也已经很少发生，但是彤彤却不一样，这与家长在孩子内心丧失威信密切相关。没有威信就没有教育，家长的威信是家庭教育取得良好效果的保证。但是有的家长意识不到这一点，教师发现问题之后要提醒家长关注教育威信的建立与维护。《颜氏家训》中说："夫同言而信，信其所亲；同命而行，行其所服。"孩子心目中有家长的地位和威信是他们接受家长管教和建议的心理基础，一旦家长的权威动摇或者受到"损伤"，孩子就不听话、不配合了，很多时间和很多精力也都首先"内耗"在亲子之间谁说话算数的权利较量上，亲子合作因而变得效率低下，双方常常闹得不愉快。

在孩子的眼里，家长的教育权威体现为一系列规则的限定上：什么时候可以做什么事情，不能做什么事情；事情该怎么做，不该怎么做；如果不与家长配合，将要发生什么事情；发生的事情是自己乐意接受的，还是不乐意接受的；彼此之间的"势力范围"又是怎样扩张和萎缩的，等等。对家长的教育权威有所认知和探索是孩子智力发展的成果，至于他们不与家长的教育权威相配合则往往是家长自愿"拱手相让"的结果。比如，彤彤的爸爸以为"石头、剪子、布"只是一个游戏，不必当真，只要孩子开心就行。实际上，家长让出的却是权威。因为游戏对大人来说是虚拟的，对孩子来说则是真实的，孩子遵守游戏规则就是尊重规则、尊重权威，在规则与权威面前家长不能出尔反尔。

二、为家长建立威信出谋划策

与这类家长沟通的时候，沟通的重点是帮助他们意识到自己的日常言行对树立教育威信的影响，并调整自己的教育态度与方式。

(一) 对孩子讲诚信，许诺要量力而行

家长为了鼓励孩子做某件事，经常会用一个优厚的条件刺激孩子，孩子按照家长的要求做了，结果家长不履行当初的承诺，孩子因家长的言而无信而深感愤怒，久而久之，家长的威信就会在孩子心目中削弱甚至丧失，孩子也因此逐渐变得"目中无人"、难以管教。因此，教师要提醒家长履行对孩子的诺言。同时，提醒家长不要随意许诺，许诺本身要具有可行性，要对孩子的健康发展有益。比如，有的家长许诺孩子去游乐场，但是当天根本无法陪孩子去；有的家长过于投孩子所好，经常给孩子许诺过多零食、过长时间看电视或者玩游戏，等等。如果不履行这些诺言会伤害家长的威信，履行诺言则伤害孩子的身心健康。

(二) 柔中带刚地执行已经确定的规则

履行诺言意味着尊重孩子，尊重孩子却不意味着一味地讨好孩子，讨好孩子换不来家长的威信，反而会使孩子轻视家长的威信。因此，家长要把握好爱与规则的关系，与孩子协商好行为规则之后要坚定地执行下去。如果孩子拒绝，家长不要无原则地妥协，也不必声色俱厉地惩罚孩子，而是要柔中带刚地敦促孩子执行规则。而规则一旦形成，就不要朝令夕改，而且不同家长应该对孩子的要求一致，否则容易使孩子"钻空子"，不利于形成统一的、内在的行为规则。

(三) 严厉与惩罚不能带来真正的威信

有的家长把威信简单地理解为让孩子害怕家长，听家长的话不敢反抗。实际上，这只是孩子表面上的服从，是他们担心严厉的惩罚才配合家长的要求。一旦家长不在身边，孩子就为所欲为了，甚至变本加厉地发泄自己压抑的情绪。真正的威信是建立在孩子心悦诚服的基础之上，是家长不在身边仍能以规则约束自己的内在力量。所以，家长不能见孩子不听话了，就吓唬、打骂、惩罚孩子，这只能暂时让孩子感觉到家长的威慑力量，却并不能在他们内心世界建立起真正的威信。

(四) 别让孩子"吃掉"家长的威信

孩子的吃饭问题一直都是让很多家长颇感头疼的事情，如孩子吃得少、吃得慢、挑食等。爸爸妈妈，尤其是祖辈家长，为了能让孩子多吃一口，甘心"出洋相""丢面子"，最后孩子是吃饭了，却也"吃掉"了家长的威信。教师可以把"吃饭"与"威信"的这种关

系与家长进行沟通，并请家长正确地对待孩子的饮食习惯，不要因为自家的孩子比别人家的孩子吃得少而担忧，只要孩子有健康活泼的面貌，就不要强迫孩子多吃饭。吃饭是人的本能，饥饿是最好的厨师，家长让孩子加强运动锻炼以促进消化是提高孩子食欲的根本方法。

 拓展阅读

家长如何树立自己的威信

假日里，接到一位家长的来电，电话的那一头传来焦躁的声音："老师，你帮我管一管我女儿，这孩子一点也不像话。暑假里就知道看电视、玩游戏，作业才做了几页，而且字迹模糊不清，我叫她抓紧时间做作业，她居然叫我别管！我这个当妈的真是又气又急，你帮我在电话里说两句吧！"当她把电话递给孩子，我隔空对孩子进行语重心长的教诲。

每逢节假日，就会有很多这样家长的"求助"电话，有的抱怨道："我那孩子真是越大越难管教，你说一句，他顶你三句。"有的恳求道："我叫他别上网玩游戏，他居然说，你又不懂。气得我想揍他一顿。老师，麻烦您下周一帮我教导一番！"

父母亲与自己的孩子有着血浓于水的亲情，他们为了孩子付出了很多很多，然而，在孩子的心中威信却不高。笔者做了个小调查，探其因：其一，一部分家长对子女过度溺爱、缺乏必要的规范与惩罚，使得自己的言行分量变轻了。其二，管教子女事无巨细，啰里啰嗦，道理讲得太滥便失去了教育意义。其三，父母亲不理解孩子，动不动就训斥，有时孩子做错事，大人一点儿也不留情面，在大庭广众之下张口就骂"真没出息""不争气的东西"，挺伤孩子自尊心的。

此时，我想起教育家约翰·洛克曾说："父母越不宣扬子女的过错，则子女对自己的名誉就越看重，因而会更小心地维护别人对自己的好评。若父母当众宣布他们的过失，使他们无地自容，他们越觉得自己的名誉已受到打击，维护自己名誉的心思也就越淡薄。"可见，小孩子也有强烈的自尊心，父母亲要学会保护子女的"面子"。

那么如何树立家长的威信呢？

育子方法多参考。家长要在百忙之中抽出时间看一看家庭教育类的书籍，学习家庭教育理论，用先进科学的教育理念来引导孩子的健康成长。其次，也可以学习有关教育的教材，可利用网络参加家庭教育学习与培训活动；与孩子一起收看教育频道的节目；多与人交流育子心得，探讨学习教育孩子的经验，能根据自家孩子的实际情况学以致用。

树立榜样多自律。平时，家长要注意自己的言谈举止，努力成为影响孩子学习生活的好榜样，还要严于律己，不断提高自身的素质，争做一名有责任心、有爱心、遵纪守法、善于学习的父母，以自己良好的形象去感染孩子。例如，要纠正孩子做事磨蹭的坏习惯，自己做事时要利索，要采用具体措施教给孩子如何做，孩子看到父母的行为自然会模仿。

感情培养多沟通。多与孩子坦诚交心，这样才能了解孩子心里的想法，了解孩子需要什么。当孩子出现问题时，家长要保持冷静并给予引导与帮助。父母要有温和的态度，与孩子平等相处，把孩子视为知己，多与孩子心平气和地谈谈心里话，精诚所至，金石为开，花点时间和精力，就一定会找到与孩子有效沟通的策略。

（资料来源：http://edu.qz828.com/system/2012/09/24/010531703.shtml）

任务1.6 与过度表扬孩子的家长沟通

任务导入

王女士自从有了儿子小飞以后，对幼儿教育非常感兴趣，读了不少家庭教育方面的书籍，特别推崇赏识教育、无批评教育，对孩子总是表扬和奖励。孩子3岁上幼儿园了，妈妈还是一口一口地喂他吃饭，孩子很长时间才吃完，妈妈还要夸奖一句："小飞真棒，是妈妈的乖宝宝！"平时带儿子一起看班级小朋友的作品，如果妈妈夸奖别人，小飞就噘着嘴不高兴，妈妈赶紧哄劝他："小飞更棒！"老师反映小飞过分要强，平时做错了事情，老师只是给他指出来，他就不高兴；老师在表扬吃饭、穿衣、听课认真的小朋友时，如果没有提他的名字，他就会大声地说："老师，还有我，我比小宝好！"因此，小飞在性情上非常娇气，在班里的朋友很少。

思考：假设你是小飞的老师，面对这种情况，你该怎样与小飞的家长沟通？

知识要点

一、向家长分析过度表扬孩子的隐患

孩子的健康成长需要家长的表扬和鼓励。表扬给予孩子肯定，激励给予孩子动力，孩子需要在肯定的成长环境中获得主动进取的动力，但是过度表扬则达不到这个效果。因为一方面无限度的表扬和赞赏改变的只是孩子的心理感觉，并非孩子的现实状况，它过分地抬高了孩子的心理感觉，从而拉大了与现实之间的差距，使孩子无法正确、客观地认识自己。另一方面，一味地用赞扬来满足孩子，会让孩子养成因为表现良好就期待奖赏和刺激的习惯，并因此产生依赖。他们奔跑不是为了前面的目标，而是为了身后啦啦队的喝彩。而一旦发现身后的啦啦队悄然不在后，他们便会感觉到失落和迷茫，继而失去跑下去的信心和动力。

要想掌握赏识与表扬的真谛，家长需要真正了解孩子的想法，认识到孩子所做事情的价值以及他付出的努力，并予以充分的重视、适时的支持与精神的鼓励，引导孩子朝着健康的方向发展。

二、指导家长调整教育策略

与这类家长沟通的时候，沟通的重点是帮助他们把握正确的表扬方法，而不是简单、草率地使用表扬教育法。

（一）表扬要具体，不宜空洞地泛泛而谈

学龄前儿童的思维特点是形象思维占优势，对事物的认识和理解很具体，因此家长的表扬要具体，要专门强调孩子令人满意的行为或者做法，让孩子知道自己具体好在哪里。比如，孩子画了一幅画，家长要避免泛泛而谈的评价："啊，画得好美，你真是一个小画家！"

这种评价会养成孩子对高期望评价的依赖，而不是心满意足地自我认可。家长要真正发现孩子所画之美，具体描述他在主题、构图、色彩、创新等方面的长处，这种客观的赞美既提高了他的认知水平，让孩子明白自己在哪一方面做得好，又使他得到了具体的指导。教师还可以提醒家长在日常生活环节尝试言之有物的表扬方式，比如："谢谢你把饭桌清理得如此干净。"家长也可以通过表达自己的细腻感受来夸奖孩子："妈妈今天很累，你能帮妈妈倒水，妈妈可以休息一下了！你真是个会关心人、照顾人的好孩子！"

（二）表扬要针对孩子的努力，不宜随意夸大其词

表扬和奖励对年幼的孩子具有很强的诱惑力，但是家长不能滥用，只有当孩子真的有了突破、能够战胜自己时，这时的表扬才有价值。表扬是对孩子中肯的评价，不是随随便便赐予孩子的廉价物。随随便便表扬孩子，是不尊重孩子的表现。如果孩子不需要经过太大的努力就能完成一项任务，家长就没有必要对孩子表现出欣喜若狂、赞不绝口的态度，这样必然会助长孩子的自满情绪，长久下去，也无法让他体会到表扬带来的激励之情。奖励的效果也是如此，它也不是任何时候都适用的法宝，没有任何奖励可以使孩子们永远心满意足。家长的奖励可能只针对这一次行为，但孩子们会自然地推理：爸爸妈妈下次还会奖赏我吗？是否会奖得更多呢？如果家长忽视了一次奖励，孩子们会认为他们浪费了自己的努力，进而失去了自我管理的动力。

（三）以精神鼓励为主，不宜总是物质奖励

小孩子对小食品和小玩具是非常喜欢的，拿孩子喜欢的小东西作为交换条件确实具有立竿见影的效果，但这种效果是暂时的。因为，孩子一方面很快就会对一贯出现的物质奖励失去新鲜感，另一方面他的行为不是出于自觉自愿的内化动机，而是外在物质利诱的结果。实际上，家长表扬孩子的最终目标是让孩子学会自我激励，遇到问题能自信、妥善地处理，而不总是依赖物质奖励、依赖他人的迁就，这样孩子难以获得控制自我的内在心理力量。家长要经常给予孩子精神奖励，如拥抱、抚摸、微笑、注视、讲故事、亲子玩耍、口头夸奖（聪明、能干、好孩子）等。孩子越大越需要精神层面的鼓励，家长从小就要培养孩子对精神鼓励的满足感和愉悦感，帮助孩子摆脱对物质奖励的依赖。

（四）小心迁就和妥协是对孩子所犯错误的无言支持

该吃晚饭了，小轩已经连续好几天吃的都是炸鸡腿，妈妈劝儿子换换口味，吃点鱼虾和青菜。可是，小轩到饭桌上一看没有炸鸡腿，就把筷子一扔，不愿意吃饭了。爸爸说了他几句，他竟然把门一开跑出去了。这下可把爸爸气坏了，要追上去揍儿子。薛女士却追在儿子后面，买了他要的炸鸡腿。虽然暂时平息了亲子矛盾，但是小轩吃饭挑食的毛病却更加严重了。

当孩子出现不良行为的时候，迁就和妥协就是对这种不良行为的支持，他也因此会再犯错误。在日常生活中，孩子总会产生各种各样的需求，如何能满足自己的需求是他的小脑袋瓜始终在琢磨的事情。首先他也懂得"以和为贵"，尽量采取让父母喜欢的方式满足自己的愿望；而当父母否定他的愿望时，他就有可能"退而求其次"，即使惹得父母不高兴，只要能达到目的就行。这时，如果父母一味地心软而迁就孩子，孩子就抓住了父母的"软肋"，

再次使用同样的"伎俩"。这就是孩子观察父母的态度和言行的一套思维。

　　父母的支持与夸奖是孩子的行为标准，因此千万不要支持有误、夸奖错误，否则，孩子心中的是非标准就会混淆了，这将对孩子具有非常严重的不良影响，家长想要让孩子改过来就得付出更大、更艰难的努力。

 拓展阅读

父母过度夸奖不利孩子心理成长

　　不知从什么时候开始，"多夸孩子"成了育儿的金科玉律。最近，美国一个教育家指出，不恰当的夸奖反而不利于孩子的心理成长。一些表现越出色的孩子越"不经夸"，过多的夸奖容易让他们把周围的同伴看成"敌人"，滋生嫉妒，防御心理，一旦成绩下滑，他们就可能通过撒谎换取夸奖。

　　父母过度夸奖不利孩子心理成长。相比而言，父母更应对孩子付出努力和奋斗的过程给予称赞，这样才能促使他们表现得越来越好。如果只关注成败得失，孩子极易自暴自弃。专家表示，孩子内心也有一把"尺子"，他们知道什么是"客套话"，什么是"发自内心的由衷赞美"。所以，父母应多多鼓励孩子去实践，全力拼搏，培养他们不断进取的品质。

　　父母过度夸奖不利孩子心理成长。对此，北京市教育学会教育心理研究会理事温方表示认可。他指出，父母要尽量多鼓励孩子的行为，如"你最近很用功，继续努力，你是好样的"；而不要过分评价结果，如："这样一定会有好成绩"。此外，不能为了夸奖而夸奖，要让孩子知道大人在发自内心地欣赏他，并对他的行为过程予以肯定。

　　（资料来源：http://blog.sina.com.cn/s/blog_6c7fed0b0100wbp9.html）

任务1.7　与过度批评和惩罚孩子的家长沟通

 任务导入

　　涛涛5岁了，妈妈对于涛涛的调皮捣蛋行为十分苦恼，经常气愤地大声斥责他，却不见效。实在没办法了，她就拿出邻居传授的"撒手锏"——关黑屋。当涛涛无理取闹的时候，妈妈就把他关在壁橱里，涛涛立刻就能老实了，妈妈对这个办法比较得意。日子一久，次数一多，壁橱成了涛涛最害怕的地方。每当妈妈说"你再淘气，我把你关起来"时，涛涛就吓得连声音都喊不出来。这样几次后，涛涛竟然出现了"口吃"，妈妈这才知道是自己的错，但是为时已晚，要想把"口吃"矫正过来需要花更长的时间和更大的精力。

　　思考：假设你是涛涛的老师，面对这种情况，你该怎样与涛涛的家长沟通？

 知识要点

一、向家长分析过度批评和惩罚的隐患

　　恰当的批评和惩戒有很多教育价值，如制止孩子的错误行为、培养孩子的独立反思能

力、锻炼孩子的责任心等，但是过度批评和惩戒则达不到这个效果。当孩子很顽皮、屡教不改时，有些家长会经常用"小偷偷小孩""警察抓人""报告老师"一类的话吓唬孩子，或者把孩子"关黑屋"，使打骂、惩罚成为孩子的"家常饭"，这样做对孩子产生的负面影响很大，会导致孩子形成说谎、胆怯、孤僻和固执的不良品格。

（一）说谎

研究发现，严厉批评、吓唬和威慑会让孩子撒谎狡辩，宽容和原谅则让孩子坦白诚实。比如，孩子打碎了花瓶，如果家长说："是你打碎了花瓶吗？如果你不说实话，我就不理你了。"孩子十有八九不说实话。如果家长说："是你打碎了花瓶吗？我知道你不是故意的，如果你说实话，我与你一起做一个好玩的游戏。"孩子十有八九会说实话。可见，说谎的孩子后面通常会有严厉的家长，因为他发现做错事说真话有遭到严厉批评与惩罚的危险。

（二）胆怯

如果孩子经常挨骂挨打，并且也不是太明白自己到底错在哪里，或者难以预料自己会不会再次出错，那么不管他是否做错事情，他一见到家长都会感到紧张、害怕、不敢接近。在这种环境下成长的孩子容易自卑、胆怯、懦弱，具有紧张不安、唯命是从、心理压抑、忧心忡忡的习惯性倾向。

（三）孤僻

经常挨打的孩子会感到孤独无援，尤其是父母当众打孩子，会使孩子的自尊心受到伤害，让他们怀疑自己的能力，自感"低人一等"，显得比较压抑、沉默。这类孩子往往不愿意与家长和老师交流，不愿意和小朋友一起玩，性格上显得孤僻。

（四）固执

家长动不动就严厉地批评孩子，容易使孩子产生对抗情绪和逆反心理。于是，有的孩子用故意捣乱来表示反抗、用存心惹家长生气来表达不满，即使挨打也不躲避、不叫疼，越打越不认错，变得越来越固执。实际上，这样的孩子性格刚强、脾气倔强，容易被强硬手段激惹而变得更加强硬。

二、指导家长调整教育策略

与这类家长沟通的重点是帮助他们把握正确的批评方法，而不是简单、草率地使用批评教育法。

（一）家长在批评和惩罚孩子之前先控制自己的情绪

有的家长在面对孩子的调皮捣蛋和无理取闹时，难以控制自己的情绪，禁不住要对孩子发火。教师可以向这类家长传授控制自己情绪的方法。研究表明，情绪总是比理性思考早出现6秒钟，所以家长能否把握好情绪出现的头6秒非常关键。比较有效的办法就是强迫自己数数或深呼吸，即家长想发怒的时候，先闭上嘴巴，在心里从1数到6，或者尽可能地吸进一大口气，让腹部膨胀，憋住气，使自己吐出心中的紧张、烦恼和不快乐，缓解冲动的情绪状态。然后再慢慢、均匀地吐出气，这样来回做若干次，就能大大缓解不良情绪。

（二）用温和而坚定、严肃而不严厉的态度要求孩子

教师需要与家长沟通批评教育的艺术。真正达到批评教育的效果不在于严厉的措辞，而在于严肃的态度，有时说话方式比说话内容还重要。当孩子违反规则的时候，过于松软和过于强硬的态度都不利于孩子的发展，适宜的态度是温和而坚定、严肃而不严厉。"温和"表示家长尊重孩子犯错误的权利；"坚定"则让孩子明确是非，明白规矩是不可动摇的，培养他尊重规则与权威的意识；"严肃"说明家长的态度是认真的，但语气、语调不"严厉"。比如，对于正在无理取闹的孩子，妈妈可以蹲下来，平静地看着他，用缓慢而坚定的语气说："不行！"也可以抱起孩子，轻轻地拍着孩子的后背说："宝宝，妈妈说过了'不行'。"让孩子在爱的怀抱中遵守规则。但在实际操作中家长容易顾此失彼，有的家长温和而不坚定，有的家长坚定而不温和。比如，有的妈妈一遍又一遍耐心地跟孩子讲道理，孩子却不断地与妈妈"软磨硬泡"，为自己争取更大的自由权限，最后妈妈没耐心了，在不知不觉中妥协退让，结果家长成为立规矩的"输家"，孩子成了自由的"赢家"，并获得再次成功的经验。有的妈妈则足够坚定，毅然决然的样子让孩子产生了恐惧心理，孩子可能因此守规矩了，但他是因为害怕惩罚而守规则，并没有对规则产生理解和内化。这种态度容易导致孩子形成看人脸色行事、胆怯畏缩的依赖性格。

（三）帮助家长调整与孩子交流的语气与句式

持严厉批评态度的家长常常用否定和命令的语气与孩子说话，如"不许""禁止""必须"等。家长只告诉孩子不可以做什么、不可以怎么做，却没有告诉孩子可以做什么、可以怎么做。事实上，家长的要求没有明确地表达出来，受到否定的孩子也没有得到明确的指导。常用含有命令的祈使句式，也是家长态度严厉的表现之一。即使正确的指导意见，家长也要用耐心解释、征求意见、相互商量的语气与孩子交流，这样孩子才会心服口服，提高行为的自觉性。

（四）教育孩子应以表扬和鼓励为主，以批评和惩戒为辅

在孩子健康成长的过程中，家长适度的表扬与批评都是需要的。表扬让孩子觉得自己很能干，批评让孩子认识到自己还需要锻炼。教育孩子应以表扬和鼓励为主，以批评为辅。教师要提醒严厉的家长对孩子"严慈相济"，即严肃地对待问题行为，同时当孩子表现好的时候，家长要诚恳地表扬他。受到鼓舞的孩子既明白了家长的正面导向，也获得了主动成长的积极动力。

 拓展阅读

惩罚孩子不能简单粗暴

过度惩罚会给孩子的心理带来负面影响，最直接的就是产生敌意、仇恨、抗拒、罪恶感、无价值感、自怜。其次，孩子受惩罚时，会把精力分散到如何取悦家长上，而不是认真反思自己错在哪里及如何改正。

一天，王娣带孩子跟同事一起吃饭。儿子木木一坐下就开始玩餐具，一会儿用筷子敲碗，一会儿又用勺子把茶杯里的水舀到碗里。菜上齐后，木木挑三拣四不说，还把旁边阿姨好心夹给他的菜扔到盘子外面。王娣最初还小声制止木木，后来声音越来越高。最终，她忍无可忍，把木木拽起来，按在椅子上，扒下裤子，狠狠地打了几下屁股，还边喊："带你出来，丢死人了！看我今天不好好收拾你！"

尽管现在打骂孩子的现象已经少了，但家长有时难免被孩子的调皮捣蛋或屡教不改气昏头，盛怒之下揪过来就打，手没轻没重，对孩子的惩罚可能会过度。而"你真笨""你真让我失望"等否定言辞，以及"你必须""你应该"等强迫的话语，都会伤害孩子。受到的惩罚越重，越可能减轻孩子的内疚感。他们认为受罚能抵消错误，便可以心安理得地重复错误。再次，模仿是孩子天生的本能，惩罚行为会被效仿，"拳头底下出真理"可能会改变孩子的认知，恃强凌弱恐怕会成为他今后处理问题的方式。最后，长期承受过度惩罚，可能导致孩子与父母发生沟通障碍，对父母不再信任，也不信任他人。

事实上，孩子应该承受自己不当行为所带来的自然后果，而不是受罚。家长要让孩子感受到，在一个相互关心的亲子关系中，是没有惩罚的，而且无论如何爸爸妈妈都是爱他的。带着爱意的惩罚有几个原则：一是先肯定，再就事论事，对事不对人。二是孩子听不进去时，惩罚可以过夜，待双方都冷静下来再说。三是事后与孩子有约定，类似错误绝不再犯。四是惩罚不可用语言和肉体暴力，可以让孩子去角落里静一静。具体来讲，有如下几点方法：

1. 冷处理，让孩子体验后果

溜溜总喜欢乱扔玩具。有一次，妈妈很生气，已经濒临发怒的边缘，可溜溜还缠着要陪他玩。妈妈灵机一动，说："妈妈不能陪你玩，因为要收拾被你弄乱的房间。"说完，她便开始收拾屋子，不搭理溜溜的耍赖。过了一会儿，溜溜自己走进来，默默地帮妈妈一起收拾。其实，孩子并非我们想象中那么不懂事，只是控制能力差一点而已。冷处理的精髓在于把孩子当成人看，让其自己体验做错事的后果，潜移默化地学会承担责任，学着约束自己。

2. 不当众惩罚，留下尊严

孩子的自尊心也很强，如果常在公共场所或亲友、同学面前受罚，不仅可能失去自尊、自信，还可能破罐子破摔，成为"二皮脸"。像案例里的王娣，就不妨把孩子拉到外面批评，或者回家再做适度惩罚。

3. 换个角度，寓罚于学

爸爸给小川买了个会模仿动物叫声的闹钟，小川爱不释手。为了弄明白闹钟里的秘密，他把闹钟拆开，却装不回去了。爸爸看到后平静地说："你可以试着自己把它修好，如果需要帮助可以来找我。"在爸爸的帮助下，小川不仅修好了闹钟，还学到了许多知识，而且明白了要为自己的行为负责任的道理。

4. 惩罚有度，制定长远目标

惩罚是一件需慎重对待的事。家长的惩罚要有度，比如用严肃的眼神审视，孩子往往就能明白父母的意思，并检点自己的行为，也可采用取消孩子喜爱的活动、去某个角落单独待会儿等非体罚形式。惩罚孩子还要有长远目标，如定一些必须遵守的规矩，让孩子明白自己的底线在哪里，一旦越过底线就会受到惩罚。

（资料来源：http://fashion.ifeng.com/a/20150415/40100479_0.shtml）

任务 2 与不同年级幼儿的家长沟通
Misson two

 学习目标

1. 教师牢固地把握不同年龄幼儿家长所关心的主要问题，并有针对性地解决家长的疑问。

2. 教师做好常规带班工作的同时，需要学会与不同年龄班级的家长沟通。

任务 2.1 与亲子班幼儿的家长沟通

 任务导入

吉丽，18 个月，父母比较忙，陪孩子玩的时间不多，平时都是由奶奶带着。父母还给吉丽报了一个早教班。奶奶需要天天带孩子去上课，比较累，就跟儿子说："吉丽在早教班没学到什么东西，到处乱跑，花钱不少，还累人。"可儿子和儿媳认为："早教挺重要的，得让孩子上正规的早教班学习。"见儿子和儿媳坚持，奶奶也没办法，就妥协一步："平时我带孩子上课，星期天你们带孩子上课。"星期天，爸爸带吉丽来上课，一到教室就对女儿说："自己去玩吧。"上课期间他的手机还响个不停，女儿来闹的时候，爸爸就对老师提意见了："我们给孩子报了班，就交给老师教育孩子了，你们怎么不管孩子啊？"

思考：假设你是吉丽的老师，面对这种情况，你该怎样与吉丽的家长沟通？

 知识要点

一、向家长阐明早教班是家长与孩子共同学习的地方

亲子早教班为 0～3 岁孩子提供了一个与同龄伙伴共处、与教师及其他人交往的机会，有助于独生子女社会性的发展。但是亲子早教班不像幼儿园日托班那样——家长把孩子交给教师就可以离开了，它需要家长陪伴孩子共同学习。早教班不但是孩子的学校，也是家长的学校，这是一个家长与教师、家长与家长相互交流和学习的平台，家长要充分利用这些资源。教师的主要任务不是自己带孩子做游戏，而是指导家长学会亲子游戏，所以教师不但要时时关注孩子的表现，还要时时关注家长的表现，观察家长是否善于观察和指导孩子、是否为孩子以身作则、是否妥善地处理了孩子出现的各种问题。早教班的教师还可以组织亲子郊游、亲子游艺、亲子比赛、亲子讲座、亲子沙龙等活动，搭建平台，拓宽家庭之间的交流渠道，开阔孩子的视野，提高家长的教育水平。

二、帮助家长解决孩子不跟教师学习的烦恼

孩子对新鲜事物特别感兴趣，只要一到亲子班，就到处摸、到处看。家长想让他参与教师设计的活动，但孩子完全沉浸在自己的世界里，很多家长为此感到烦恼。教师要向家长解释这种现象在早教班很普遍。早教班的孩子正处于"以自我为中心"的思维阶段，他们只知道自己的感觉与需求，不理解也无法顾及他人的感觉与要求，所以不易与他人合作、交流或者分享。家长要满足孩子的好奇心理，不要强迫他马上参加早教活动。在安全的情况下，家长要满足他看看这儿、摸摸那儿的心理需求，让他喜欢这个"教室"和"课堂"，以后他就渐渐地开始关注和参加活动了。同时，教师要提醒家长保持平和的心态，不要对孩子的行为大惊小怪，更不要对孩子发脾气。因为采取粗暴的态度对待孩子，常导致孩子更强烈的反抗，形成孩子逆反、退缩、孤僻等不良的性格。如果孩子实在闹得厉害，家长可以带孩子暂时离开现场。转移注意力对年龄小的孩子比较有效，家长要避免与孩子发生正面冲突。

三、帮助家长解决孩子在早教班怯生胆小的烦恼

孩子初上亲子班，一般都会有胆小害怕的表现，教师要跟家长分析孩子在这一时期特有的心理特点。1~3岁是孩子发展陌生概念的关键期，他对亲人和熟人表现出强烈的依恋，对陌生人开始防备。在这种情况下，不管孩子回答不回答问题，家长都要主动跟他交流。孩子虽然还不擅长说话，但是很擅长听话，他不但能理解，而且还能记在脑子里，就差清楚地表达出来的能力了，但这一步需要孩子相应的语言发音器官发育完善才能达到，所以教师要劝家长不要着急。可以指导家长抓住孩子的兴趣点，激发他的表达欲望。比如，有的孩子特别喜欢汽车或者娃娃，如果早教班有这些玩具，就可以拿它们做交流主题；如果早教班没有，可以让孩子从家里带来，激发孩子在众人面前"露一手"的表现欲望，刺激他口头表达的动力。另外，提醒家长不要当着孩子的面说他"内向、不爱说话"，给孩子的性格特点过早下结论，不利于他的主动发展。

四、提醒家长从三个方面做好入园准备

很多家长带孩子上亲子班的直接目的是帮助孩子提前了解和适应幼儿园集体生活，所以他们很关心孩子的入园准备问题。教师要提醒家长平时帮助孩子在以下3个方面多加锻炼，这样孩子的入园适应会更加顺利一些。

（一）生活方面

家长要培养孩子具备一定的生活自理能力，比如，吃饭以自己用勺吃为主，以大人偶尔喂为辅；可以自己大、小便，或者知道告诉老师要大、小便了；能自己或者配合大人穿脱衣服；能不依赖大人，自己睡小床，等等。

（二）语言方面

家长要帮助孩子形成一定的语言倾听和表达能力，比如，能简单地表达自己；如果说不清楚，在听明白老师的话后有一定的语言、表情或者动作反馈，等等。

（三）交往方面

家长要帮助孩子适应环境并具备一定的社会交往能力，比如，对陌生的环境不是特别害怕，平时能在外面与小朋友玩一会儿，有朴素的同情心，初步知道不应该用"打、砸、抢"的方式跟小朋友交往，等等。

五、为家长剖析幼儿入园的普适年龄

家长很关心孩子的入园年龄问题，不能确定孩子到底多大上幼儿园最合适。客观地说，孩子的个体差异很大，很难准确地说某一个年龄适合所有的孩子入园。但是，从幼儿分离焦虑心理的发展规律而言，建议孩子3岁以后再上幼儿园。因为2岁左右是宝宝分离焦虑最敏感的时期，也就是说如果孩子暂时离开自己所熟悉的家长和环境，面对陌生人和陌生环境会产生强烈的不安、焦虑甚至恐惧反应。比如，号啕大哭，又踢又闹；在幼儿园不吃、不睡、不玩，很不愉快，等等。3岁以后，孩子的心理发展相对成熟些，对分离现象的正确判断和适应能力更强了，知道妈妈走了还会回来的，并不是被妈妈抛弃了，能够暂时容忍与妈妈的一段分离，他们刚上幼儿园所承受的分离之"痛"因此也要轻一些。而分离焦虑降低有利于孩子身体的发育和心理上的健康发展。

 拓展阅读

家长参与到幼儿园亲子课中的重要性

现在，越来越多的幼儿园开设亲子课。与其他的课程相比，幼儿园亲子课最大的不同是家长陪同孩子上课，那么在幼儿园亲子课上，家长们应该做什么？应该怎样做？这是一个重要的话题。亲子课是否能够达到效果，与父母的配合是分不开的，然而很少能有机会和大家一起探讨这个话题。

1. 后续跟进非常重要

幼儿园亲子课是给孩子上的，也是给家长上的。孩子在上课短短的时间内通过游戏的方式，接受到语言、音乐、精细动作、大动作、社交等各方面的锻炼，对孩子是非常有好处的。但是所有的锻炼不应该仅仅限于上课的1小时，亲子课的效果如何更大程度上取决于下课后课上所学的东西在家庭中的延续，所以希望家长们回家后能坚持带宝宝练习。有的家长说没有时间，我们觉得这不能作为理由，想教育好宝宝就需要我们付出，付出看电视的时间，或者逛街的时间、聚餐的时间等。其实把这些变成一种习惯就不会耽误你太多的时间。

2. 亲子课中家长充当的角色

在亲子课中，家长要放下架子，要积极地参与，该让孩子自己动手的时候就要袖手旁观，具体说来，在亲子课中家长可以扮演以下这些角色：

（1）支持者。首先家长要提供精神支持，对孩子幼儿园亲子课给予关心，并给孩子信心。其次是尽量挤出时间去参加亲子课，不然孩子看到其他小朋友的家长在身边而自己的家长却不在场会伤心的。这对孩子的伤害会比较大。

（2）参与者。家长用自己的参与热情感染孩子，使孩子能够积极大方地参与活动。

（3）充当孩子的伙伴。亲子课中家长同样需跟孩子平等相处，不能以长者自居，要与孩子相互配合，相互商量，共同合作，以伙伴的角色跟孩子一起完成亲子课。例如，你可以跟宝宝玩躲猫猫、化妆和教唱歌等游戏。

（4）充当观察者。在亲子课中家长观察、了解孩子在集体活动中的问题所在，从而采取有效的教育措施。如有的幼儿交往能力比较弱，当家长在活动中发现这一问题后，就可以有意识地去引导孩子与同伴交往。

（5）充当教师的协助者。通过亲子课加强家长与教师沟通，同时可以更进一步地让教师了解家长的个性特点、家庭教育方式，更好地了解孩子的情况；家长在活动中也能够发现一些问题，可以及时提出合理的建议，与教师进行沟通，共同担负起教育孩子的职责。

最后，笔者真诚提醒幼儿家长们在孩子成长的漫长过程中，要多多观察、理解、尊重孩子，不断地提高自身的修养，增加自信，做一名有童心的家长，学会跟孩子一起唱歌、跳舞、讲故事，利用亲子教育和孩子一起成长。

（资料来源：http://blog.sina.com.cn/s/blog_b8e8d7b50101alu0.html）

任务 2.2　与小班幼儿的家长沟通

任务导入

吴老师所在的小班教室前面不远处有一棵大树，后面经常会躲着一些"探头探脑"的家长。有的家长把孩子放在班里以后舍不得走，就躲在大树后面，一听见孩子哭，就冲进教室安抚孩子，于是聪明的孩子明白了可以用哭声留住家长。有的孩子好不容易心情平静下来了，无意间发现躲在大树后面或者窗户外面的家长，他明白了原来家长没有走，他更受不了了：为什么骗人？为什么不上班也不带自己走？爸爸妈妈不爱宝宝了吗？……家长的这种做法导致教师之前的安抚工作前功尽弃。可见，很多孩子的入园适应能力差是家长无意中造成的。从某个角度来说，孩子适应集体生活难，与其说是由孩子的分离焦虑导致的，不如说是由家长的分离焦虑导致的。家长的心态如果能够放松，相信会大大提高孩子的适应能力。

思考：作为幼儿教师，如果你遇到上述案例中的情况，应该怎样与家长进行沟通呢？

知识要点

一、提醒家长放松心态，帮助孩子缓解分离焦虑

小班家长心疼刚入园的孩子是可以理解的，也表现出愿意配合教师缓解孩子入园心理压力的意愿，但是仍然难以控制自己的担心与不安。针对这种情况，教师一方面要耐心地与家长反复沟通，另一方面要照顾好孩子的生活、健康与安全，真正免除家长的后顾之忧。同时，还要向年轻父母提供一些实用性和操作性较强的教育策略。

(一) 铺垫分离的心理经验

平时，家长在陪伴孩子玩耍时，在保证安全的前提下，可以远远地看着孩子，不要总是陪在孩子身边，以减少孩子过分依恋家长。家长外出的时候，一定要当面与孩子告别，告诉他自己干什么去了、什么时候回家，鼓励孩子等着家长回来，并让孩子看着家长走，跟家长说再见。这些做法为孩子坦然接受分离现象铺垫了心理经验。

(二) 带领孩子正视分离

有的家长会采取趁孩子不注意的时候悄悄离开，或者放下孩子转身就走等不辞而别的方式，这样不但不能减少孩子的分离焦虑，反而破坏了孩子的安全感与信任感，让他们对分离产生强烈的恐惧心理。其实，妈妈可以蹲下来对孩子说："妈妈知道你看见妈妈离开了会很难受，但是妈妈必须要上班。如果你难受就哭一会儿，你是想哭 5 下，还是想哭 10 下？妈妈陪着你。"对于孩子来说，不让他哭，他做不到；让他少哭，他做得到。孩子的情绪压力得到适当释放，有助于降低分离焦虑的程度。

(三) 让孩子带上心爱的小物件到幼儿园

陌生感和孤独感会加剧焦虑体验，让孩子带上自己的依恋物则有助于抚慰孩子的不安情绪。让孩子选择自己喜欢的玩具、图书或者妈妈的小毛巾、家里的小枕巾等物件并带到幼儿园，把它们当成陪伴自己上幼儿园的好朋友，想家的时候可以看看它们、摸摸它们，对它们说说心里话，这是缓解幼儿焦虑情绪的好办法。

(四) 避免消极心理暗示

家长平时千万不要说："你再不听话，就把你送到幼儿园！"之类的话。同时，家长不要在孩子面前流露出对孩子上幼儿园的怜惜和不舍之情，以免刺激孩子对分离产生敏感的情绪。

二、鼓励家长相信孩子的适应能力，让孩子在锻炼中成长

最初把孩子送到幼儿园，家长不放心的事情很多，但大都是围绕幼儿园与家庭的环境差异造成的：幼儿园是集体生活环境，有各种制度与秩序，以前在家里自由自在的宝宝能适应各种约束吗？孩子在家里时，全家人都围着他转，能随时满足他的各种需要，而现在幼儿园一个班级里有一二十个小朋友，教师要照顾全班小朋友，因此很多事情宝宝必须等待和忍耐，他受得了吗？

实际上，问题并没有家长想象得严重，家长低估了孩子的适应能力。孩子适应幼儿园新环境的能力来源于两个力量：自我成长的力量和教师帮助的力量。孩子最初待在幼儿园的时候，虽然不愿意接纳老师和小朋友，但他会察觉到老师和小朋友都不会伤害自己，在这里他是安全的；虽然他吃饭和睡觉都不是很主动，但是作为人的本能，他知道饿了要吃饭、困了要睡觉、单调了可以听老师唱歌、讲故事，他明白在这里是有保障的；虽然早上分手的时候大哭，但他却一直记着妈妈说下班就来接自己，虽然等待是难熬的，但他知道等一等是有希望的；虽然在家里自由自在很开心，但是他发现在幼儿园里守规则会得到老师的表扬与奖

励，他晓得不同的地方有不同的规则，"入乡随俗"能换来快乐，所以在这里失去点"小自由"也是值得的。总之，孩子会主动调动自己的情绪、态度、认知与能力，去探索集体生活的法则与自由的分寸。

三、告诉家长孩子入园后生病不可怕，要帮助孩子养成健康生活的好习惯

新入园孩子之所以容易得病主要是由于集体生活中孩子之间交叉感染造成的。于是，家长就担心了：总不能一有小朋友生病就把孩子接回家吧？实际上，与他人接触少的孩子未必就是健康、有抵抗力的孩子。《新英格兰医学期刊》公布的一项研究指出，适度地让孩童感染疾病，反而对免疫系统有强化巩固作用，从长远的发展过程来看，这将帮助孩子增强抵抗力，逐渐改善孩子的体质。

孩子新入园都有一个适应期，教师要引导家长以积极的态度帮助孩子一起渡过难关。比如，平时提醒孩子多喝白开水，帮助孩子养成随渴随喝的习惯，不要让孩子总是喝饮料；矫正孩子偏食的习惯，保证营养摄入的均衡；经常带孩子锻炼身体，做适当消耗体能的运动，不能总是让孩子"静坐"；如果孩子生病了，就把孩子接回家接受治疗，痊愈以后再送孩子上幼儿园。

四、指导家长帮助孩子做到"快乐起床不迟到"，提高孩子的出勤率

很多家长为孩子起床磨蹭感到烦恼，教师可以帮助家长出主意，让孩子做到"快乐起床不迟到"。孩子的睡眠需要从深睡进入浅睡再进入觉醒3个阶段，他们的睡眠比大人深沉，因而从深睡到觉醒的过渡时间也比成人长。成人高强度、高频率的喊叫孩子起床，会造成孩子难以适应、周身发懒、情绪烦躁，所以家长要给孩子一定的缓冲时间，提高叫孩子起床的艺术。比如，提前15分钟播放固定的起床音乐，每隔5分钟加大一点音量，同时打开窗帘或开一盏小灯，一边附耳轻声地叫孩子的名字。此外，大多数孩子都有痒痒肉，这是孩子敏感、容易兴奋的部位，家长可以轻轻地挠孩子的痒痒肉，这也有助于孩子的觉醒。当然，最重要的还是让孩子晚上早入睡。早睡决定早起。现在很多孩子陪家长玩得很晚才睡觉，造成第二天的贪睡。所以，家长要减少晚上看电视或者加班的时间，为孩子营造安心睡眠的环境。

此外，家长鼓励孩子坚持每天上幼儿园也很关键。如果孩子上幼儿园是"三天打鱼，两天晒网"的状态，孩子就会觉得幼儿园可上可不上，所以早上起床可以按时也可以不按时。因此，只要孩子身体健康，家长就要鼓励孩子天天入园。

五、告诉家长孩子出手打人有原因，帮助孩子学会交往是关键

孩子爱出手打人是家长很担心的一件事，主要是因为小班孩子自我保护过度以及不善于用语言表达需求造成的。教师可以指导家长采取三步法矫正孩子。

第一步：当孩子打人的时候，家长首先抱住孩子，阻止冲突升级，不要用批评和惩罚的口气吓唬孩子，也不要用所谓"以其人之道还治其人之身"的打孩子的教育方式。

第二步：尝试理解孩子的心理需求。孩子打人的初衷并不是想让对方痛苦，而是还不会

用语言表达出自己的心理需求，因此，家长可以蹲下来问孩子，诸如"你是怕他抢走你的玩具吗""你是想与他一起玩吗""你是想玩他的玩具吗"等问题，观察孩子对问题产生的反应，以确认孩子打人的原因。

第三步：用语言引导孩子正确地理解自己和他人的意图，逐步学会"君子动口不动手"的语言交往方式。如果家长判断孩子是因为担心他人抢玩具而打人，就可以跟孩子解释："他发现你很会玩，他是来看看你的玩具的，他并不想抢你的玩具。如果你给他看看你的玩具，你们以后就是好朋友了！"渐渐地，孩子提高了认知水平和语言表达能力，与其他小朋友和睦相处的能力也就会越来越强了。

 拓展阅读

幼儿园给小班家长的入园须知

欢迎您的孩子来到我们幼儿园。从此，我们之间将架起一道互动交流的桥梁，我们深知任重而道远，孩子们身心健康的发展是我们共同的心愿，我们将付出所有的爱心、耐心和细心伴随您的孩子天天成长。感谢您对我们的信任与支持，希望我们密切合作，共同培养出优秀的孩子。为了使您的孩子在幼儿园健康、快乐地度过每一天，请家长从以下方面配合我们的工作：

（1）生活要有规律，养成良好的上学习惯，不迟到不早退，每天早上8:30前送孩子入园食用园内早餐，保证孩子每天早上能够以愉快的心情来园。

（2）教您的孩子知道自己的姓名，学习清楚表达自己的意愿。学习独立进餐，独立如厕。让孩子认识自己的东西，以免遗失、搞错。认识班上3位老师。

（3）幼儿来园之前，家长应根据幼儿的特点帮助幼儿做好心理准备，不要用恐吓、威胁和强迫的方法。送幼儿到园后，家长要将幼儿亲自交给班级老师，向老师问好，让老师知道幼儿到园了。

（4）给幼儿准备一个小书包，在显眼处写上幼儿姓名，每天为孩子准备1～2条内、外裤，用以防范大、小便在裤子里时换（家长视自己孩子情况具体定）。幼儿的服装、鞋帽应方便幼儿和教师穿脱。

（5）请家长不要让孩子将零食和危险品（如药片、铁钉、纽扣、尖利的玩具等物）带入园内，送孩子入园前请仔细检查。

（6）幼儿之间发生矛盾或碰伤、抓伤，家长不得训斥和恐吓其他幼儿，应配合带班教师共同进行教育和解决。

（7）如果您的孩子需要喂药，请将药品包好后，写清楚幼儿姓名、喂药时间，家长亲自交给班级老师，并进行登记（原则上是服药幼儿不能到园，痊愈后才能来园）。

（8）若幼儿患传染病，应立即通知老师，并在家隔离治疗直至痊愈。

（9）每位幼儿交一张办证照片到班上，给孩子办理接送卡。每天必须持卡接送幼儿（放学时无卡不能接走幼儿）。每天接送幼儿的人员应相对固定，请他人代接须事先与本班教师联系，严禁让儿童来接幼儿。

（10）初入园时，无论孩子怎样哭闹，希望家长信任教师，下决心跟孩子分手，相信这是很多孩子都会经历的一个必然过程，很快就会适应。情绪非常糟的幼儿，家长可酌情陪伴孩子在园内玩 1~3 天。

（资料来源：http：//edu. pcbaby. com. cn/center/admission/1006/932875. html）

任务2.3　与中班幼儿的家长沟通

 任务导入

新学年孙老师开始做中班班主任，她发现班里的家长对孩子的期望差别很大。有的家长还延续孩子在小班的状况，只关心孩子的生活，只要孩子在幼儿园吃得好、睡得好、玩得好就行，不对孩子提"过高"的要求；有的家长希望中班老师多教点知识，不能再像小班那样"浪费"时间了。长期带班的丰富经验让孙老师认识到孩子上中班以后的身心发展规律和所面临的主要发展任务是不同于小班的，家长对此未必完全清楚，教师有必要跟家长逐一沟通，而不是一味地限制或者拔高孩子的发展水平。

思考：作为幼儿教师，如果你遇到上述案例中的情况，应该怎样与家长进行沟通呢？

 知识要点

一、鼓励亲子运动，促进幼儿体质的全面发展

有的家长认为孩子不生病就是健康，事实上，孩子不但要健康，还要强壮，成人有义务帮助孩子的各项体质发展指标达标甚至优秀。小班幼儿尚处于发展基本动作与活动能力的阶段，在力量、速度、耐力、柔韧性及灵活性等方面还有待发展；中班是孩子锻炼和提高身体素质的关键期，而体能的发展依赖良好的运动习惯和运动方法。孩子每天在幼儿园有两个小时的户外活动时间，在家里也要有适当的运动量，尤其是节假日，家长要带孩子散步、跑步、做运动游戏或亲子操，这是孩子体能发展不可缺少的途径。但现实状况是，不少家长自己没有养成运动的习惯，又在日常生活中对孩子包办代替，结果限制了孩子的体能发展。教师要经常给家长渗透运动锻炼身体的观念，并提供相应的家庭运动游戏，鼓励亲子运动，促进幼儿体能的增强。

二、尝试家务劳动，培养幼儿的爱心与动手能力

中班开始有值日生，以便培养幼儿的劳动意识、劳动能力和关心他人、服务他人的意识，与此相对应，孩子在家里也应该做一些家务劳动。有的家长却没有意识到这一点，不仅替孩子做值日生的活动，在家里更是没有给孩子提供锻炼自我及服务他人的机会。适当的家务劳动可以帮助孩子走出自我的小圈子，丰富他的内涵与修养，让孩子变得有爱心、有胸怀，能更好地适应集体生活和幼儿园环境。教师还要提醒家长不要对孩子的家务劳动给予过多的物质奖励，因为家务劳动是家庭成员的义务，孩子应该是心甘情愿和不计报酬的，这样的家务劳动才能发挥对孩子全面发展的意义。

所以，家长对孩子进行物质奖励不要频繁，要给孩子更多的精神奖励，如表扬、拥抱、亲吻或者与孩子一起做游戏等。

三、支持同伴交往，提高幼儿的交往能力

小班幼儿喜欢各玩各的，同伴之间缺乏真正的互动与交往；中班幼儿的交往需求则大大增强，但是他们的交往技巧还有待发展。他们经常发生冲突与矛盾，甚至大打出手，这时家长的教育态度与方法非常重要。有的家长看见孩子起了冲突就前去干预平息，有的护短的家长甚至会训斥其他孩子，这些行为都是不可取的。因为中等程度以下的冲突是孩子学习理解他人、锻炼人际交往技巧的机会。冲突使孩子感受到他人与自己不一样的想法，为了达成共识，大家需要协商，而协商的技巧更需要在一次次的冲突中去揣摩。此外，孩子之间是完全平等的，不像在家里总有人让着自己，所以适度的冲突也有助于孩子走出"以自我为中心"的思维习惯，让他们逐步学习遵守人际交往的规则。有的家长不太了解中班幼儿的交往特点与教育方法，教师在必要的时候需要与家长进行深度沟通。

四、改善教养方式，培养幼儿良好的行为习惯

中班幼儿不像小班刚入园时总是怯生生的，开始变得活泼大方起来，活动能力也大大增强，有的孩子则显得比较浮躁好动，对班级教师及其家长的教育能力提出很大的挑战。教师除了在幼儿园对这样的孩子加强正面教育以外，还要帮助家长改善教养方式，共同培养幼儿良好的行为习惯。首先，教师要善意地提醒家长调整好自己的心态与工作节奏。激烈的竞争与工作压力容易使年轻的父母紧张、焦虑、不安，如果家长在孩子面前频繁地表现出过激言行和不满情绪，会给孩子潜移默化的影响。还有的家长自身情绪发展不够成熟，平时比较情绪化、容易急躁，遇事缺少耐心与冷静，也给孩子树立了负面榜样。

其次，在教养方式上，教师提醒家长既不要过度放任也不要过度限制孩子。家长过度放任或者过度限制孩子，都有可能导致孩子浮躁好动。有的年轻父母比较崇尚自由教育，对孩子疏于管理，任其"自由"发展，导致孩子放纵、散漫、浮躁；有的父母则相反，对孩子严加管教、严加保护，过多限制孩子的自由活动，忽略了孩子也是一个独立的个体、需要自己的空间，导致这些孩子在家长面前服服帖帖，一旦离开家长的视线，就像脱缰的野马，大肆发泄被禁锢的情绪，出现更多的浮躁行为。因此，家长对孩子要既不放纵也不压制，要为孩子营造收放有度的教养环境，以有效避免幼儿浮躁行为的发生。

五、优化亲子关系，锻炼幼儿的自我控制能力

孩子自我控制能力弱，是很多教师和家长遇到的难题。自我控制能力的强弱既与高级神经系统的发育水平有关，也与后天的教养环境密切相关。一般情况下，中班幼儿神经活动的兴奋与抑制过程的相互转化能力普遍增强。而孩子间之所以出现自我控制能力的差异，与亲子关系类型有一定的关系，教师需要对某些家长加强指导。

权威型的亲子关系有助于孩子发展自我控制能力，而专制型和放任型的亲子关系则不利于孩子自我控制能力的发展。因为专制型家长在教养方式上依赖惩罚，惩罚可以暂时抑制孩子的不良行为，是因为孩子慑于家长的严厉才被动服从的，这不利于孩子内化家长的教导。惩罚使孩子的心理发展只停留在外在的、他人控制的水平上，一旦缺乏家长的管教与控制，孩子就不再对自己加强管理。放任型的家长则对孩子缺乏约束与教导，导致孩子的规则意识

建立不起来，自然随意妄为，无从锻炼自我控制能力。权威型的家长既对孩子有教导，又鼓励孩子发展独立性，亲子之间交流、沟通和商量的机会也比较多，使孩子在理解的基础上逐渐内化家长有益的教导，遇到困难、犯了错误不害怕、不逃避、不撒谎，而是坦然接纳现实、积极接受帮助、主动调节自我，使孩子真正成为自我控制的主人。

 案例描述

张宸硕是一个很调皮的孩子，喜欢跑来跑去，在椅子上坐不定，还很喜欢去招惹别的孩子。总之从吃饭、穿衣方面来说相对都比其他的孩子差一点，他的爸爸妈妈对自己的孩子很关注，也知道自己孩子的不足和调皮，经常向老师询问张宸硕的情况。又是新的一天，孩子们陆陆续续地来到了幼儿园，开始投入自己喜欢的游戏中。张宸硕来了，每次他与爸爸妈妈都要依依不舍地说再见。今天来的是妈妈，老师说："张宸硕早，张宸硕妈妈早。有没有告诉妈妈昨天你很棒的，自己穿衣服，塞衣服，老师还给你发了一个贴纸呢！"张宸硕妈妈就高兴地说："真的吗？张宸硕，你真厉害！"老师就说："今天还要自己穿衣服对不对，吃饭也要吃得很快好吗？老师再给你贴花纸好不好？"张宸硕点点头，说："妈妈，再见！"妈妈高高兴兴地离开了。

 分析与反思

早晨的来园接待是老师和幼儿一天的第一次亲密接触，也是老师和家长简短接触的机会。早晨来园老师首先要与幼儿与家长热情地打招呼，快速回忆起孩子昨天在幼儿园的情况，例如在案例中老师向张宸硕询问贴花纸的事情，其实在与孩子对话的时候，家长很仔细地听着，他们就会知道昨天孩子表现得很好，会穿衣服了，老师奖励他贴花纸，孩子进步了，妈妈很高兴，也会更信任这位老师。并且在最后也提出了今天希望和提示，让家长和孩子知道还有哪方面的不足。

（资料来源：http：//www.diyifanwen.com/jiaoan/youeryuanzhongbananli）

任务2.4 与大班幼儿的家长沟通

 任务导入

盈盈的爸爸来接盈盈回家的时候，盈盈拉着爸爸的手不让走，她指着放在班级的一本"书"说："爸爸，你看这是全班小朋友一起做的书，这一页是我画的。"爸爸说："是吗？这画的是什么呀？"盈盈说："小学100问。"爸爸很好奇："小学有什么好问的？"盈盈自豪地说："小朋友有好多好问的。"爸爸问："都有哪些呀？""小学生在哪里做操？小学生吃什么饭？小学有王老师吗？上了小学以后，还能回幼儿园吗？忍不住想尿尿怎么办？想幼儿园老师怎么办？不会写作业怎么办？反正好多好多。"盈盈认真地说。"你们不用那么操心，到时候自然就好了。"爸爸说。"爸爸，老师还要带我们参观小学，我们要问小学生好多问题呢！"女儿说到这里，爸爸意识到在孩子的心里，小学确实有很多好问的，自己以前怎么没意识到这一点呢？还是大班老师有经验、有方法。

思考：与大班幼儿的家长沟通时，教师应该怎么做呢？

 知识要点

一、提醒家长注重幼小衔接教育

有的家长认为孩子到了年龄就该上学，不需要什么准备。的确，上学是适龄儿童的权利，每个适龄儿童的入学资格都是平等的。但入学资格平等不等于入学能力相同。因为，入学能力涉及孩子的身体素质、智力水平、心理年龄、前期经验、早教质量、生活环境和家庭背景等诸多因素，这些因素决定了每个孩子在入学能力上的不同。入学资格平等要求我们尊重每个孩子上学的权利，入学能力不同要求我们尊重每个孩子的个体差异。幼儿教师要和家长一起合作对孩子进行适宜的幼小衔接教育。

如果家长只是简单地告诉孩子该上小学了，而没有给孩子时间慢慢消化和吸收"上小学"的概念和"学生"的意识，他虽然也会配合家长的要求上小学，但是突如其来的生活与学习变化缩短了孩子的心理适应期，反而不利于孩子的入学适应。

二、帮助家长了解孩子入学要面临的变化

孩子从幼儿园到上小学，是一个很大的转折。让孩子能够顺利地适应小学生活是每个家长的心愿。处于幼儿园和小学衔接阶段的儿童，通常面临6个方面的重大变化：

（一）师生关系的变化

幼儿园教师像妈妈一样既关心孩子的学习，又关心孩子的生活；而小学教师以关心孩子的学习为主，孩子的生活问题需要自己料理，这种变化使孩子感到有些紧张和压力。

（二）同学关系的变化

幼儿园小朋友大多数都是附近社区的，彼此比较熟悉，交往方便；小学的新同学来源则要广泛和复杂些，最初大家比较陌生，孩子需要一段时间了解同学的个性、兴趣、爱好和交往方式，然后才能交上朋友。这段时间会让孩子有一定的陌生感与寂寞感。

（三）行为规范的变化

幼儿园一日三餐两点，有午睡，幼儿随时可以喝水、上厕所，入园和离园早点儿、晚点儿都没关系，行为规范比较自由和生活化。但是，小学生不能迟到、不能早退，没有午睡，上课期间不能随便说话或上厕所，行为规范比较严格和制度化。行为规范从宽松到严谨的变化，会让孩子产生一定的心理压力。

（四）学习性质的变化

在幼儿园，孩子在活泼、自由、轻松的环境下学习，成人对学习结果一般没有严格要求；小学生则在教师的指导和家长的监督下学习，教师和家长对学习结果都有一定的要求。

因此，小学比幼儿园更加正规的学习性质，有时会让孩子产生抵触情绪。

（五）学习方式的变化

幼儿园的学习以游戏为主，学习内容比较直观、具体、形象，学与玩交叉进行，孩子容易产生学习兴趣；小学则实行课堂集体教学，教师的说教比较多，孩子动手操作和参与的机会比幼儿园少。在小学，教师开始逐步训练孩子的抽象思维能力，孩子的学习时间变长了、游戏时间变短了，这种比幼儿园单调、枯燥的学习方式会让孩子感到不适应。

（六）期望水平的变化

在幼儿园，家长和教师以维护幼儿的快乐和学习兴趣为主，没有硬性的学习要求和作业；到了小学，对孩子则有一定的学习内容和目标要求，完成不了学习任务会对孩子进行批评与教育。此外，同学之间也会相互比较。凡此种种，孩子感觉承受的期望压力高了。

可见，上小学是孩子一生的一个重要转折，其中既有新奇和快乐，也有挫折和困难，需要孩子具有相应的能力与心理准备。孩子上小学初期可能会被一些表面现象所吸引，如小学生漂亮的书包、校园里的活动设施……然而，表面的兴趣不能持续很久。所以，孩子对学校的感情需要一定时间的酝酿。孩子从大班升入小学需要一年的时间，幼儿园大班教师要带领家长一起不断地培养孩子的"学生"意识，让孩子有准备地接受这6大变化。

三、指导家长树立正确的幼小衔接观念

有些家长不太清楚幼儿园教育、大班幼小衔接教育和小学教育的根本区别。幼儿园主要是通过游戏让孩子获得直接经验，小学则主要通过课堂书本学习让孩子获得间接经验。幼儿园的生活是非常丰富的，使孩子获得许多有益于未来发展的宝贵经验；而小学的生活相对单调很多，教师的说教多，孩子的动手操作少。面对幼儿园和小学在生活、学习环境等方面存在的巨大差异，为了让孩子能够更顺利地升入小学，幼儿园一般会在大班对孩子进行幼小衔接的教育，这也需要家长的配合，家长要树立正确的幼小衔接观念。一般来说，正确的幼小衔接观念至少体现在以下两个方面：

（一）熏陶孩子的上学意识，而不是片面追求成绩

上小学前，孩子需要具备一些基本的思想意识，如时间意识——需要掌握课间10分钟能做哪些事情，走多快能保证上课不迟到；规则意识——需要懂得在游戏中遵守规则才能玩得好，在交往中尊重对方才能交上朋友；任务意识——需要学习完成教师和家长交代的简单任务，而不是有始无终，等等。这些都是孩子应该具备的上学意识，而这一切需要在日常生活、学习和游戏中培养。一些家长会用学习成绩的高低来代替上学意识的成熟，这对孩子未来适应小学生活是非常不利的。教师需要跟这些家长进行深度沟通。

（二）注重孩子学习习惯的培养，而不是强行灌输知识

一些家长的功利心强，主张提前让孩子学习小学知识。某些研究的确发现，在小学一年级，不少上过学前班的孩子比没有上过学前班的孩子成绩好。但是这种优势是暂时的，二年级之后的学习成绩不再取决于是否提前学习了，而是学习习惯是否良好。有些上过学前班的孩子对学过的知识没有新鲜感，上课不认真听讲，养成东张西望、注意力不集中、不喜欢动

脑筋等不良习惯，而不良习惯对孩子的危害是长远的。

四、指导家长利用暑假做好入学准备

幼儿园大班结束后的暑假是孩子入学前准备的最后时期，孩子对上学的兴奋与渴望心情此时达到高峰。家长带孩子参与到入学前的准备过程，有助于进一步激发孩子对上学的向往与自信。家长每做一件事都耐心地告诉孩子"为什么"和"怎么做"，有利于提高孩子的认识水平与"学生"意识。根据入学的需要和孩子的特点，暑假期间的入学准备可以分为物质准备与心理准备。教师应该指导家长根据实际情况，列出一个准备清单，让孩子能够从容地转变到自己的小学生的身份上来。

 小贴士

入学的物质准备清单

1. 一个安静的、固定的学习地方：有利于孩子形成条件反射，即进入这个地方就知道该读书、写作业了。

2. 一套适合孩子身高的桌椅：椅子的高度要能保证孩子的双脚自然平放在地面，桌子的高度要能保证孩子的双臂自然摆放在桌面，双臂和双肩都不感觉到高架或低垂。

3. 一架亮度适宜的护眼台灯：灯光光线不要太亮也不要太暗。一般是15～25瓦的白炽灯，光线不要直射孩子的眼睛。

4. 一些用于整理学习物品的抽屉、塑料箱、书架或书立。

5. 一套简洁、实用和耐用的学习用品，包括书包、笔袋、铅笔、橡皮、卷笔刀、尺子等，物品的颜色不要太花哨，以免孩子过多摆弄，分散学习时的注意力。

6. 一套遮阳避雨的用具，如雨衣、雨伞、雨鞋、太阳帽等，物品颜色要鲜亮，以便提醒司机或过路行人注意孩子的安全。

7. 水壶、手帕、餐巾纸、卫生纸和创可贴等日常所需用品，把它们放在书包里。同时，注意不要让孩子把剪刀、打火机等尖锐和易燃物品放进书包。

入学的心理准备清单

1. 上学生物钟：入学前一个月模仿学校的作息时间安排孩子起床和睡觉，不要让孩子晚睡晚起；安排一个小时的午睡时间，午睡时间不要过长；提供一个小闹钟，敦促孩子养成闹钟一响就起床的时间观念与生活习惯。

2. 饮食习惯：要求孩子一天三顿按时吃饭，每顿吃饱，三餐中间不吃零食，不挑拣饭菜，喜欢喝白开水。

3. 自理能力：提高孩子穿衣戴帽、上厕所的熟练程度和速度，让孩子自己能够利落地洗脸、洗脚、刷牙，会简单地铺床叠被，这些技能有利于孩子适应入学后较快的生活节奏。

4. 独立学习的意识：每天给孩子布置一定时间的阅读、手工等学习活动，鼓励孩子自己完成学习任务，不依赖家长，也不让家长陪着。

5. 劳动能力：为孩子提供扫地、擦桌、洗杯子的锻炼机会，有利于孩子入学后适应集体劳动和集体生活。

6. 整理能力：要求孩子把书包、书本、文具、衣服、鞋子等都放在固定的地方，不能

随便乱扔；指导孩子合理安排书包和笔袋的空间，分类放置各种物品。

7. 管理物品的能力：帮助孩子记住自己的物品，让孩子为他自己的书包、文具等贴上他自己喜欢的标签或者写上名字；孩子上学后发了统一的课本与校服之后也要这样做，以免与其他小朋友的东西混淆。

任务2.5 与学前班幼儿的家长沟通

任务导入

祖儿5岁多，该上幼儿园大班了，但是祖儿的妈妈听说有的家长没有让孩子上大班，而是直接上了学前班，据说上过学前班的孩子在小学一年级的时候成绩都不错。可是，也有人建议孩子上大班，说有些上过学前班的孩子到了一年级，存在学习习惯不良甚至厌学情绪。到底孰是孰非，祖儿的妈妈迷惑了，需要教师答疑解惑。

思考：针对案例中的情况，教师如何与学前班的家长进行沟通呢？

知识要点

一、让家长了解学前班的发展趋势

很多家长对学前班存在着认识误区，以为学前班是比幼儿园大班高一级的教育形式，实则不然。随着幼儿教育事业的发展，学前班将被逐步取消。1991年，国家教育委员会在《关于改进和加强学前班管理的意见》中指出："学前班是对学龄前儿童进行教育的一种组织形式。在现阶段，它是农村发展学前教育的一种重要形式；在城市，则是幼儿园数量不足的一种辅助形式。"

在我国一些幼儿教育发达的城市，将首先陆续取消学前班。2004年，北京市教委在《关于加强学前班管理工作的意见》中对辖区内的学前班进行了调整，调整的原则是：凡幼儿园已能满足群众需要的地区，一般不要再举办学前班。北京市城近郊八区（不含朝阳、海淀、丰台的农村地区）和远郊县城地区从2006年秋季开学起，全面停办小学附设学前班，远郊区县逐步减少，到2010年全市小学全部取消附设的学前班。我国其他一些省市如广州省、郑州市都做出了普及幼儿教育、取消学前班的决定。更多的省市虽然没有立即取消学前班，却都根据国家和地方的办学标准及教育要求，对社会上的各种学前班进行了规范管理。

但是由于种种原因，学前班还大量存在。目前，学前班的办学形式主要有3类：幼儿园办的学前班、小学附设的学前班和社会上办的学前班，其中以私立幼儿园和私立小学办的学前班为主。学前班的种类也五花八门，主要有全日制、半日制和周末班等。有的家长把孩子直接送到全日制的学前班；有的家长让孩子每周有两个半天上学前班，其他时间上幼儿园大班；有的家长让孩子工作日上幼儿园大班，双休日上学前班。

二、为家长分析学前班存在的主要问题

目前，学前班存在的主要问题是管理归属不明确，教育的内容、形式和方法不符合幼

儿身心发展的特点和规律，普遍存在"小学化"的倾向，影响了学龄前幼儿身心的健康发展。

学前教育是遵循 3~6 岁儿童的年龄特点和身心发展规律，实行保育与教育相结合，以游戏为基本教学形式的教育。而学前班采用的是小学的集体教学模式，对孩子进行入学前一些技能的训练（如坐姿和书写训练等）。其学习方式注重死记硬背，教育态度严厉，教学形式单调，缺乏游戏，家庭作业超重，等等，这些都影响了孩子的身心健康发展。比如，长时间的静坐学习，影响了孩子的骨骼发育；手部肌肉疲劳，影响了手部的发育；紧张的学习环境影响了孩子积极情绪的培养；教学单调、缺乏游戏导致了孩子厌学；不注重动手操作的记忆训练影响了孩子的理解能力和创新性思维水平的发展，同时抑制了他们的探索欲望。

由此可见，学前班干扰和破坏了真正的幼儿园学前三年教育。它不同于幼儿园大班教育，不是科学的幼小衔接教育。科学的幼小衔接教育不是让孩子提前学习小学课程，更不是向孩子实施小学化模式的教育。小学化教育加重了孩子的学习负担，提前结束了他们的童年生活，打乱了他们正常的身心发展节奏，影响了他们的可持续发展。

三、帮助家长明确孩子入学所需的基本能力

很多家长为孩子报学前班，主要是因为他们不了解孩子上小学所应具备的基本能力和素质。因此，教师应该指导家长在以下 6 个方面做好孩子的入学准备工作：

（一）身体健康

上小学以后，家长要鼓励孩子持之以恒地坚持下去。学校的课程安排非常紧密，孩子不宜三天两头请假。体弱多病的孩子可以考虑多上一年幼儿园大班，但是家长需要主动采取措施，鼓励孩子营养均衡不挑食、锻炼身体不间断，积极地促进孩子的身体健康。

（二）乐意与他人交往

小学对孩子独立交往能力的要求比幼儿园高，它要求孩子要乐意与他人交往、不排斥同伴。有些孩子胆小，也有些孩子因为身体比较弱，与同伴一起活动的机会少。对于这些孩子，只要他们想跟小朋友玩，家长就要鼓励和支持他们，并根据具体情境，具体指导孩子的交往技能，让孩子在发展的过程中可以逐步提高主动交往的意识和能力。

（三）具备初步的上学意识

渴望上学、向往小学是入学孩子必备的情绪与态度。同时，家长还要培养孩子具备一定的时间观念、规则意识、任务意识和遵守纪律的能力。家长可以按照《小学生守则》逐步培养孩子的上学意识与学生意识。

（四）具备基本的生活自理能力

幼儿园的保育工作比较多，教师会关心和照顾孩子的生活起居，而小学教师基本上不承担孩子的保育工作，孩子的生活需要自理。因此，在饮食、穿衣、睡眠、起床等方面，家长要帮助孩子形成一定的自理能力；在行走、跑跳、交通等方面，帮助孩子形成一定的安全和

自我保护意识；让孩子懂得当他身体不舒服或遇到意外情况时可以求助同学，向老师反映情况。

（五）具备一定的语言交流与表达能力

上幼儿园时，教师会通过孩子的眼神、表情、动作和情绪解读孩子的心理，即使孩子不主动交流与表达，教师也能关照孩子；上小学以后，教师主要靠口语与孩子进行交流，发生互动。因此，上小学的孩子需要能够理解他人的语言、表达自己的想法，具有基本的倾听与倾诉能力。

（六）具备初步的数学能力

生活中的数学现象是孩子以后系统学习数学知识的基础。在上小学之前，孩子在日常生活中应该已经知道物体的大小、多少、高矮、粗细、等分、数量、部分与整体，知道物体之间的配对、分类、比较、排序以及简单的类属关系，认识了整点和半点，有玩水、玩沙、玩土和搭建、拼接的经验，会10以内的加减法运算和应用题解答，这些初步的数学能力满足了孩子的入学需要。

四、提醒家长不要让孩子过度识字与写字

有些家长存在一个认识误区：把识字多少和写字好坏作为衡量幼儿智力发展和学习能力高低的标准。事实上，让认字取代读图和读书对幼儿的发展是得不偿失的。因为，学前儿童尚处于具体形象思维的优势发展阶段，让孩子积累大量的图形、图画等表象，有利于促进他们形象思维的发展。个别孩子识字太多，会导致他读书时读的是"字"，而不是"书"，从而忽略对图画的观察、理解和想象，阻碍了形象思维的发展。

此外，让幼儿练习写字也不能过度。学前儿童的手指和脊椎发育还不成熟，肌肉力量较小，因此，不宜让他们过早、过多、过长时间地握笔写字，否则容易造成握笔姿势不正确、坐姿不端正，进而导致他们的手指和脊椎发育变形。还有的孩子存在不良的书写习惯。比如，写字的时候喜欢把一条腿踩在椅子上，或者坐在一条腿上趴着写字，或者半坐半躺地写字，或者弯腰曲背地写字……这些不良的书写习惯会严重影响孩子的书写质量、速度和身体骨骼的定型发育，应该引起家长的特别关注。家长要注意矫正孩子的不良姿势，重视培养孩子正确的写字姿势。

任务③ 与家长沟通的多种途径
Misson three

学习目标

1. 了解教师与家长沟通的多种渠道，掌握每种沟通渠道的形式与功能。
2. 教师根据自己的沟通需求，选择适宜家长接受的沟通渠道，最大限度地发挥沟通的积极效果。

任务3.1 家访

 任务导入

小班新入园的大部分孩子已经不哭闹了，即使有也只是在与家长分别时依依不舍，但是丹丹整天都泪水涟涟地缠着老师，中午更甚，在卧室大声哭闹，老师只得带她在活动室单独游戏。经过家访了解到孩子从生下来就是4位老人带着，爷爷奶奶、外公外婆轮流护卫，一日生活全程陪同包办，孩子根本不需要动脑筋，任何需求都被提前想到并满足了。进入集体环境虽然老师的照顾细致入微，但毕竟还有那么多孩子，不能全程陪同她一人，使她产生失落感，因此以哭闹来吸引注意。

思考：假设你是丹丹的老师，面对这种情况，你会采取怎样的方式与丹丹的家长沟通？

 知识要点

教育好幼儿既是幼儿园的任务，也是家庭的责任。而幼儿园教育的成功与否，在很大程度上取决于幼儿园与家庭的联系，取决于家庭能否与幼儿园配合，共同教育好幼儿。因此，幼儿园应努力做好家长工作，争取家长的密切配合，充分发挥家庭环境教育的功能，真正使幼儿园教育和家庭教育密切结合，创设幼儿健康成长的最佳环境。而家访则是做好家长工作的重要桥梁。

一、家访的重要性

家访是由幼儿老师发起的，到幼儿家里与幼儿家长面对面交流幼儿的表现、进步和问题，家长的疑惑和期待，教师的困难和理念等，并且寻求和倾听家长的意见、建议，以达成某种教育共识，形成教育合力，促进幼儿健康、和谐发展的一种家园沟通的方式。

家访作为家园联系的重要纽带，具有重要的意义。对于幼儿教师而言，通过家访可以更全面地了解幼儿的家庭情况、个性特征、兴趣爱好等，更好地对幼儿实施教育，还可以在实践中不断提高自身能力，促进自身专业发展。对于家长而言，家访可以使其了解幼儿在园的表现、进步情况，以及班级、幼儿园的情况，以便使其更好地了解和配合幼儿园的教育。相比于家长，幼儿教师更具专业性。通过教师家访，家长可以就幼儿教育中遇到的一些问题咨询教师，提高育儿的科学性。对于幼儿而言，这是最根本的。家访，核心是幼儿，归根到底是为了幼儿的发展。教师家访，有助于将家庭教育与幼儿园教育联系起来，形成家园共育，促进幼儿的全面发展。因此，在家园互动中，应把家访提上议程，作为教师教育教学工作的重要组成部分。

二、提高幼儿教师家访工作实效的具体策略实施

（一）明确家访目的、主动选择家访时间

家访都带有一定的目的性，主要分为情感沟通和问题解决两个方面，具体又分为新生入

园家访、生病幼儿家访、个案追踪幼儿的定期家访、特殊幼儿家访、突发事件家访、问题幼儿重点家访等不同类型。教师每次家访根据不同类型明确目的，做好充分准备。

教师应主动选择家访时间，发挥主动性，可事先进行问卷调查了解家长对家访的看法，及时调整，合理安排家访时间。

以小班刚入园的新生为例：新生入园难免有哭闹现象，但由于每个孩子的性格、在家教养方式的不同，有的孩子适应期短，而有的孩子较难适应。在新生入园两个星期后应及时对入园哭闹的孩子进行家访。一是为了增进师生之间的感情，让孩子知道老师是很关心他的；二是为了了解情况，找出孩子较难适应的原因，对症下药。针对这样的孩子，家访时首先要详细地介绍孩子在园的情况。

针对案例中丹丹的情况，教师进行了家访，在同孩子父母交流过后，他们意识到问题所在，及时配合调整了教养方式。

（二）根据幼儿的情况设计家访方案

为防止在家访过程中出现冷场或者漫无边际的聊天情况，应事先对家访过程有个预期设想，从目的、谈话内容、谈话策略以及需家长配合的内容做个大致梳理，使交谈更具有针对性。最重要的一点一定要与家长进行预约，要选择孩子和父母都在家的时候。从人性化角度来说，在新生入园家访和生病幼儿家访时可带上小礼物，这样能使幼儿体会到教师对自己的关心，也会使家长受感动，有利于今后的沟通。以一个新生入园前家访为例，家访目标是：了解孩子在家的情况，包括家庭教育环境，跟家长聊天了解孩子的生活习惯；和家长沟通做好入园前的准备工作，主要是孩子的心理准备和生理准备。准备阶段：可以带一些小礼物，准备一首儿童歌曲或者是小游戏，可以和孩子游戏，让孩子熟悉老师。还可以将入学前的提示打印出来给家长，工作要细致。实施阶段：进门自我介绍——参观孩子的房间——和孩子游戏，送小礼物——与家长交谈。

（三）根据幼儿的情况决定谈话侧重点

对教师来说，最关注的是幼儿在家的情况，平时教师只能看到幼儿在园的表现，无法看到幼儿在家的表现，而很多幼儿家园的表现并不一致。教师要深入地观察，全方位地获悉幼儿的发展情况，对幼儿进行客观的评论。

从家长的角度来说，最关心的是幼儿在园的情况，很多父母忙于工作很少到幼儿园接孩子，孩子在园的表现也只是从上一代口中间接了解，而上一代的老人关注的大多是孩子的吃饱、睡好问题。新一代的年轻父母比较重视幼儿的在园表现，喜欢和同龄幼儿相比。因此，不管是好的还是不好的方面，教师都应该采用适当的方式告知父母，明确幼儿的优缺点。

家访应重视"质"的提高，因为，家访都是针对某一家庭中的某一特定幼儿准备的。因此，在每一次家访前，老师应根据孩子在园的不同表现和实情，设计家访的内容和要达到的目标，包括这个幼儿认知和社会性能力、幼儿的特殊兴趣、在幼儿园的好朋友是谁、幼儿易于取得成功的活动等，采取既考虑到父母的期望，同时又适合幼儿发展水平的方法，帮助家长全面、准确地看待孩子，在对孩子适度而合理的期望中找到适合儿童发展的家庭教育模式。

例如，教师了解到父母很关心自己的孩子在人际交往中的不足，因而计划在以后对幼儿有针对性地开展促进交往技巧发展的一些活动。当有家长对自己如何指导孩子在业余时间进行美术学习感到困惑时，老师在孩子的房间里利用家庭的现有材料为孩子布置了一个小美术区域，孩子可以在家里得到自由绘画的空间，很好地解决了家长的问题，也真正达到了入户指导的目的。

(四) 善于做一个好的倾听者，注意谈话的内容

有的教师迫切地希望将自己的教育理念和措施滔滔不绝地灌输给家长，甚至没有给家长说话的机会。这样会让家长的心理出现反感。做一个好的倾听者是很重要的，家长在你专心倾听的过程中感受到老师对家长的重视和理解，这也是了解家长真实感受的好机会。在和家长交谈的时候，老师如果谈到孩子的缺点，一定要避开孩子，注意对家长的措辞，不能使用让家长觉得难堪的语气，同时，还要提醒家长不能打骂孩子，避免将家访变成"告状"。

如在家访中，往往会看到这样一种现象：老师和家长在热烈地交谈着，孩子在一旁静静地站着或坐着，说到孩子的不足时，家长才把孩子拉到谈话中来："你听好老师对你说的要求。"似乎只有在提不好的方面时，才想到家访真正的主人公。

对孩子应该从表扬其优点开始，家访就是要把赞美送到家里，让父母为自己的孩子自豪，让孩子在心中为自己竖立起大拇指，有了一个宽松的谈话氛围后，家长也会心情很开朗地跟你交谈，幼儿也会很乐意听你的教诲。否则，当着家长的面数落孩子的不是，只会给孩子留下胆怯、害怕的阴影。

(五) 经过家访建立和家长的亲密关系

通过家访能达到电访所不能达到的效果。面对面促膝交谈与电话里的听声不见面，或接送孩子时的匆忙交谈，效果是不一样的。特别是对于不主动和老师交流的家长，平日里说不上半句话，而坐在一起交谈时，却很主动，方方面面地了解孩子在幼儿园的表现，即使老师只说了一个细节，家长也会十分高兴。家访能让老师和学生家长的感情亲切融洽，通过面对面的交流可以消除彼此之间的误会和责怨，教师的工作就能得心应手。

以小女孩倩倩为例，初入园时爸爸妈妈、爷爷奶奶全程护送，对孩子在园的生活极其不放心，把孩子的生活习惯对老师讲了又讲，吃饭怎样，睡觉怎样，有哪些东西不能吃，这些情况在每天来园时都要反复交代，针对这一情况老师进行了家访，向家长详细介绍了幼儿园一日生活的情况，包括倩倩在幼儿园的情况，有哪些进步，说得很详细。其中老师提到倩倩每天午睡前都喜欢摸着人的耳朵入睡，老师每天都在她旁边给她讲故事，拍拍她，助她入睡。家长听了觉得老师对自家的孩子很上心，照顾很全面，以后对老师的工作就放心了许多。

(六) 分析总结，对症下药

家访归来，对所见所闻及时进行分析记录，再根据所掌握的资料制定切实可行的教育计划和教育策略。家访获得的信息是零碎的，利用家访记录把这些信息转化为文字，这样既防止遗漏和忘记，又为幼儿建立了档案，有利于今后工作的开展。虽然说，家访工作只是幼儿园工作的一小部分，但也是幼儿园工作的切入点，通过家访，能加强和家长的沟通，充分发掘、利用家长这个丰富的教育资源，进一步拓宽工作思路，努力发挥家长的主动性，密切家

园关系，促进幼儿的健康成长。

 拓展阅读

幼儿园教师家访必备小常识

家访是幼儿园的一项重要工作，其目的是深入了解幼儿个性特点和家庭教养方式，为家园携手共育打下更坚实的基础。下面是几篇家访的案例，让大家了解面对不同的家长应该如何应对，并配上一些家访方式和必要的准备，让老师们能够轻松自如地面对家访工作。

一、家访案例

1. 新生家访：家长要求过多，教师发怵

现象：一年一度的新生入园要开始了，像往年一样，每个孩子的家庭走一遍是我们的常规工作。家访前，我们会做大量工作，会把园所的办园理念、一年中取得的成绩等告知家长。

但是，在家访的过程中，有些家长会提出许多无理要求：比如，孩子的座位要在什么位置；小床要放在什么地方；吃饭时老师要喂他的孩子；有玩具要先给他的孩子玩等。虽然这些要求不是发生在同一个家长身上，但是实在让我们无语。每当这时，老师们总是开玩笑地说："我们必须都得有个宰相肚啊。"

还有好多家长提出让孩子一入园就学习英语，有时候老师解释半天，有的家长依然不理解过早学习英语是不符合幼儿身心发展规律的，不懂得"拔苗助长"的危害。

策略：对于新生的家访，主要目的是让老师更好、更全面地了解孩子及其家庭的情况，告知家长需要做好哪些方面的准备工作，如开学前先领着孩子到幼儿园熟悉一下环境，玩玩幼儿园的玩具，和老师交流交流，让孩子对幼儿园先有个初步的认识。

再就是孩子刚入园，可谓"第二次断奶"，家长在家里要试着培养孩子的生活自理能力，该放手的要放手。此外，多了解如何消除新入园幼儿的焦虑以及做好哪些准备等。

反思：有些老师一提起家访就会发怵，主要原因是很多家长虽然选择了这所幼儿园，但是先把对幼儿园的种种疑虑放在了前面，提出的很多问题，让老师们很难应付。家访让我们知道：杜绝幼儿教育"小学化"，关键在家长，要让所有家长的育儿观念与幼儿园同步，任重而道远！

2. 老生家访：家长"护犊子"，抵触家访

现象：教学中经常遇到任性、调皮捣蛋、打架、咬人的孩子，对于这些孩子，老师除了耐心、细心教育外，更重要的是发现不好习惯形成的原因，以便对症下药，这就需要及时进行家访，了解孩子在家的表现。可是，在家访中经常出现家长"护犊子"的现象，甚至有些孩子和家长害怕家访，出现了抵触情绪。例如，龙龙小朋友经常咬人、挠人，为此老师做了大量工作，并进行了家访，把孩子在幼儿园的表现及时告诉家长。经过和龙龙妈妈进行交流，老师得知她对孩子咬人、挠人的情况很清楚，却不以为然，对老师说："不调皮还算男孩子吗？这样在社会上吃得开。"

策略：怎样做才能让家长和孩子爱上家访，敞开心扉和老师交流，共同合作教育好孩子呢？可以采取上门进行"侃大山"式的家访，和家长促膝交谈，沟通感情，家长感受

到了老师的诚心，就愿意说出孩子在家的真实情况，老师也会及时向家长反馈孩子在园的表现，找出孩子不良习惯形成的原因，从根源入手，对症下药，达到共同教育好孩子的目的。

另外，每天孩子入园与离园时，老师都主动和家长搭话，进行朋友式的交流，了解孩子的近期表现。时间虽短，但通过和家长共同商量、共同探讨教育策略，也能收到不错的效果。

反思：在家长心里，自己的孩子总是最好的，明明孩子做错了也舍不得批评，任其发展不良行为，没有认识到问题的严重性。而孩子也有害怕老师家访的原因，主要是认为老师在向他的家人"打小报告"，把他在幼儿园的"糗事"告诉家长。"侃大山"式的家访，让家长收到了更多的信息，家长和老师成了朋友，对工作中的一些小瑕疵，家长也能包容，能理解老师的辛苦与不易。每当学校有什么大型活动时，家长都自觉加入其中，忙前忙后，成了学校的义工。

3. 特殊家访：家长不合作，沟通是关键

现象：前段时间，幼儿园召开了两次家长会，奇怪的是鹏鹏的家长都没来参加。带着疑问，老师到鹏鹏家做家访。坐定后，鹏鹏妈妈对老师开门见山地说："邻居家的孩子跟鹏鹏一样大，可是人家会说不少英语，认识很多汉字，会计算数学题。我心里很着急，所以想让他转学。"

策略：鹏鹏妈妈的话道出了许多家长的心声。看到她那急于转学的神情，老师没有怪她，而是平静地向她阐明幼儿园的办园理念、宗旨、特色课题。老师还向她介绍：幼儿时期，绝对不能"小学化"，要遵循孩子身心发展规律，不能急于求成。老师并不是单纯地教死板的知识，而是让孩子们在实践中、生活中、游戏中主动地去探索、发现。

通过老师与鹏鹏妈妈真诚的交流，她好像明白了许多，可还是有点半信半疑，认为老师只是在空谈理论。于是，老师从手机上翻出几个孩子做游戏、上活动课的视频，她看到视频中孩子们快乐地游戏、争先恐后地回答问题的情景，说："老师，原来你们在教育孩子方面花费了大功夫，可是我们家长只知道孩子多学一些东西就是好的，与老师沟通得太少了。"她不好意思地说："老师，我决定了，不让孩子转学了。"

反思：通过这次家访，老师深深体会到：我们不仅要让家长看到孩子有形的进步，更重要的是与家长一道，共同抵制幼儿教育"小学化"现象。从那以后，老师建立了班级QQ群，及时上传孩子们每天的动态图片或视频，让家长看到孩子的进步。老师还定期召开家长会，跟家长交流哪些行为违背幼儿发展规律，让家长提意见或建议，力求让家长的教育观与园所"齐步走"。

二、家访变化

家访视角的变化：

从宣讲到倾听，更加深入地尊重、理解家庭教养方式。近年来，随着教育改革的不断深入，家长也拥有更加宽广的教育视野，对家庭教育的重视以及家庭养育水平的提升，大大降低了教师在沟通中传递教育理念的比重。因此，幼儿园家访不再像以往那样花较多时间去宣讲教育理念，帮助家长转变儿童观和教育观，而是通过多倾听，更加深入地尊重、理解家长的家庭教养方式。

家访内容的变化：

以专业建立起老师与家长、儿童间初步的信任。除了常规的家访内容外，老师对家访内涵的理解更加深入了。首先，家访安排在幼儿入园前，第一次与陌生老师的见面安排在熟悉的环境——家庭里，更符合幼儿心理安全感的需要。其次，在家访中，我们会有"陪伴玩耍"这一环节，利用幼儿感兴趣的玩具和小游戏，身体力行地捕捉幼儿兴趣点、理解幼儿交往和表现的特点，与幼儿建立初步的熟悉感。最后，通过观察、互动并记录下幼儿发展的特点，以切身示范传递教育观念，并取得家长初步的信任。

家访效果评估的变化：

在与家长的交流中，老师更多是通过了解幼儿从出生以来的发展和家长的教养观念和方式，获取更多的信息，结合对幼儿实际情况的观察，深入了解幼儿的个体特征，并尊重、理解、接纳家庭教育的多元，为之后的幼儿园课程设置、家长工作的开展及对幼儿发展的支持，提供依据。

三、准备工作

备时间：家访前，与家长电话约定好时间，确认到家的时间和预计会待的时间，尽量避开吃饭时间。

备人员：最好是班上几位老师同去，一方面显得有诚意和重视，另一方面也可以加强老师与幼儿之间的联系。保健医生可以和老师一同到体弱或特殊（肥胖、贫血）儿童家庭家访。

备物品：准备鞋套、带好幼儿家庭地址、准备好笔和本子做家访记录。新生要带新生家访表、给宝宝的一封信、温馨提醒。带个照相机，记录下快乐场景。

备计划：每一次家访前，要根据你得到的这个幼儿的相关信息制订一份计划，包括：幼儿的认知和社会性能力、特殊兴趣、在幼儿园的好朋友是谁、易于取得成功的活动等。之后，提出既考虑到父母的期望，又适合孩子发展水平的方法，帮助家长全面准确地看待孩子，找到适合孩子发展的家庭教育模式。

四、良好形象

树仪表：服装得体，落落大方，举止文雅，举手投足使家长感受到教师的素养。

树态度：教师在家访中要有诚心和爱心，主动与孩子打招呼，可伴有亲切的微笑、温柔的抚摸。讲话要注意方式，要多表扬孩子的长处和进步。

听意见：随着家长教育水平的不断提高，他们的许多见解值得教师学习和借鉴。教师要放下"教育权威"的架子，向家长征求意见，认真倾听家长的言谈，使家长觉得教师可亲可信，从而诚心诚意地支持和配合教师工作。

忌滔滔不绝：有的教师迫切希望将自己的教育理念和措施滔滔不绝地灌输给家长，甚至没有给家长说话的机会，这样会让家长反感。

一个形象得体、懂得倾听、善于沟通的老师开展家访无疑会事半功倍，这一过程可能需要长期的摸索和学习，但是只要树立一个正确的态度，去了解家长和孩子的需要和想法，相信家访就不会再是让您头痛的问题了。

（资料来源：http：//mp. weixin. qq. com/s？＿＿biz＝MjM5NjI0OTQ5NA％3D％3D&idx＝1&mid＝2650358730&sn＝46c2c5c19e158e5764fdcb32962aff1c）

任务 3.2　家长会

任务导入

这次班级家长会的主题是"幼儿各类作品展示评价会"。以下是两个案例：

案例1：星星小朋友这幅主题为"未来，我的家"的画，虽然笔触稚嫩，但构思大胆，创意独特，极富诗意，不够流畅的房子线条恰恰显示出了中班这个年龄阶段孩子的基本特点，暖色的基调运用了渐变色这一技巧，过渡自然、灵动的画面，我特别喜欢，准备好好收藏。

案例2：这是纬纬小朋友的手工作品"老鼠嫁女儿"，从这几只有趣的小老鼠制作上看，纬纬小朋友的小肌肉发育状况已经比同龄人完善了。因为，如果没有良好的控制能力、手眼协调能力，这些圆不可能剪得那么光滑顺溜，直线不可能剪得如此直，仅仅是一个圆、一条直线可能存在偶然性，但这是一群老鼠，而且我是亲眼观察他在活动区制作起来的，虽然是分几次完成的，但成果确实丰硕。从中也可以发现他的兴趣是各种制作活动。纬纬妈妈告诉我，在家里他也一样，已经有很多作品了，下次准备搞一次"个人小制作作品展览"。

上述是梅老师饱含激情的叙述，娓娓道来中，虽然在多个小案例中只选了两个，但也能看出个大概，她能充分享受孩子的作品，并学会换个角度理解孩子作品，家长们也觉得兴趣盎然，注意力特别集中。

思考：梅老师的这次家长会体现了什么样的理念，还有什么不足？

知识要点

一、家长会的意义

在家长会上，教师与家长可就幼儿的表现、成长状况、学习情形等内容进行深入交流，教师能够了解幼儿在家庭里的表现及家长的教育经验，向家长传达更多的教育知识和理念，并获得家长的支持；家长也能够对孩子有更深的认识，并从教师那里获得教养孩子的方法。这样，教师与家长之间的距离感相应减少，双方更易于形成合力，共同促进幼儿的成长。

二、家长会的形式

家长会有多种形式，从参加人员上主要分为：新生家长会、小组家长会、班级家长会、年级家长会、全园家长会。受场地、人员等条件限制，前4种形式的家长会在幼儿园居多。

（一）新生家长会——让信任从第一次家长会开始

新生家长会是家长在幼儿园参加的第一次家长会，对家长是否有所帮助和指导，将影响家长对幼儿园的信任度。

首先，园长应向家长介绍幼儿园科学的教育理念，幼儿年龄特点及幼儿园教育与家庭教育的异同，引领家长正确理解和认识幼儿园教育，为实施家园共育做好铺垫。其次，指导家长做好幼儿入园前期的准备工作，主要由保教主任向家长介绍幼儿在园的基本情况，让家长了解幼儿在园一日生活流程；教师如何照顾幼儿一日生活起居、新入园幼儿心理状况分析等，以此来帮助家长消除幼儿入园带来的焦虑心理，引导家长正确配合教师工作，让幼儿尽快度过适应期。除此之外，在第一次家长会上，还应做好相关的法律宣传工作，让家长明确幼儿园和家长各自的法律责任。在新生家长会上将一些重要的法律观点讲明，对以后幼儿在园可能发生的意外伤害事故处理会带来帮助。如果能邀请一位司法部门的家长或律师来讲这部分内容，效果会更好。

开好新生家长会，能够让家长对幼儿园有一个初步了解，增进对幼儿园各项工作的理解和信任，同时积极配合老师，缩短孩子的"入园焦虑期"，为幼儿园今后开展工作打下良好的基础，同时也迈出家园共育的第一步。

（二）小组家长会——解决家庭教育和孩子发展中的突出问题

孩子的遗传基因、家庭教养方式不同，必然导致孩子间的个体差异。小组家长会即在同一年龄段中，找出个性特点比较突出的孩子的家长一起座谈讨论，由班级老师向家长介绍孩子的在园情况，家长介绍孩子在家的情况，然后共同查找问题，针对问题明确教育方向。小组家长会前，老师要确定 2~3 个主要问题，以及与此问题相符的孩子日常表现的观察记录等，然后通知家长。如对于攻击性较强的孩子的教育；对肥胖儿的校治等。有的家长起初可能会因为参加此类家长会而在心理上有抵触，但往往通过会上老师诚恳负责的态度，以及会后孩子实实在在的进步而转变观念。

在小组家长会中教师是组织引导者，家长是合作者，老师可以向家长提出教育建议，家长也可以提出自己的教育观点，在相互切磋中找出教育的结合点，对孩子的教育达成一致。开好小组家长会可以有针对性地解决家庭教育存在的问题，找到解决问题的切入点，最终实现家园共育。

（三）班级家长会——取得家长对本班工作支持配合的关键

班级家长会主要由各班老师主持召开，内容是向家长介绍孩子在园的学习生活情况、学期教育教学工作、家园共育工作，组织家长就班级工作进行讨论，听取家长的意见和建议。在召开班级家长会之前，各班老师要对本班工作进行一次全面详细的总结，对取得的成绩和存在的问题以及班上每个孩子的情况掌握清楚，全方位地做好应对家长提问的准备。或者根据本班实际情况，向家长发放调查问卷，了解家长的需求，然后根据家长的意见需求，确定家长会内容，真正使家长会解家长之所忧、帮家长之所困。

通过班级家长会，家长可以全方位了解孩子所在班级的整体情况，了解孩子在班上的表现，在互相信任、尊重、支持的基础上对班级工作给予支持和配合。

（四）年级家长会——明确各年龄段的教育目标和培养重点

3~6 岁幼儿在心理及身体发育上存在着差异，如果家长不懂幼儿发展规律，在教育中就会出现与幼儿园教育、与幼儿身心发展规律不相符的偏差，因此年级家长会尤为重要。

年级家长会主要是根据各年龄段幼儿的发展特点，向家长明确教育目标及培养重点，提出家长应配合幼儿园教育的要求，让家长明白对各年龄段的幼儿在教育中应注意哪些问题，如何施教才有利于孩子的发展。如在学期初，保教主任征集整理各班孩子在幼儿园及家庭教育中存在的共性问题，然后结合各年龄段的孩子特点和培养目标，确定年级家长会的内容。第二学期，再根据第一学期家园共育的效果，孩子成长进步情况向家长做综合性汇报，并调整部分培养重点，再一次汇报活动安排及家长需配合的事项。这样，在实现了家园双向互动的同时，也逐步提高了家长的科学育儿水平。

开好年级家长会，能够让家长对幼儿园工作给予更多的支持和配合，同时帮助家长根据孩子的年龄特点施教，提高了家长的科学育儿水平。

无论哪种形式的家长会，都应立足求诚、求专、求实、求新。从深入浅出的道理和神情语气中透视出主讲人的真诚；从会议内容中体现教育的专业性，要符合幼儿教育的规律特点；让家长切实感受到贴近幼儿和家长的实际、真实可信；每次家长会都应让家长捕捉到新的教育信息，提供科学有效的教育方法，让家长有新的收获。总之，幼儿园开好家长会是增进家长对幼儿园了解和信任的基础，是实施家园共育的有效途径。

三、家长会的准备

（一）时间选择

家长会的时间选择对家长的出勤率影响很大。一般而言，家长会应定在学期初或放假前，此时，家长对孩子在园的关注度最高、出勤率也高。另外，教师也可以在园内举办大型活动结束后再举行班级家长会，家长也很乐意参加。时间确定后，教师可通过寄发邀请函或电话形式告知家长，以恳切的言辞予以邀请。

（二）场所准备

一个温馨、舒适的场所，也是家长会所必需的。教师可根据本园实际情况，选择合适的会议厅或教室。同时，做好相关的接待工作，诸如布置会议场所、准备茶水等。

（三）资料准备

家长会前，教师可适当做一些调查，了解家长所关心的幼儿教育话题，从而有针对性地收集本班幼儿的相关资料、档案或作品集。随着现代教育信息技术的普及，教师可以将家长会内容，尤其是广受家长欢迎的幼儿活动的场景制作成 PPT 课件、视频录像等，以便在家长会上播放。会前充分的资料准备，有助于双方深入交流，提高家长会的效果。

（四）情绪调整

家长会前，教师应调节自己的情绪，以一种平和、轻松、愉悦的心态走进家长会。如果事前遭遇不快，教师应及时予以调适，不能将个人不愉快的情绪带入会议中。

四、家长会的实施

由于各幼儿园及各班级实际情况不同，家长会的实施形式也灵活多样，没有固定的模式与流程，但是家长会实施的过程中，有几点是教师们都应当注意的。

（一）恰当的开场白

教师的开场白是家长会的揭幕，应营造一种轻松、和谐的氛围。除了对家长们的欢迎与致谢之辞外，教师还可适当介绍一些本班近期工作、幼儿总体表现以及需要家长注意与配合完成的工作等。导入方式也可以灵活多样，比如，可讲述班级内一件引发思考的事件、展示幼儿艺术作品、向家长们提出疑问等。

（二）教师的态度与言语

家长说话时，教师应以真诚、开放、谦恭的态度，专注地聆听；与家长谈话时，教师也应避免以自我为中心，尽可能明确而理性地表达自己的想法，并采用商量的口吻。当孩子状态不佳时，教师应诚恳而有技巧地对家长解释，以找出孩子的问题所在。尤其要注意的是，不要公开批评某个幼儿或某位家长。

（三）提供处理儿童问题的可行方法

当家长询问对孩子的教育方式时，教师可有针对性地给家长提供一些处理孩子问题的可能方向，让家长自行选择其愿意尝试的方法。若孩子发生的问题是园所及教师无法处理解决的，教师可给家长提供一些适合的渠道来帮助孩子的问题，如咨询专家、查阅资料、与其他家长交流等。

（四）时间的控制

家长会从始至终，教师都应注意对时间的把握。会议开始时，教师就可告诉家长会议将进行多久；在会议快结束时，教师也可以用语言或行动暗示家长会结束时间快到了。

（五）资料的收集与反思

会后的资料收集与反思是许多教师所忽略的，将家长会中教师的发言、家长反馈等资料分类整理，建档保存，并分析本次家长会的影响因素、成败得失，反思家长会上显露出的幼儿教育问题，这些都能为教师以后更好地召开家长会提供借鉴。

 拓展阅读

一次成功的家长会

今天下午，按照园领导的统一部署，4:30 在自己班级召开全园家长会，我们班级通知 4:20 家长来到，4:30 正式开始。让我惊讶的是，4:20 当我打开教室门时，走廊里已挤满了家长，到 4:30 我点名时，家长已经全部整齐地坐在教室里，等待着家长会的开始。我说的

第一句话是："看到大家这么积极地参加家长会，说明家长越来越重视孩子的教育了，越来越关注幼儿园了。"家长们认真地点点头。

接下来，我详细给家长介绍了本学期开设的课程及特色情况，并逐一给家长解释了各学科教材的内容、使用及其管理方法，让家长对我们的教学活动有个总体认识和全面认可。依据我园的科研课题，结合本班的实际情况，能对家长进行了幼儿良好行为习惯养成的培训，家长们听得专心，记得用心，时时地点头示意；又配合园里的管理工作，对家长提出了本学期的一些要求；最后请家长协助教师使用操作学具，家长们也都认真地完成了任务。整个家长会期间，教室里鸦雀无声。结束时，家长们充满了对我们班级工作的信任和支持。

 活动反思

这次家长会，是历次家长会开得最成功的一次。具体体现在：是时间最长的一次家长会，是家长来得最全的一次家长会，是准备最充分的一次家长会，是最让家长振奋的一次家长会。这些都得益于园领导的精心安排和严密部署。为准备这次家长会，王园长、程园长，先后给班级教师开了几次会，先就家长会内容达成共识，又指导教师详细认真准备家长会内容。王园长两次逐一审核、批阅，严格把关，使文稿内容更加细化、全面。我班的家长会内容就有 10 页，我和高老师利用工作之余，加深领会和理解内容，力争精益求精。园领导的高度关注和重视，及班级教师的积极配合，家长的大力支持和理解，才使这次家长会开得圆满。通过这次家长会，构筑了幼儿园和家庭共同教育和理解的平台。借助这个平台，让家长感受到我们幼儿园的管理更加科学化和规范化，更加体现我园的办园宗旨：一切为了孩子，为了一切孩子，为了孩子一切。同时，也充分体现了全园教职工的团结协作意识和高度的责任感和使命感。

家长会仅是我们新学期工作的一个开始，在以后的工作中，作为一名普通教师，我们还要以更大的热情，更强的责任心，高标准，高效率，来完成我园的各项工作，以"学高为师，身正为范"，来不断地鞭策自己努力工作，为我园的辉煌再立新功。

（原文来自妈咪爱婴网（案例反思栏目）原文出处：
http：//www.baby611.com/jiaoan/yjzl/fansi/2012/08/91594.html）

任务3.3　家长开放日活动

 任务导入

有位大班孩子的妈妈说："接到老师的短信说幼儿园要举办家长开放日活动，虽然工作很忙，我还是向单位请了假。"虽然平时在与教师的交流中，该家长已经对孩子的基本情况有了大概的了解，但她还是特别渴望亲眼看到孩子在幼儿园最真实、具体的表现。从幼儿园归来，该家长觉得果然不虚此行，一方面她亲眼看到孩子在幼儿园过得很快乐、有序和充实，另一方面也发现自己孩子的独立生活能力不如班里的其他小朋友，看来是自己平时对孩子包办代替太多，以后应该放手锻炼孩子自己做事了。很多家长都有与这位妈妈类似的感受。可见，幼儿园的家长开放日活动让家长受益良多。

思考：作为一名幼儿教师，应该如何有效组织家长开放日活动？

 知识要点

一、幼儿园家长开放日的概念

《幼儿教育百科辞典》指出，家长开放日就是"托儿所、幼儿园定期或不定期邀请家长来园、所的参观教育活动，如让家长观看上课、游戏，幼儿作品展览等，促使家长增进对托儿所、幼儿园工作的了解；在与同龄儿童的比较中，了解自己子女的情况；学习幼儿教育的方法；体验教师工作的辛苦等"。家长开放日活动，是指幼儿园在每学期特定的一天向家长开放所有的教育教学活动、日常生活活动。幼儿园家长开放日活动是幼儿园家长工作的一种常见形式，是家园沟通的一种重要形式。幼儿园每学期定期向家长开放，实现家园共育。

二、家长开放日活动的意义

（一）幼儿园家长开放日活动有益于家长更好地教育子女

让家长走进幼儿园，真实感知幼儿在幼儿园活动中的表现，能帮助家长客观理智地发现幼儿存在的长处与不足，有助于客观、公正地评估幼儿，对幼儿进行有针对性的教育，从不同侧面认识自己的子女，能更客观地分析和改进家庭教育。

（二）有助于幼儿教育功能的全面发挥

幼儿教育是一项极为复杂的系统工程，只有建立起幼儿园教育与家庭教育相结合的育人机制，才能实现幼儿教育的一致性和有效性，充分发挥幼儿教育的整体功能，促进幼儿更好发展。

（三）有益于幼儿教师的专业发展

在幼儿园家长开放日活动中，教师不仅要扮演好设计者、组织者、指导者和评价者的角色，而且还要扮演好沟通者、合作者、分享者和研究者的角色，这其中就需要教师不断学习教育理论，更新教育观念，反思教育实践，提高与家长交往的科学性和艺术性。

（四）有利于幼教资源的开发和利用

家长有不同的文化背景、知识经验、兴趣爱好、职业技能，这些都是幼儿园极其宝贵的幼教课程资源。如果在幼儿园开放日活动中合理地加以开发利用，那么不仅能提高家长的教育能力，而且还能优化幼儿园课程的幼教资源配置。

（五）有助于幼儿教育改革的深化与发展

幼儿园应"天天向家长开放，欢迎家长随时来访"，争取家长对幼儿园课程建设的理解和支持。如果能增加家长开放日活动的频率，延长活动时间，提高家长开放日活动效率，那么就能积极推进幼儿教育的改革和发展。

三、家长开放日有效开展的实施策略

（一）明确家长开放日的目的

1. 针对班级内部幼儿现状，与家长及时沟通

针对班级内部幼儿的现状对幼儿在园生活中存在的问题进行总结，从而方便与幼儿家长之间进行沟通。针对当前我国幼儿园在进行幼儿教育的过程中开展家长开放日中存在的问题进行分析，我们发现幼儿园教师在开展家长开放日的过程中不能够明确幼儿园家长开放日的目的，从而无法真正发挥幼儿园家长开放日的价值。

2. 加强与幼儿家长之间的电话沟通

在家长开放日前与幼儿家长之间进行电话交流，从而了解幼儿家长的实际情况，及时地对幼儿的情况进行比较和分析。未来幼儿教师在幼儿园内部开展家长开放日时首先需要对家长开放日的目的进行明确，从而针对性地与幼儿家长之间进行沟通。

3. 确定家长开放日的活动价值

确定以加强家长与幼儿之间沟通为目的的家长开放日，就应该针对这一目的对家长与幼儿之间工作等内容进行分析，从而在家长开放日内能体现其价值。此外，幼儿教师在日常教学过程中应该明确自身教育观念和教学宗旨，从而针对幼儿的年龄和心理情况设定合理的家长开放日，从而发挥家长开放日的价值，提高幼儿教学质量。

（二）丰富幼儿园家长开放日的活动内容

1. 设定丰富多彩的亲子活动

幼儿园开展家长活动日主要是带有目的性地对幼儿和家长进行了解，从而对幼儿进行良好的教学。因此，幼儿教师在进行家长开放日活动时也需要根据活动日的目的对活动内容进行设定和完善。在对幼儿园家长活动开放日进行设定过程中能够充分发挥幼儿园家长活动日的价值。例如，在设定以促进幼儿和家长之间沟通和交流为目的的家长活动日的过程中可以通过设定各种亲子游戏的活动，从而帮助幼儿和家长之间进行沟通。以亲子二人双足、你画我猜、协作过独木桥等活动为主，从而增强幼儿与家长之间的互动性，促进幼儿的健康成长。

2. 设定改善幼儿不良习惯的游戏环节

在设定以幼儿不良习惯改善为目的的活动日中可以通过设定镜子游戏、穿衣比赛、收拾物品大赛等活动，帮助幼儿对不良习惯加以改进，从而落实本次家长开放日的目的。根据以上分析我们不难看出，未来在对幼儿园家长开放日进行设定和实施过程中需要根据家长开放日的目的对相关活动进行设定，应该摆脱传统的、单一的枯燥游戏，引进一些具有乐趣的游戏进行活动，从而提高家长和幼儿的兴趣，贯彻落实幼儿园家长开放日的目的。

（三）掌握科学的幼儿园家长开放日的教育教学原则与方法

1. 掌握科学的幼儿园家长开放日的教育教学原则

教学原则和教学方法是幼儿园教师对幼儿进行教学过程中必须要遵守的规则，只有在正确的引导方式下才能够充分发挥幼儿教师在幼儿生活和教育中的目的。在进行家长开放日教学中，幼儿教师也需要针对家长开放日的教学观念对其教学原则进行掌握，从而采用合理的教学方法对幼儿及幼儿的家长进行教育。

2. 掌握科学的幼儿园家长开放日的教育教学方法

幼儿园应该针对教师进行家长开放日教学方法的培训。例如，在幼儿园内组织教师进行家长开放日活动比赛，从而将不同教师的教学方法进行总结，大家之间相互沟通和交流，设定合理的家长开放日。此外，幼儿园在进行家长开放日设定上可以根据幼儿教师的时间和不同年龄的幼儿进行分批次开展，这样教师就能够通过各个班级之间活动和教学方法的比较，对自身的教学内容进行改进。幼儿教师也可以参与其他班级家长开放日活动，从而吸收经验，掌握科学的家长开放日教学方法。幼儿教师通过掌握科学的家长开放日教学方法和教学原则，帮助幼儿及幼儿家长进行学习，促进幼儿的健康发展。

 拓展阅读

幼儿园中班家长开放日活动案例反思

活动流程：

1. 活动前准备

（1）发放家长开放日通知：本周五（3月18日）上午8：30在本班举行家长开放日活动，进行亲子手工制作，自带笔，望家长朋友积极参加。

（2）准备活动材料。

孩子：每人提前带两个蛋壳。一卷双面胶或透明胶。

老师：彩纸、皱纹纸、卡纸，分别存放在操作盆内。

2. 活动过程

（1）接待家长。

① 为家长准备好合适的位置观看孩子操作区。

② 有针对性地和家长交流孩子情况。

③ 发放家长开放日活动记录表。

（2）展示活动安排。

① 做操展示。

② 教学内容展示。

赵老师：歌曲《不再麻烦好妈妈》《小乌鸦》《卷炮仗》，英语律动等。

孟老师：儿歌《窗花》《贺新年》《小鞭炮》。

③ 亲子手工活动：有趣的蛋壳玩具。

④ 孩子和家长合影留念并展示制作的作品。

⑤ 活动结束：家长填写开放日记录表并收集起来。

 活动反思

　　本次活动我们班共来了39位孩子，相应的来了39位家长。虽然教室内比较拥挤，但孩子和家长参与活动的积极性特别高，当然最快乐的还是我们的孩子们，可以说孩子们度过了难忘的美好时光。通过本次活动，家长不仅了解到了孩子在园丰富的生活，还使家长了解了老师工作的辛苦。有不少的家长发出这样的感慨："你们面对这么多不懂事的孩子真是太不容易了，在家我们面对一个孩子还常常束手无策。"这大大拉近了老师和家长的距离。我们还了解到，家长非常赞同搞这样的活动，他们非常愿意看到孩子的成长历程。另外，我们发现家长中有许多心灵手巧的，他们的聪明智慧是我们很好的教育资源，从中我们看到家长的力量是巨大的，相信有家长们的支持，我们的工作会更顺利，我们的孩子会更加快乐地成长。

任务3.4　电话沟通

 案例导入

　　萌萌偶尔不舒服就不送幼儿园，萌萌妈妈一般都会早晨主动给老师打电话告知，但最近有一天没送，由于萌萌妈妈着急赶着上班，就忘了给老师打电话。在单位一上午开会，到中午才想起来没告诉老师没送孩子的原因，但是也没有接到老师询问的电话，萌萌妈妈想这种情况正常吗？幼儿园早晨不点名的吗？点名没来的小朋友就不问情况吗？幼儿园每天不统计每个班的出勤情况吗？其实入园这么久，萌萌妈妈就从来没接到过班主任主动打电话过来沟通孩子情况，这是幼儿园的问题还是老师的问题？

　　思考：假如你是萌萌的幼儿园老师，面对这种情况你将如何与幼儿家长进行沟通？

 知识要点

一、电话沟通的意义

　　对于幼儿园老师来说，与家长沟通，积极寻找教育幼儿的最佳切入点，从而提高教育质量，发展幼儿个性，非常重要。老师要努力让孩子感受到自己是关心他们的。其实，家长真正关心的也是老师是不是关心我的孩子。因此，不管老师采用何种沟通方式，都应让家长觉得老师真心诚意地关心孩子。

　　当前，电话已成为人们生活中不可缺少的通信工具，教师可以利用晚间与家长进行不定期的电话联系，弥补家访的不足。平时家长接送幼儿来去匆匆，教师也没更多时间与之进行交谈，电话联系可以不受时间限制。同时，教师与家长间可以随时随地进行电话联系，随时解决小问题，起到及时沟通的作用。如案例中没来幼儿园的幼儿，教师可利用空闲时间打个电话给家长，这样既可以了解幼儿为什么没来园的情况，又能让家长感到幼儿园对孩子的关心。

二、电话沟通注意事项

电话看不到对方表情，所有的感觉、印象都来自电话中的声音，不论家长的语气、言语如何，老师都要懂得控制自己的情绪。称赞肯定时，语气要坚定；诉说孩子问题时，语气要婉转。

老师跟家长沟通时要注意适当表达自己对孩子的关心，让家长知道你对他的孩子特别重视。那么，在交流前就要充分了解孩子，包括孩子的性格特点、优点和缺点、家庭基本情况以及你为这个孩子做了哪些工作等，最好拟一个简单的提纲。这样在与家长交流时，就能让其感觉老师工作细致、认真负责，从情感上就更容易沟通。

每个家长都希望听到老师对孩子的表扬和赞美，可是全部讲优点也不行。有句话说"讲10个优点，再讲1个缺点。"也就是说与孩子家长沟通的原则是：表扬和关心要贯穿始终，有时需要委婉一些，但同时还要实话实说。教师用爱心开启家长的心扉，家长将无比信任教师，为教师的教学工作助力。

 小贴士

什么情况下应该给家长打电话

1. 新生入园前。
2. 孩子在园与其他孩子争执后，身体受到伤害时。
3. 孩子有特殊情况：身体不舒服、肚子疼、发烧、特别挑食等。
4. 孩子需要服药，但是有些家长药条写得不清楚时。
5. 孩子最近情绪不好时。
6. 孩子犯错误时候。
7. 孩子有大的进步，某些方面表现特殊时。
8. 孩子请假不入园时。
9. 孩子病了无法入园时。
10. 孩子总是来园迟到。
11. 家长对老师或幼儿园有建议或者意见时。
12. 对于特别关注自己孩子的家长。
13. 幼儿园或者班级组织活动时，发通知后，有些家长还不参与。
14. 新接班级的老师要跟全班孩子家长有个初期沟通。
15. 有好的育儿知识读物时，可以给家长推荐。

"文明用语"是教师与家长沟通的润滑油

教师与家长沟通时多使用文明用语，往往能收到事半功倍的效果，有利于拉近教师与家长的距离。常用的文明用语有：

今天，您的孩子过得好吗？

您好，是××的妈妈吗？我是××，您现在说话方便吗？

您有空吗？我们谈谈您的孩子××好吗？

谢谢！多亏您的支持与帮助，这件事才办得这么好。

请您放心，我们会记着提醒他……

对不起，这件事我不太清楚，待我了解一下好吗？

您好，需要我的帮忙吗？

您的孩子最近××方面进步很快。

对不起，请您稍等片刻。

欢迎您对我们的工作多提意见和建议。

（资料来源：http：//blog. sina. com. cn/s/blog_ ae3358550101fdwv. html，有删改。）

任务3.5 书面沟通

任务导入

田老师在新学期采用了一种新的家园沟通方式，得到广大家长和领导、同事的普遍认可。她创办了班级《家园共育周报》。每周一，家长都会得到这份班级小报，并从中了解到幼儿上一周的生活、学习与发展情况，以及本周保教工作的重点和家园共育建议。每期都会有一个"明星小朋友"展现自己的进步，还有一位"明星家长"介绍自己的教子经验，其他板块的内容亦是丰富多彩。小报办得图文并茂、情理交融，深受家长和小朋友的喜爱。班级小朋友都喜欢让家长给自己念这份小报，从中获得满足与快乐，小朋友的书面语言理解水平也因此得到提高。

思考：你还能想到哪几种与家长书面沟通的方式？

知识要点

一、书面沟通的意义

书面沟通是人际交往不可缺少的重要途径，是一种以文字为媒介的信息传递方式。这种沟通方式一般不受场地限制，信息稳定，不易被误传，而且信息是经过深思熟虑、反复斟酌才发布出来的，较为正式，有着口头沟通所不具备的优势。

（一）书面沟通是家长多元化的需要

虽然现在的年轻父母大都文化水平较高，但是到幼儿园接送孩子的家长以爷爷奶奶、姥姥姥爷等祖辈家长为主，很多信息都要通过他们传递给年轻家长。教师与他们进行口头沟通虽然具有信息快速传递与反馈的优势，但当信息经历多人传递时容易失真。尤其是当老人记忆力不好、理解能力有限时，让他们做信息的"二传手"，就可能出现传递不及时或者信息有误的现象。书面沟通则是"白纸黑字"，发送者与接收者都拥有沟通记录，信息稳定、有形、持久，便于反复翻阅与核实。

（二）书面沟通是一种前阅读教育资源

众所周知，语言教育是幼儿教育的重要内容。《幼儿园教育指导纲要（试行）》在语言教育内容与要求中指出："利用图书、绘画和其他多种方式，引发幼儿对书籍、阅读和书写的兴趣，培养前阅读和前书写技能。"虽然书面沟通主要是在教师与家长之间进行，但是沟通的内容都是围绕幼儿的生活与需要进行，所以，如果教师和家长经常给幼儿念读书面沟通的相关内容，幼儿的语言理解水平、词汇语句的积累量、前阅读兴趣以及对汉字的敏感性都会得到提高，同时，也让幼儿感受到教师和家长对自己的关爱。

（三）书面沟通是教师文化素养的体现

应用文写作和文字表达水平是现代幼儿教师必备的基本素质。现代幼儿教育要求教师"会做、会说、会写"，其中"会说"与"会写"是对教师口头沟通与书面沟通两种能力兼备的要求。目前，幼教师资状况的基本特点是很多教师的动手操作能力高于口头表达能力，而口头表达能力又高于书面表达能力，三者兼备的教师非常难得。因此，书面沟通既是家园沟通的需要，也是教师锻炼自己书面表达能力的需要。书面沟通的水平不仅体现在措辞得体、语句流畅、思维严谨、言之有物、行文构思有逻辑性等方面，还体现在字体规范和字面整洁上。因为幼儿教师的一言一行、一笔一画都会对幼儿产生潜移默化的影响，也会给家长留下很深的印象。所以，教师要认真对待书面沟通，拿不准的字词要查字典，写字不规范可以多用打印稿，写完之后要反复读几遍，也可以请同班教师阅读帮忙纠错，如有错误应马上修改，日积月累，教师就可以锻炼出良好的书面表达能力。

二、书面沟通的主要形式

书面沟通有多种形式，每种形式在传达不同的信息方面具有不同的沟通效果。教师可以根据自己所要传达的内容选择相应的书面沟通形式。

（一）便条和书信

便条和书信是最为传统的书面沟通方式。便条通常包括通知、假条、请柬、留言等形式，篇幅短小、内容单一；书信则篇幅较长、内容丰富，如致家长的公开信、祝贺信、感谢信、汇报信、答疑信等。致家长的公开信通常是幼儿园或者班级教师在特殊时期给予家长的公告或者倡议，如疫病预防公开信、环保倡议等。汇报信则是向家长汇报幼儿园或者班级工作情况，或者向家长转发《幼儿园管理条例》《幼儿园工作规程》《幼儿园教育指导纲要（试行）》《全国家庭教育指导大纲》等文件，以增强家长对幼教方针政策的掌握和理解。答疑信则通常是解答个别家长关于儿童发展、教育方法或者幼儿教育、班级工作等方面的问题。

（二）家园联系栏

家园联系栏是家长了解幼儿园和班级工作的重要窗口，一般设置在班级教室门口左右的两侧墙面。教室可以根据内容需要把它分为若干个小版块，如"保教计划""请您关注""经验分享""亲子游戏""童言稚语""创意摇篮""学习乐园""我在长大"等，板块可以随时增减和调整。因为家园联系栏空间有限，所以教师要精选内容，同时要保证标题醒目、布局合理、版面简洁大方。教师不宜过度装饰栏目，这样既浪费时间和精力，又缩小了可以沟通的实用面积；要注意及时更新内容，经常打扫尘土，保持栏面整洁。尤其是要减少错别字，避免标题冗长，提高家园联系栏的文字表达水平。

（三）家园联系册

家园联系册是幼儿教师与家长进行相互应答的一种书面沟通形式，由教师记录孩子在幼儿园的表现，家长记录孩子在家庭中的表现，然后共同完成对孩子的全面观察。家园联系册的沟通频率要适度，过于频繁比较耗时，最终可能导致流于形式；过于稀疏又会遗漏幼儿的成长足迹，以月为单位比较合适。现在很多幼儿园都改成了幼儿成长档案，用文字、作品或者图片记录幼儿成长的精彩瞬间。每月记录一套信息，分别为本月保教计划（统一打印）、幼儿美术作品（粘贴、绘画或手工作品）、幼儿成长一幕（幼儿园和家庭各提供一张有代表性的照片）、老师的话（100 字）、家长的话（100 字）、我的好朋友（教师或家长记录幼儿所述）、亲子游戏（体现亲子快乐）、我爱读的书（体现幼儿阅读兴趣与收获）等。最后，由教师和家长共同整理、装订，形成幼儿成长档案，为孩子留下珍贵的童年记忆。

（四）班级小报

班级小报是教师面向全体家长编辑、整理和印发的书面资料，可以根据需要灵活设置和随时调整各个栏目，其浓厚的班级特色使其具有收藏和保存价值。一般情况下，小报主编是班主任，其他班级教师负责其中的一部分工作；班主任也可以发动家长志愿者分别承担小报的部分工作。小报的篇幅可长可短，栏目要丰富多样，要充分体现家长和幼儿的参与以及家长、幼儿、教师之间的 3 方互动，而不是简单地上传下达、粘贴文章资料。班级小报可以定期出版，也可以不定期出版。通常情况下，家长对小报会有期待心理，定期出版更好，可以是周报、半月报、月报或者季报。传统的班级小报是纸质介质，现在也可以做成电子介质。电子文档便于排版、保存、修改和随时上传，还具有低碳环保功能，深受年轻教师和年轻家长的欢迎。

（五）网络留言

在互联网时代，网络留言成为一种新型而特殊的书面沟通方式。很多网络平台都有留言功能。教师通过手机和电脑等设备就可以随时接收和发送信息。快速、便捷的网络留言像一道绚丽的空中彩虹在家园之间架起了沟通桥梁，深得年轻教师和家长的青睐。在成长的过程中，孩子每天都会有不同的故事发生。网络留言的优势使得教师可以与家长在最短的时间内进行沟通，既可以分享幼儿成长的乐趣，加深家园联系，也可以快速、有效地探索出适合孩子的教育方法，进而引导幼儿健康、快乐又富有个性地成长。此外，教师还可以利用网络留言及时传达简短的班务通知，传递祝福、表扬和感谢的内容。当然，网络留言是可以公开浏览的，所以可能会出现一些褒贬不一的评价，教师对此要有一个诚恳的态度及善于解释和解决问题的能力。

（六）教研论文

大部分教师都把教研论文看成是幼儿园内部的工作任务或成绩，很少有教师把自己的教研论文张贴出来与家长分享交流。究其原因，一方面可能是有些教师比较谦虚，不愿意"张扬"自己；另一方面可能是有些教师担心自己写得不够成熟，怕别人挑出毛病；还有一个原因，是大多数教师没有意识到教研论文也是与家长沟通的一种途径。教师的这些想法可以理解，但也没有必要过于保守。因为，现在的园本教研专题细致入微，反映出教师的专业意识和钻研精神，所以，张贴出来可以起到让家长深入了解幼教工作的作用。即使有的教师对自己的论文不够自信，其论文一般也不会产生负面作用。当然，如果教师意识到自己应该提高教研论文的水平，那么，对教师的专业成长也起到了积极的促进作用。

 拓展阅读

字里行间都是情——与家长书面沟通的尝试

在工作中，我们摸索出一种用书信与家长沟通、交流、研讨的方法，深感得心应手，使用后成效明显。现介绍如下：

1. 汇报性书信

为增强幼儿园工作的透明度，我们每学期初将全园和班级工作计划、条款、活动图表等全部寄给家长，请家长提出意见和建议。这种做法得到幼儿家长的配合，他们都很愿意将自己的想法毫无保留地告诉园长和老师。除此之外，我们还把《幼儿园管理条例》《幼儿园工作规程》《幼儿园教育指导纲要（试行）》等文件发给家长，以增强家长对幼教方针政策的掌握和理解，以便更好地配合和监督园里的工作。

2. 交流性书信

现在的幼儿家长，多是上班族。经常请他们到园里谈工作不太可能。于是，我们就将孩子的成长现状以书信形式告诉家长。我们的交流性书信分为月份交流和季度交流两种。月份交流多指老师给当月表现异常的幼儿家长致信。大到幼儿情绪、心理、思维等方面出现的障碍，小到饮食、睡眠、卫生习惯的差异，教师按月份向家长进行书面反映，以便于家长共同分析原因，剖析危害，制定教育改进措施。季度交流实际上是我园例行的"季度幼儿成长情况分析制度"的具体体现，也是《纲要（试行）》所要求的"关注个别差异"的具体落实。其基本做法是：按班级制订的工作计划和活动安排，将幼儿在本季度各项活动中的表现、情况、等级，或用文字概况，或量化成数据，通知家长，使家长明白自己的孩子现阶段的发展情况。

3. 祝贺性书信

我们在幼儿日常的各种活动中，仔细观察、认真分析、悉心发现他们各方面的潜能和特长，哪怕是他们能流利地数一组数字，明白地表达一个意思，洪亮地朗诵一首童谣，我们都有翔实的记录。对各项活动的优胜者，我们都以贺信的形式向家长报喜。有一个叫王扬的幼儿，在各项活动中，都表现得很懒散。家长因此也很头疼。在一次幼儿歌唱比赛中，他拿了头奖。我们抓住这个契机，衷心祝贺家长："恭喜您！咱们的小扬扬在全园儿歌演唱比赛中荣登金榜。如何因势利导，发展孩子的特长，待我们共谋良策。"老师简短的字条，既是传喜的捷报，又是鼓励的号角。家长很自然地会对老师的感激转化为与幼儿园共同教育、促进孩子成才的行动。

4. 请柬

发张请柬，把家长邀请到幼儿园，对园里或班里的重要活动"听一听、看一看、评一评、议一议"，既是一种情感的交流，又是一种心灵的融合。一般来说，园里大型的幼儿问题竞技活动，绘画与手工艺作品展览，节日庆祝活动，全园总结表彰大会，班里的阅读、书写比赛，争夺小红花活动评比，我们都给家长发请柬，邀请他们光临指导。与家长的书信沟通，内容很多，形式灵活，只要有利于形成和谐融洽的家园联系，即便是三言两语的小字条，也能起到很好的效果。不如在幼儿离园时，顺便交给家长一个小纸条，写明孩子当日的具体情况。如："王宁今天有轻微的咳嗽，请观察孩子的情况，酌情用药。""刘敏轩午睡时，情况不好，请注意观察孩子的情绪。"这些话虽然简短，但至真至诚，情暖人心。

（资料来源：http://yuanzhang.yojochina.com/gongyu/2009081117624.html）

任务 3.6　网络沟通

任务导入

倪老师班上有几位幼儿家长频繁到外地出差，还有几位幼儿家长常年出国在外，平时都是由爷爷奶奶或者保姆接送孩子，但是孩子的父母还是很不放心，非常想了解孩子在幼儿园的生活与学习情况。总是一个接一个地打电话也不现实，后来倪老师就在互联网上创建了班级校友录。这样每天的 20∶00—22∶00 成为这个班级最活跃的家园沟通时间。那些平时不能亲自接送孩子、想了解孩子但又不便直接与教师联系的家长，就可以通过网络实现与教师的"零距离"沟通。他们说："远在千里之外能看到孩子和他认识的小朋友，感到很欣慰。"可见，网络延长和拓展了家园沟通的时空。

思考：在幼儿园教学中有哪些方面较适合网络沟通？

知识要点

一、网络沟通的意义

随着科技的发展，幼儿园网站、班级博客、QQ 群、微信……各种各样的现代化沟通途径，使得教师与家长的沟通更加简单方便。现代的人们工作忙、家务忙，难得抽出时间走到一起面对面交流，而利用休闲时间通过网上交流也是不错的形式，既方便又快捷，局限性小。在幼儿园网站或者班级博客里，教师会定期上传一些近期活动简讯、活动影像、教育经验、家长心语、幼儿精彩瞬间等。家长浏览幼儿园的网页可以知道自己的孩子参加了什么活动，幼儿园有什么新的动向；班级博客里有孩子的作品展示，教学活动实录；还可以在 QQ 群里和教师互动，分享孩子成长中的故事、探讨教育中的困惑等。

网络沟通是一种便捷的沟通方式，让家长能够及时了解幼儿的情况，并从中学到教育经验或者分享自己的育儿方法。有一位家长看到班级博客里有一篇教师的随笔——《蹲下来体现了另一种爱》，她深受感动，原来幼儿园的教师都是这么和宝贝们对话的，而做家长的却不知道该蹲下来。在和自己的孩子交流时，她也尝试蹲下来说话，让孩子不再仰视自己，虽然仅仅是一个蹲不蹲的小问题，却体现了一种尊重、平等、以孩子为本的教育理念。

二、网络沟通的主要形式

网络沟通是基于信息技术（IT）的计算机互联网络来实现信息沟通的方式，并因信息技术的不同而提供了不同形式、不同特点的网络沟通平台。

（一）班级校友录

班级校友录在网络上营造了一个相对封闭的班级氛围，具有多方互动、畅所欲言的优势。如果教师跟着孩子升班走，那么这个校友录就可以连续使用 3 年；如果教师在新学年带了新班级，原班的校友录一般就会解散，教师会为新班家长重新建立班级校友录。

（二）校园短信通

校园短信通是近年来兴起的一种家园联系方式，具有信息量大、传播速度快、使用灵活的特点，可以作为电话与手机联系方式的补充和拓展。校园短信通具有群发功能，教师可以从自己的计算机上发送短信，一次性通知到所有家长，也能与家长进行个别交流。家长也可以即时回复短信给教师，实现家园双向交流，避免了家长打扰教师带班，或者教师找不到家长的尴尬局面。

（三）博客

博客，又名网络日志，是一种由个人管理并不定期张贴新文章的个性化沟通平台，能够简易、迅速、便捷地发布自己的心得，同时它所提供的内容可以用于互动交流。很多教师使用博客发布自己的教育心得、转发别人的好文章、传达班级最新动态、上传班级活动的照片等，家长则可以浏览、复制、下载或者留言。很多家长也有博客，这样多个博客之间可以相互链接，扩大彼此的博客圈。

（四）微博

微博即微型博客，是目前全球最受欢迎的博客形式。微博作者不需要撰写很长的文章，大部分微博的文字限制在 120 个字以内。大部分人用微博表达心情、传递通知、转发消息。

（五）QQ 群

QQ 群是一种免费聊天工具。群主在创建群以后，可以邀请朋友或者有共同兴趣爱好的人到一个群里聊天，还可以使用群 BBS、相册、共享文件等多种方式进行交流。普通群可以容纳 100 人，高级群可以容纳 200 人，实现在线的互动交流。

（六）E-mail

E-mail 是指电子邮件，又称电子信箱、电子邮政，是互联网应用最广的服务。它可以把文字、图像、声音等文件以非常低廉的价格和非常迅速的方式，与世界上任何一个角落的网络用户联系。E-mail 传输的信件内容只有收发双方可以阅读，所以适合交流一些不便让第三者知道的话题。

（七）微信

微信是一款手机通用软件，在当前家园沟通与共育中被广泛使用，其主要功能是发送幼儿在园的活动照片、相关情况以及园所通知等，并适时地实现家园互动。微信能够满足家园双方对信息传递方便、即时、直观及参与性强等多种需求，带来了新的移动沟通体验。

三、网络沟通的策略

（一）形成正面的群聊氛围，建立互信

家长平时工作繁忙，与教师直接面谈的机会很少，因此，网络媒介成了两者之间沟通交流的主要渠道。教师可以建立微信群，邀请全班家长加入。在这个便利的交流平台上，教师可以科学、合理地发布各种重要通知，家长可以针对幼儿园和班级的各项工作提出各项建议，教师可以第一时间做出回答。经过一定时间的积累，两者之间可以形成一种良好的沟通氛围，相互建立信任感。

（二）以图文并茂的形式上传信息，力求全面

家长们都很关心孩子在幼儿园的生活，包括有没有哭泣，饭吃得饱不饱，有没有午睡，上课、游戏时表现怎样，等等。针对这些问题，教师可以将孩子们活动的场景用照片记录下来，利用幼儿午睡时间或者不带班的时间上传到网络上，并配以简明、扼要的文字说明，让家长朋友了解自己的孩子在幼儿园的种种表现。教师也可将幼儿园平时开展的大型活动或班级活动等提前进行宣传，将信息发布到微信、微博中，让家长朋友可以时刻了解幼儿园的最新动态，增强家长参与幼儿园管理或班级管理的积极性。

（三）适宜适度地使用，把握分寸

微信、微博等网络平台虽然操作起来非常快捷、便利，但其公开化的特点也值得教师深思熟虑。首先，幼儿教师在使用微信、微博时必须要冷静、客观地分析发送资料的准确性、科学性和适宜性。教师要具备对事物解读的敏感度，处处做个有心人，不该发的不能发，值得发的准确发、及时发。其次，要正确选择发送的平台。关于幼儿个人的信息资料、对幼儿个体的评价信息等，教师不能随意发送到微博、微信等公开化的平台上，以免被不良人士利用，危害孩子的安全。关于幼儿个体的资料，教师可以直接传送给孩子的父母。

（四）为家园互动开辟新途径，及时高效

比如，某教师利用微信中的群聊窗口，抛出了"幼儿阅读能力培养"的话题，然后邀请班级内语言发展好的幼儿的家长来介绍如何培养孩子的阅读能力，其他家长纷纷根据自己孩子的情况参与讨论，各抒己见。这种彼此互通育儿心得的沟通形式，拓展了教师对"传道、授业、解惑"的天职的理解。又如，对于生病缺席的孩子，教师可以通过微信及时地表达问候；对于过生日的孩子，可以通过微信及时地送上一束电子鲜花和一句祝福的话……及时高效的微信沟通得到了家长更多的支持和肯定，也为家园联系开辟了新的渠道。

 拓展阅读

利用班级微信群提高家园互动的有效性

陈鹤琴先生说过："幼儿教育是一种很复杂的事情，不是家庭一方面可以单独胜任的，也不是幼儿园一方面能单独胜任的，必定要两方面共同合作方能得到充分的功效。"《幼儿

园教育指导纲要》中也明确指出："家庭是幼儿园重要的合作伙伴，应本着尊重、平等、合作的原则，争取家长的理解、支持和主动参与，并积极支持、帮助家长提高教育能力。"因此，在教育孩子方面幼儿园和家庭必须配合起来对孩子有针对性地实施教育，形成家园共育。家园共育是指家长与幼儿园共同完成孩子的教育。在孩子的教育过程中，并不是家庭或幼儿园单方面进行的教育。通过家园共育加强互相间的了解，在教育幼儿方面达到配合默契、要求一致，使幼儿健康快乐地成长。

父母是孩子的第一任老师，家庭更是孩子成长的摇篮。随着年轻父母学历的不断增高，"早期教育""早期智力开发"等被越来越多的家长所重视，他们对"家园共育"问题更为关注。然而，随着社会竞争力的提高，使上班族的生活也变得越来越忙碌，有的家长，甚至一学期也碰不到老师一次面，他们非常渴望经常性地与老师交谈沟通，了解孩子在园的表现，但现实生活让很多家长都感到心有余而力不足，非常遗憾。在一次幼儿成长手册的反馈上，老师看到了梦帆妈妈写的留言："我的工作非常忙，经常在外面出差，即使来园接送孩子也是来也匆匆去也匆匆，我几乎没有时间来了解幼儿园的教育，建议老师能否开辟家园联系的平台，使家长能与教师进行交流和沟通，通过联系平台，一方面我们可以了解幼儿园的教学和孩子的在园情况，另一方面我们如果有疑问也可以向老师请教。"针对家长的建议，老师对班级幼儿家庭中使用电脑手机等现代信息技术的情况，对建构交流的形式、内容、对家园配合教育等方面家长的认同度进行了调查。老师了解到所有的家长都对家园联系有需求，对幼儿园开展的主题活动、运动、生活、游戏、学习各方面的教育内容以及孩子发展情况表示关注。97%的家长认为在跟老师联系时运用网络或手机交流这一渠道较容易发表自己的真实想法。还有很多家长早已在网络上为孩子建立了"宝宝主页"。家长们所表现出的参与热情，深深鼓舞了老师。

在网络信息发展越来越普及的当今社会，上网成了多数人工作、生活的必备。如何让家长们能够随时随地了解到孩子们在园的动态呢？考虑到现在年轻的爸爸妈妈喜欢的最简便的联系方式——手机微信平台，它满足了不同时间、不同地点、不同人群都能在手机上进行沟通的要求家长无须打开电脑，只用手指轻轻点拨，还能语音视频，利用手机微信群让工作繁忙而无法来园与老师及其他家长相互交流的家长有机会和大家共同探讨幼儿学习、生活中的疑惑，及时提出解决问题的方法，促使教师、家长各方面积极主动地相互了解、相互配合，从而提高家园互动的有效性。

与家长建立良好的关系，是开展家长工作的前提。经常利用下班时间和家长一起进行群聊，多沟通，形成良好的群聊氛围，公布微信号，让更多家长加入。对家长提出的关于幼儿园和班级工作的问题，采取不回避、有问必答的态度，确保家长的问题能得到及时正确的应答。同时，站在家长的角度，选择一些家长普遍关心的问题进行讨论，寻找原因，提供相关幼儿教育的经验和策略；及时了解家长所提问题和话题的意图，进行内容的梳理和问题归纳；有针对性地引导家长正确对待孩子出现的问题，以健康、正确的议题来实现对群聊舆论的引导。另外，教师尽量提高班级教育与服务质量，争取家长的信任。幼儿园与家长之间建立了良好的关系，教师与家长相互之间的情感有了沟通，就会产生信任和理解。

案例1：关于孩子在幼儿园的学习问题

倩倩妈妈：朱老师，倩倩最近胆子大点了吗？

朱老师：嗯，挺好的，有时也会和我们交流，不像你们说的那样胆小。不过发现她数字好像认得不多，10 以内有的数字不认识。

倩倩妈妈：现在学校开始写数字了吗？我们家里不写的。

朱老师：幼儿园基本不写的，你们家里的话可以教她认识一些简单的数字，培养她对数字的兴趣。

倩倩妈妈：好的。看来以后这方面要加强教育了。

案例 2：关于孩子个性和习惯问题

缘缘妈妈：朱老师，她做手工还可以吗？还有她的耐性很差，我不知道怎么培养她的耐性，而且她老爱插话。

朱老师：哦，那你得放慢性子，不要着急，有时间多陪陪她。在她安静的时候和她聊天，先培养她一对一安静倾听的习惯。

缘缘妈妈：是要和她多交流吗？

朱老师：是的。在你们静静聊天的过程中，她就会慢慢学着你们倾听和说话的样子了。

缘缘妈妈：嗯，是我平时陪她时间太少了。

朱老师：是的，其实孩子的很多问题，都是需要家长耐心地去陪伴教育的。

缘缘妈妈：因为平时没空所以有点忽视她了。谢谢老师，我们会多注意的！

梦帆妈妈：朱老师，帆帆比较内向，在幼儿园这几天情绪好吗？

朱老师：挺好的，就是太胆小了，小便不敢去，要问几遍才去的。

梦帆妈妈：嗯，是的，我也想让她再活泼一点，有什么好办法吗？

朱老师：旅游的时候看到她有时也是很活泼的。可是在幼儿园里，她做事就是有些缩手缩脚。

梦帆妈妈：到外面去她会显得相对活泼。可能在家里我对她太严格了，导致她十分小心，一定要确认没错的事情才去做。

朱老师：每个人都有自己的个性，在不违反原则的前提下，要多给孩子一些空间，允许她们做自己想做的事情。因为她的个性本身就比较文静懂事，如果压得太多，容易僵掉。

梦帆妈妈：您今天提到的问题，我们以后会注意的，谢谢噢！

 分析

家庭是孩子教育的第一场所，也是永远的场所；家长是孩子的第一位老师，也是孩子终身的老师。在幼儿园教育的影响下，家长开始重视对孩子进行有意识的家庭教育了。同时，也会碰到许多困惑和难题。在这一阶段的沟通中，家长在家庭教育的过程中所遇到的最多的难题，还是孩子个性和习惯培养方面的疑惑。

一般孩子个性比较内向的家长，因为总是不放心孩子在园的表现，往往焦虑的情绪比一般家长更强。而通过微信平台的及时沟通，让家长及时了解孩子的在园表现，能使得家园共同一致教育，从而促使孩子愉快成长。

家长的个性也常常会影响孩子的表现。有的家长控制欲比较强，不愿意看到孩子的行为偏离自己的主观想法，常常要孩子跟随自己的意愿来活动。所以导致孩子在家在园表现不同，形成了两面派的性格特点。这种时候，老师的主要任务就是点醒家长，让其了解自己在教育中存在的问题。当家长遇到困惑时，能主动向老师请教，是我们对家长进行家庭教育指导的良好契机。虽然不能保证老师的指导是完全到位的，但是这样的沟通途径，为家园教育达成一致奠定了基础。

（资料来源：中国学前教育网 http：//web. preschool. net.
cn/html/2014 − 12 − 02/n − 89965. html）

任务3.7　和家长志愿者沟通

 任务导入

中班主题活动"宝宝当心"是幼儿园教师结合全国中小学安全教育周开展的教育活动，该活动需要一位担任交警的家长结合自身的工作经验为孩子们上课。刚好班上有个幼儿的爸爸是一名交警，但是关于怎么给孩子们上课，这位爸爸感到很茫然，心里也很紧张。

思考：如果你是幼儿园教师，你应该怎样和这位幼儿的家长沟通？

 知识要点

家庭是幼儿最早接触的环境，家长是孩子的第一任教师。家长与孩子之间亲密的关系，家庭生活中丰富的教育内容，以及家长本身的职业特点、专业技能等，都是学校教育所不具备的。因此，只有家园合作才能实现优势互补，才能使教育资源得到充分利用，从而形成教育合力，更好地促进幼儿的全面发展。这无疑促使家长志愿者或家长助教成为家长参与幼儿园活动的一种有效形式，成为幼儿园和班级教师与家长沟通的一种特殊形式。

一、家长志愿者的意义

家长志愿者是家长参与幼儿园活动的一种有效形式，是幼儿园和班级教师与家长沟通的一种特殊形式。最大限度地发挥家长志愿者的优势，有助于促进办园质量和教育质量的提升，对于班级工作、幼儿发展和家园沟通都具有特殊意义。

（一）家长志愿者有助于班级开展工作

众所周知，幼儿园班级工作涉及方方面面的内容。对于一个有经验的教师来说，可以邀请家长志愿者参与到保育、教育、教学、管理等多方面的班级工作中来。比如，可以邀请托班或小班的家长参与到班级幼儿的生活照顾活动中，使幼儿享受到更多的关爱；可以邀请中班或大班的家长参与班级主题教育系列活动中的资料收集、材料准备、玩具制作、展板制作、幼儿外出参观的组织、专题教学的辅助等工作中来；每逢节日大型活动，还可以邀请家长参与幼儿园的安全与保卫工作；有的家长还利用自己的电脑软件技术帮助班级拍摄和制作DVD、制作电子课件或电子相册等。家长志愿者的参与提高了家长对幼儿园工作、幼儿教育的理解，也加强了家长与教师之间的沟通与交流。

（二）家长志愿者有助于促进幼儿的发展

家长定期或不定期地出现在班级幼儿的生活教育或活动区活动，能够提高班级的师生比，为幼儿提供更多的交流机会。家长参与幼儿园活动，使幼儿感知不同职业与性格的家长，丰富了幼儿的交往范围，使幼儿以更宽、更广的视野了解社会，有利于他们社会性人格的充分发展。家长志愿者使幼儿感受到家长对自己的重视，体会到家长对幼儿园的接纳，调动了幼儿在园生活与学习的积极性。家长的参与还使幼儿用新的眼光来看待家长，感受到爸爸妈妈原来是这么能干，增进了幼儿与家长之间的亲密关系。家长的主动参与精神，加深了幼儿对幼儿园集体生活的安全感和积极情感，增强了幼儿的自信心和自豪感。家长志愿者热心公益、不计报酬、承担责任、乐于奉献的行为与志愿精神为幼儿树立了良好的学习榜样。

（三）家长志愿者有助于带动家长群体

在家长群体中，家长志愿者具有热心助人、热爱幼教、尊重教师的特点，对家长群体具有积极的带动作用。他们愿意为幼儿园和班级活动付出时间与精力，是对教师工作的一种肯定与支持，不但对教师是一种鼓舞与帮助，对其他家长也会产生积极的影响。家长志愿者在参与互动的过程中，获得了更多的幼儿在园生活与学习的信息，也更能理解教师工作的辛苦与良苦用心，因而在善解人意、宽容待人方面会更有可能起到表率作用。尤其是在有些家长对班级工作不理解甚至出现误解的时候，家长志愿者出面解释或者调解，会收到更好的效果。家长志愿者在号召、带动其他家长参与幼儿园的活动方面也会更有影响力、更有经验，对于增强班级家长的凝聚力、提高教师的家长工作效率，起到了重要的作用。

二、组建家长志愿者的策略

家长是否愿意参与志愿者活动，取决于活动能否满足他们在教育孩子方面的需要。因此，教师要抓住家长的心理特点，围绕班级核心工作，根据对家长群体的职业、性格与人际关系特点的把握，通过调研、招募、组织、沟通、协调、培训、评价与激励等一系列工作，有步骤地培养家长志愿者队伍。

（一）发放调查问卷，根据需求与家长特长组建志愿者队伍

本着互相理解、互相帮助的原则，教师如果只考虑幼儿园单方面的需要，而置家长的处境于不顾，必将导致家园合作以失败告终。因此，面对不同类型的家长以及具有不同职业和文化素养的家长，教师应因人而异地发挥家长志愿者的作用。在组建家长志愿者队伍前，教师可以发放一份简单的调查问卷，对家长担任志愿者的意愿、条件有一个初步的了解。

（二）邀请祖辈家长参与，积极发挥祖辈家长志愿者的参与热情

现今因为父母多是双职工，幼儿园很多涉及幼儿的日常事务都是由爷爷奶奶、外公外婆等祖辈家长来参与的。因此，教师可以发挥祖辈家长的特长，鼓励他们加入志愿者队伍。特别是祖辈家长中有一些活跃分子，他们经常参加老年大学、社区的活动，有一定的才能。因此，可以邀请他们参与志愿者和助教活动，为他们搭建展示才能和交流互动的平台，形成教育合力。不过，教师需要提醒祖辈家长了解孩子的哪些行为是需要干涉的，哪些行为是不需要干涉的，以免对孩子的活动造成干扰。

（三）全方位参与，在班级工作中发挥家长志愿者的优势

家长参与幼儿园活动的目的在于了解幼儿园，了解教育任务、目标，掌握幼儿在园的情况，达到配合幼儿园教育的目的。对于一个有组织经验的教师来说，可以邀请家长志愿者参与到保育、教育、教学、管理等繁多方面的班级工作中来。比如，可以邀请祖辈家长参与到托小班幼儿入园初期的生活活动中来，使幼儿享受到更多的关爱，缓解分离焦虑期的情绪波动；可以邀请年轻的父母志愿者参与到班级主题活动的资料收集、材料准备、玩教具制作以及幼儿外出活动的策划组织等工作中来；每逢开展节日活动或大型活动时，还可以邀请家长参与幼儿园的安全与保卫，活动的策划与组织工作等。

（四）有针对性地进行指导，树立家长参与志愿者活动的信心

家长志愿者毕竟不是专职的幼儿教育工作者，他们对幼儿年龄特点的把握未必准确，对幼儿园保教工作的常规和特点也不一定很清楚，所以，教师需要对家长志愿者进行一定的指导与培训。任务导入中，担任交警的幼儿家长虽然交通规则知识丰富，但是没有为孩子上课的经验，需要教师就具体活动进行有针对性的、逐步的指导与培训，包括活动内容、活动形式等，而不是让家长无计划、无层次、无轻重地泛泛而谈。

（五）平等对待，消除家长的后顾之忧

家长志愿者参与幼儿园的活动，其形式是多种多样的，教师要尊重每位家长的选择，平等对待每位家长及其孩子。首先，教师要破除自己的保守思想，对组建家长志愿者队伍有一个积极的认识与态度，并且事先将志愿活动的目标、内容、参与人员和基本过程告知家长志愿者，让他们做到心中有数。教师也要尊重家长的主动意识、设计思路以及提出的建议，即使有时家长的想法或提议不宜实施，教师要给予充分的理解，要注意保护家长的积极性、主动性和创造性。其次，某些未能担当志愿者的家长会担心教师对自己的孩子态度不好。对于这类家长，教师要以良好的工作态度消除他们的后顾之忧。

（六）优化家长志愿者活动，通过评价提升家长志愿者的能力

每学期开学的家长会上，教师要规划好一学期大概的志愿者活动内容与形式，积极利用不同的活动形式邀请不同的家长志愿者参与幼儿园的活动。比如，邀请身为牙科医生的家长志愿者带领大班幼儿开展有关口腔卫生、换牙知识的活动；邀请祖辈家长参与节日特色点心的制作与指导活动，如包汤圆、包粽子，等等。参与的形式和内容由家长志愿者与班级教师共同商定，要遵循本班幼儿的年龄特点和循序渐进的原则。当然，教师组织每个活动都要有始有终，其中评价是不可缺少的一个环节，具有承上启下的积极作用。一方面，评价要有激励性。面对家长担任志愿者的行动，教师要及时地表达自己的感谢之情，以激励家长再次参与活动。对入导入案例中的爸爸，教师要及时向他反馈活动的情况，帮助他分析、判断自己的参与是如何提升幼儿已有的经验和学习效果的，自己与幼儿的互动交流是否符合幼儿的年龄特点等。通过评价，不但能提升家长志愿者的能力，也有利于教师自己总结工作，为家长志愿者队伍的可持续性发展奠定基础。

项目五
幼儿教师在其他工作中的沟通技巧

任务1 与领导沟通的技巧
Misson one

学习目标

1. 幼儿教师要掌握与领导沟通的技巧。
2. 通过良好的沟通策略帮助幼儿教师尽快适应岗位角色。

任务1.1　与领导沟通的技巧

任务导入

　　幼儿园定期召开会议，每位幼儿教师都要汇报近期的工作进展情况以及本周的工作计划，幼儿园负责人再对重点工作进行强调与部署。X教师是一名工作积极性高、计划性强、工作效率高的员工，汇报工作时思路条理清楚，且能够将工作中遇到的困难及时反馈给领导，寻求解决的方案；Y教师相对比较内向，工作认真负责，属于埋头苦干型的员工。汇报工作时的语言非常简洁，只是将简单的工作项目进行罗列，因为她认为自己的事情应该自己做，不应该麻烦领导或同事，工作中遇到难题不敢提出来，导致某些工作进度缓慢。幼儿园在有教师职位晋升机会时，幼儿园负责人毫不犹豫地推荐了X教师。

　　思考：假设你是幼儿园的教师，面对与领导沟通的各种情况，你该如何去做？

 **知识要点**

一、与领导见面沟通时的技巧

（一）初次与领导见面时的技巧

初次见面和领导握手时，要等领导先伸出手，下级再伸手，伸手时手心向上。用力适当，保持热情的微笑，口中问候领导好，眼神保持交流。

和领导沟通谈话时，要保持一定的距离（1 米）。眼睛要平视对方，对视对方的眼睛或是看对方的额头，经常保持微笑，最好是就座于斜前方，正襟危坐。

（二）注重与领导沟通时的仪容

注意自己的仪容、仪表；注意化妆礼仪，不要浓妆艳抹，适当化些淡妆；更不要喷过量伪劣香水，在经过的地方留下难闻的味道。

（三）注重与领导沟通时的仪态

注意自己的仪态，你的举手投足、一颦一笑，并非是偶然、随意的。这些行为举止自成体系，像有声语言那样具有一定的规律，并具有传情达意的功能。你要从领导表情中察言观色，通过领导的眼睛、眉毛、嘴巴、面部肌肉的状态来进行观察。当你与领导沟通交流时，需要发自内心，不要故作笑颜、假意奉承。站姿要上体正直、头正目平、嘴唇微闭、表情自然、收颏梗颈、挺胸收腹、双臂下垂、立腰收臀和双腿自然站直。手持文件夹时应身体立直，挺胸抬头，下颏微收，提臀立腰，吸腹收臀，手持文件夹。双脚的脚跟应靠拢在一起，两只脚尖应相距 10 cm 左右，其张角为 45°，呈 "V" 字状。

（四）注重与领导沟通时的走姿

与领导在一起的走姿要身体挺直，头正目平，收腹立腰，摆臂自然，步态优美，步伐稳健，动作协调且走直线。不要扭扭捏捏或扭动屁股。

（五）注重与领导沟通时的坐姿

与领导在一起的坐姿也要特别注意，坐正，双膝并紧，两小腿前后分开，两脚前后在一条线上，两手合握置于两腿间或腿上。不要乱动并扭来扭去，不要抓耳挠腮不知所措。

（六）注重与领导沟通时的蹲姿

如果有东西掉地上了，最好走近物品，上体正直，单腿下蹲。要自然、得体、大方，不要遮遮掩掩，翘臀或双腿下蹲的姿势都是不可取的。

作为下属，可以积极主动地与领导交谈，渐渐地消除彼此间可能存在的隔阂，使上级、下级关系相处得正常而融洽。工作上的讨论以及打招呼是不可缺少的，这不但能去除对领导的恐惧感，而且也能使自己的人际关系圆满、工作顺利。

二、与领导沟通时意见不同时的技巧

在工作中，假如与领导意见不一致，你首先要以领导的意见为核心，委婉地表达自己的想法和意见。只要是从工作角度出发，摆事实、讲道理，领导一般是会予以考虑的。人与人之间的尊重是相互的。"敬人者，人恒敬之。"一个懂得尊重别人的人，必能获得更多的尊重。应尊重领导，理解领导的处境和难处，不要搬弄是非。如果是和对方的观点有冲突时，可以换种方式说话，本着能解决问题的态度，这样才有利于最终化解其中的矛盾。要反应迅速，不要把冲突放大，注意放低自己的声音。

不是每个人的性格与思想都相同，那么，如何做好与领导的沟通对未来的工作尤为重要。当与领导意见不一致的时候，可以平和地阐述自己的观点，不夹杂任何的私人感情和情绪在其中，只是从大局出发去考虑问题，这样即使你的观点不被领导所采纳，你也会被领导所认可与重视。

（一）千万不要与领导发生正面冲突

不论是站在谁的角度来看问题，都不要与领导发生正面的冲突。当幼儿教师与园所负责人发生正面冲突后，要及时去向领导承认错误，并将内心真正的想法与领导进行交流，以博取领导的谅解。

（二）要有策略地与领导进行沟通

当与领导意见不符时，要有策略地与领导进行沟通。可以在领导的办公室单独与领导进行思想沟通，或预约平时与领导关系较好的朋友在一起娱乐，私下与领导进行沟通思想，将自己的观点与见解真诚细致地说给领导听，让领导真正聆听到你内心的声音。

（三）找中间人与领导进行沟通

当你与领导第一回合沟通时，你的意见如果被否定后，可以找个平日与领导及你关系都很好的中间人沟通，以解除你与领导之间在第一回合所产生的隔阂或是误会，以便让领导了解你的良苦用心。

三、接受领导布置任务时的沟通技巧

（一）做好准备

在谈话时，充分了解自己所要说的话的要点，简练、扼要、明确地向领导进行汇报。如果有些问题是需要请示的，自己心中应有两个以上的方案，而且能向上级分析各方案的利弊，这样有利于领导做出决断。为此，事先应当周密准备，弄清每个细节，随时可以回答领导的质疑，如果领导同意某一个方案，你应该尽快将其整理成文字再呈上，要先替领导考虑提出问题的可行性。

（二）选择时机

领导一天到晚要考虑的问题很多，你应该根据问题的重要与否，选择适当时机去反映，而不是在领导正闹心或心情不好时去与领导进行沟通。假如你是为了个人琐事，就不要在他正埋头处理事务时去打扰。如果你不知道领导何时有空，不妨先给其发条信息写明问题的要求，然后请求与其进行交谈。这样就能保证领导和你的沟通效果和效率。

（三）报告有据

对领导不要说自己没有把握的事情。领导问到实际工作状态，一定要如实回答，诚恳地说出目前工作的态度，工作中存在哪些不足或给予领导的意见或建议，让领导在教学上给出更多的建议，促进自身成长。面对每一次与领导沟通的机会，都要保持头脑清醒，层次清楚，不要前言不搭后语，思考后再回答，让领导感觉你是一个做事踏实、处事缜密的可靠之人。

四、向领导汇报工作时的沟通技巧

（一）忌报喜不报忧

对不好的消息，要在事前主动报告。越早汇报越有价值，这样领导可以及时采取应对策略以减少损失。如果延误了时机，就可能铸成无法挽回的大错。报喜不报忧，这是多数人的通病，特别是在失败是由自己造成的情况下。实际上，碰到这种情况，就更加不能隐瞒，隐瞒只会造成更加严重的后果。要及早与领导进行沟通，争取第一时间得到领导的支持与帮助。

（二）要在事前主动报告

尽量在上级提出疑问之前主动汇报，即使是要很长时间才能完成的工作，也应该有情况就报告，以便领导了解工作是否按计划在进行，需要做怎样的工作调整。在工作不能按原计划达到目标的情况下，应尽早使领导知道事情的详细经过。汇报也要具有时效性，及时的汇报才能发挥出最大的效力。及时向领导汇报，还会使你与领导建立良好的互信关系，领导会主动对你的工作进行指导，帮助你尽善尽美地完成工作，也让领导充分了解与信任你。

（三）汇报工作要严谨

汇报工作时要先说结果，再说经过。这样，汇报时就可以简明扼要、节省时间。在工作报告中，不仅要谈自己的想法和推测，还必须说准确无误的事实。如果报告时态度不严谨，在谈到相关事实时总是以一些模糊的话语，如"可能是""应该会"等来描述或推测的话，领导想得到的是确切的结果而不是模棱两可的语句。领导会以此判断你的工作能力，这样容易让领导引起不必要的误会，更不利于领导做出正确的决策。

（四）不要骄傲揽功

所谓"揽功"，即是把工作成绩中不属于自己的内容往自己的功劳簿上记。有的人在向领导汇报工作成绩时，往往有意夸大自己的作用和贡献，以为用这种做法就可以讨得领导的欢心与信任。是喜说喜，是忧报忧，是一种高尚的人品和良好的职业道德的体现。采取这种态度和做法的人，可能会在眼前利益上遭受某些损失，但是从长远看，必定能够站稳脚跟，并获得发展的机会。

（五）真诚虚心求教

主动请领导对自己的工作总结予以评点。以真诚的态度去征求领导的意见，让领导把心里话讲出来。对于领导诚恳的评点，即便是逆耳之言，也应以认真的精神、负责的态度去细心反思。只有那些能够虚心接受领导评点的员工和下属，才能够被领导委以重任。

五、与领导独处时的沟通技巧

（一）与女领导独处时的沟通技巧

女性心思缜密，单独与女领导独处时要注意沟通的技巧。不要显得小气，要大度豁达地与女领导相处；不要与女领导谈论同事之间的是非话题；不要做让女领导抓住话柄或把柄的事情。

（二）与男领导独处时的沟通技巧

女性教师不要经常与男领导单独相处，相处时要注意言谈举止，不要让男领导误会；更不要让男领导对你产生非分之想；不要做超越正常工作范围的额外工作。

案例描述

负责组织参加全国规范汉字楷书书法大赛的教师与园长的对话

教师："××园长，您好！您能挤一点点时间审批一下这份报告吗？"（园长正准备将报告放在一边，听了这话，又拿起报告）园长："好吧，我看看。"（园长一边看，教师一边用手指点用红线画出的重点处，简单说明此次活动的重要性和组织安排）园长（面有难色）："好是好，可现在临近升学考试，而且幼儿园经费也很紧张啊。"教师："确实不巧！可是这种全国性大赛是新中国成立以来的第一次，对幼儿园全体教师来说是一次大练兵啊！纸张我们都已经准备好了，时间半个小时就够了，报名费总共只有×百元，如果幼儿园暂时有困难，可不可以先请教师们自己出……××园长，您看这样可以吗？"园长（面带微笑）："这几个字我可难签啊……"（随即批字：同意参赛。……报名费由幼儿园语委活动经费支出）

分析

与领导汇报前，要将可预见的问题都考虑全面，面对领导的问题才会对答如流。与领导沟通时要注意态度，要不厌其烦地解释回答领导的疑惑。

拓展阅读

做好领导的 10 个小策略

（1）领导要尊重，关心和公正地对待每一个员工，不偏袒，不包庇任何员工。

（2）领导与教师沟通时，要从领导的角色中摆脱出来，主动走近幼儿教师，与幼儿教师平等相待，学会沟通，善于沟通，与员工倾心相交。

（3）领导要尊重教师的民主权利，虚心听取教师的批评和建议。

（4）鼓励幼儿教师讲实话、真话、心里话，自己不摆架子，不讲套话，在信任的基础上做到知无不言，言无不尽。

（5）领导要给员工送办法、送鼓励、送真情。

（6）领导要有气度、有雅量。

（7）领导要钻研业务，深入教育教学第一线，做幼儿教师的表率。

（8）领导必须允许分歧，求同存异，注意倾听幼儿教师中各种不同的声音。

（9）领导要以身作则、严于律己，反对以权谋私。

（10）对某些不明事项不发表任何结论性、导向性的意见。

（资料来源：谈学校领导应如何与教师进行有效沟通，有删改。）

 小贴士

幼儿教师与领导沟通之道的几个小贴士

1. 我们似乎碰到一些状况。（婉约汇报坏消息）

2. 我马上处理。（表现得很有效率的样子）

3. 王安其的主意真不错。（表现出团队精神）

4. 让我再认真地想一想，3点以前给您答复好吗？（避免说得不周全）

5. 我很想知道您对某件事情的看法。（恰如其分地讨好）

6. 是我一时失察，不过幸好有你们在，真好，感谢有你们……（主动承认疏失，表示深感内疚，以表未来的工作不犯类似问题）

7. 感谢您告诉我这个信息，我会仔细考虑您的建议的。（面对错误勇于承担）

8. 要有观察领导需求的眼睛，不要只顾及自己的感受。（心中有领导，不要无视领导的存在）

9. 要谦虚仔细地去工作，领导交代的工作要及时有效地完成，而不是要花样，玩心眼，完成得一塌糊涂。

10. 完成工作要眼勤、口勤、手勤、心勤。（不要说废话或无关工作的无用话）

11. 永远要给领导留面子，不要与其发生正面冲突。

12. 观察领导的情绪，在领导不开心或繁忙之时不要去打扰。

13. 不要与领导讨论工作以外的话题，比如，家庭琐事、同事矛盾、同事身材，等等。

14. 与领导的关系要适度处理，不要对领导进行阿谀奉承。

（资料来源：http://www.baidu.com）

任务2 与同事沟通的技巧
Misson two

 学习目标

1. 幼儿教师要掌握与同事沟通的语言技巧。

2. 通过良好的沟通策略帮助幼儿教师尽快适应岗位角色，与同事保持良好沟通，人际关系和谐，团结合作，正确处理好与同事之间的关系。

任务 2.1　与同事沟通的技巧

 任务导入

　　设想你是一名刚刚毕业上岗的青年教师，怎样与不同身份、年龄的同事进行交谈（老教师、中年教师、与你同龄的青年教师、工作单位某部门的干部、配班老师、保育员等）并给对方留下良好的第一印象？请自己设计谈话内容。

　　思考：假设你是幼儿园新上岗不久的青年教师，面对与不同身份或年龄同事沟通的各种情况，你该如何去做？

 知识要点

　　人际沟通是一门学问，一个人来到一个新的工作环境，很重要的一件事情就是要学会与人沟通。与同事相处是职场的重要一课，与同事建立友好、融洽的关系是顺利开展工作的基本前提之一。与同事相处不好，甚至彼此不讲话，久而久之，就会在办公室变得孤立无援，继而影响工作的心情和效率。以诚心感人，退一步海阔天空。同事是工作中的伙伴，要想和同事合作愉快，沟通技巧是必不可少的。

一、与同事见面时的沟通技巧

（一）工作交接时的沟通技巧

　　与同事工作交接时要多倾听对方的意见，要尊重对方的工作成果。《圣经》中有一句话："你希望别人怎样对待你，你就应该怎样对待别人。"这句话被大多数西方人视为工作中接人待物的"黄金准则"。每个人都渴望被重视、被尊重。要获得同事的信赖和合作，就应以平等的姿态与人沟通，相信他的劳动是有价值的。同时，也要相信别人获得的成绩是通过劳动获得的，不要眼红，更不可以无端猜忌，应该在表示祝贺的时候尝试着向人家靠近，学习人家的成功经验，这样才能够真正提高自己。三人行必有我师，虚心向他人进行学习。吸取他人的优点，自己才会尽快成长和进步。在工作交接时，要态度温和，不要霸道蛮横，坦诚与同事进行工作上的沟通和交流，而不是出于嫉妒之心在工作。只有团结坦诚地交流工作，才会使工作得以顺利完成。

（二）应对异议和分歧时的沟通技巧

　　同事之间最容易产生利益关系。如果对一些小事不能正确对待，就容易形成隔阂。应以大局为重，在合作过程中有了成绩时，不宜把功绩包揽给自己。合作中的失误和差错，则要勇于负起责任，该承担的要承担，要有团队的意识。同事之间由于经历、立场、成长环境等方面的差异，对同一个问题往往会产生不同的看法，引起一些争论，一不小心就容易伤元气。不要过分争论，人接受新观点都是需要有一个过程，如果过分争论，就容易激化矛盾而影响团结。学会巧用委婉的、鼓励的、幽默的语言等化解尴尬。与同事之间如有分歧要用平和的态度去解决，争吵并不能解决任何问题。换位思考后去采取适当的方式方法解决问题，使矛盾降到最小化。

（三）与不同年龄段同事的沟通技巧

能够看到同事身上的优点，并及时给予赞美、肯定，对一些不足给予积极的鼓励，这是良好沟通的基础。代沟是与不同年龄段同事交流与沟通的难点，要克服代沟的阻碍，与年轻人沟通，要顺应时代的发展步伐，与其多聊当今社会的热点或他们所关注的话题，与年长的同事沟通要足够给足其面子，尊重其老一辈人的观点与思想，与其沟通时一定要态度和善，保持尊重的态势；与同辈同事在一起也许会有许多的话题，切记不要把自己的隐私都泄露出去，让其成为对方攻击你的把柄或是日后开玩笑的话柄；更要谦虚谨慎、戒骄戒躁地去和谐相处。首先，要选择对方能接受的交流和沟通方式；其次，要与人为善。微笑是不同年龄层都乐意去接受的语言。最后，不要心太急。"代沟"是由于几年甚至几十年的年龄差异所导致的，故想要一劳永逸地解决代沟问题是不太现实的。

（四）发生利益冲突时要与同事沟通

对待升迁、功利，要时刻保持一颗平常心。清代尚书张英的家人在老家桐城建房子时，与邻居张员外闹矛盾，家人飞书向他求助，他在回信中曾说过："千里来书只为墙，让他三尺又何妨？万里长城今犹在，不见当年秦始皇。"在我们的工作中，很多人都站在自己的角度争取利益，工作中斤斤计较，喜欢占小便宜，只顾眼前的利益，这样的人肯定会被同事所讨厌，结果许多时候是占了小便宜却吃了大亏。在工作中应该体现大度，一定要换个角度去思考问题，站在对方的角度为对方想想，理解对方的处境，千万不能情绪化，要知道这样做只会使沟通陷入困境，而不会有任何正面的帮助。忍一时风平浪静，退一步海阔天空。与同事相处要大度一些，谁都不是傻子，即使是自己吃点亏，即使是心里不舒服和不情愿，任何事情都要从大局出发，站在领导的高度去考虑问题，同事与领导都会对你刮目相看。时间久了，你也会成为那个领导与同事最信任之人。与同事发生利益冲突时，要先学会冷静思考，如果事情比较大，你可以在适当的时候与领导沟通，让其帮忙解决；如果事情非常小，你可以通过自己的人格魅力去感染他或与他做深度的思想交流。

（五）职位晋升时的沟通

很多的同事在一起工作其实关系很微妙，同龄人都存在着职称或职位的晋升。那么，如何正确处理好双方的关系尤为重要，有的时候，人在不知不觉中就会产生嫉妒，同事之间要少有嫉妒之心，羡慕他人的能力可以，但一定不要在背后去做坏事。

二、与同事之间的沟通技巧

幼儿园中女性教师居多，女性在一起容易产生是非。如果关系处理融洽了，工作也就正常顺利地进行与开展；如果处理得不妥当，不仅将会影响同事之间的融洽，更会影响到工作的和谐环境与工作氛围的营造。那么，如何正确处理好幼儿园同事之间的关系呢？

（一）人格塑造

人格魅力对于一个人来说尤为重要，这个当然也不是生下来就有的，而是要自己的后天培养。不管在任何时候我们都要用自己的人格魅力去感染人，去交往他人，使自身的人格魅力逐渐散发至周围。

（二）真诚相见

只有真诚才能够永恒，这是人与人之间关系的基础。在工作中，下属要赢得领导的肯定和支持，同事之间要有一个良好的人际关系，我们要学会如何更好地去真诚合作，自己的发展也要建立在对自己真诚的基础之上。

（三）赞美和欣赏

同事之间要不断地互相学习，一起进步。你要学会赞美对方，从对方的身上学到一些自己的没有的优点。

（四）学会聆听

这一点非常重要，我们一定要学会如何聆听，这是在你沟通顺利的重要途径。

（五）少斗争

工作中难免会遇到一些利益问题，我们不能为了利益一味地和同事互相去争斗，而应该多去帮助同事，这是你的人格魅力的一种体现。

（六）学会宽容

任何人都会犯错误，同事之间也难免会出现一些小的误解或摩擦。我们一定要用宽容的心去面对，千万别总想着去改变同事。

（七）学会巧用语言

最好不要说伤害他人的话，要利用委婉的言辞去沟通，当然适当的幽默是最适合不过了。

（八）理解同事

作为同事，其实和同学还是有区别的。有的人在校园里关系非常和谐，到了工作岗位后就会互相拆台，不说对方的好，为对方的职位晋升设置阻碍。我们一定要站在对方的立场去思考问题，不要动不动就情绪化，一定要善待身边的人，毕竟都是在不同的岗位为同一个单位工作。

五、幼儿教师与同事关系与专业发展

（一）幼儿教师之间的专业发展

合作竞争是所有工作群体内部彼此相处的规则，对于幼儿教师也不例外。幼儿的发展是多维度的，任何一个教师都不可能靠自己的独特性培养出全面发展的人才，因此，合作是必需的。同样，一个群体如果缺少竞争意识，也很难获得发展。

幼儿教师个体之间的良性竞争能够促进其专业技能的提高。幼儿教师主要是女性群体，而女性群体中存在着普遍的同性否定倾向；而且"女性对人际关系较为敏感，心思比较细腻，挫折承受力又较低，很容易夸大其他女性身上的缺点"，从而产生自私、嫉妒等不健康的心理。这是幼儿教师之间容易出现盲目攀比现象的原因。

根据心态学原理，处于同一生态位的个体由于面临的问题相同，也最容易产生竞争。只要教师个体能以谦虚平和的心态去面对自己的缺点和失败，一些盲目的竞争攀比就有可能避免。例如，A老师和B老师关系很好，但在一次教研活动中要同时上公开课，这就产生了隐性的竞争关系。由于B老师事先花费的时间和精力较多，最后的结果要好得多。这件事促使A老师对自己的行为和态度进行了反思，从而主动与B老师进行沟通，并与观摩公开课的老师一同分析与讨论，发现了自己的不足，提高了自己的教学水平。教师个体之间的良性竞争不仅有助于提高其自身的教学能力，而且也有助于促进其与人交往合作的能力。

幼儿教师不同层次间的交流是其协作成长的途径。幼儿教师包括专家型的老教师、青年骨干教师和处于成长期的新教师等几个层次。老教师非常有经验，但新教师的新教育理念和教学技术给教学带来了生机。接触过许多教师，很多老师都提出过类似的观点："老教师带孩子比较紧，放不开；新教师可以给孩子发泄的机会，并能很快融入活动氛围当中去。"许多幼儿园都能够充分利用教师的层次开展师徒结对、特色展示、青年教师汇报课、骨干教师示范课等活动，让每一位教师都有参与的机会，调动了教师的积极性，促进教师之间的学习交流和共同提高。正如一位年轻老师所说："我刚毕业走上工作岗位时，上了一节比较成功的公开课。那时候，有一位老教师对我的帮助非常大，抠得非常细，细到每一句话。因为第一次给领导好印象，从那以后我的发展还是很顺利的。"可以看出老教师对新教师在职场初期的帮助会对其整个职业生涯有重大的影响。

（二）幼儿教师与保育员的交往与幼儿教师的专业发展

幼儿教师是保育与教育的有机结合，实施保教工作的教师和保育员共同努力，才能促进幼儿健康的发展。因此，幼儿教师首先要克服"重教轻保"的急功近利思想和"教师为主，保育员为辅"的自我中心思想，才能与保育员分工合作、默契配合，真正做到保中有教、教中有保，在促进幼儿发展的同时，使自身也得到发展。

保教结合有利于提升幼儿教师的专业情感。幼儿教师的专业情感不仅是出于职业道德或母亲的天性，而是来自与幼儿的朝夕相处，以及对每日工作的反思过程。幼儿园的一日活动都是教育活动，生活活动中也要注入教育内容。教师要做到保教结合，必须认可保育员的工作，既要考虑幼儿的生理特点，又要结合幼儿活动特点，才能在与孩子们的朝夕相处中发现问题并解决问题，增强自己对孩子、对工作的真挚情感。甲老师所带的班级即将升入小学时，她由衷地说："3年来我已经把他们看作自己的孩子了，真有点舍不得呢！"当问及："如果重新选择职业，你会选择幼儿教育吗？"甲老师毫不犹豫地回答："会的，因为孩子们会让自己也拥有一颗童心，让自己感觉跟他们在一起长大！"

保教结合有助于幼儿教师理论联系实际，巩固专业知识。传统认识中对保育员的文化素质要求往往比对教师的要求要低。在实践中也发现，凡是受过正规训练的幼儿教师均能够很好地胜任保育员工作；而保育员由于专业素质偏低，很少有人能很好地胜任教师的工作。因此，对于文化素质较低的保育员，教师要适时向其灌输儿童心理学、卫生学、教育学等专业知识。条件允许的幼儿园，也可选用素质较高的教师来担任保育员。例如，有的幼儿园开始在大班进行试点，把原来的每班"二教一保"改为3位教师，保育员由3位教师轮流担任。

这样改革可以让教师把自己学到的相关专业知识充分运用到实践当中去，使其渗透在幼儿的日常生活中，不仅限于幼儿的吃、喝、拉、撒、睡等生理需要，还能根据幼儿生理特点，自觉依据幼儿年龄特点对幼儿进行保育，并配合主班教师组织好教育活动。这样保教工作不仅在形式上，而且在内容上真正结合了起来。

案例描述

在一次学术讨论会的小组讨论中，一位年近60岁的专家用方言讲话，有位青年教师提出异议。青年教师说（眼睛望着窗外）："我最讨厌不说普通话的人！"老专家："……"（不语）在座者："……"（十分尴尬）

分析

青年教师不懂得尊重他人。在公众场合尽量不要发表对他人的看法和意见，想让年近60岁的专家改变很困难，也不必苛求。很多时候，人与人之间需要的是包容和理解。

拓展阅读

7种心理障碍会影响人际交往

（1）自负。只关心个人的需求，强调自己的感受，在人际交往中表现为目中无人。

（2）自卑。自卑的深层感受是别人看不起自己，而深层的理解是自己看不起自己，即缺乏自信。

（3）羞怯。羞怯心理是绝大多数人都会有的一种心理。具有这种心理的人，往往在交际场所或大庭广众之下，羞于启齿或害怕见人。由于过分的焦虑和不必要的担心，使得人们在言语上支支吾吾，行动上手足失措。

（4）多疑。具有多疑心理的人，往往先在主观上设定他人对自己不满，然后在生活中寻找证据。

（5）忌妒。忌妒是对与自己有联系的、而且强过自己的人的一种不服、不悦、仇视，甚至带有某种破坏性的危险情感，是通过自己与他人进行对比，而产生的一种消极心态。忌妒的特点是：针对性——与自己有联系的人；对等性——往往是和自己职业、层次、年龄相似而超过自己的人；潜隐性——大多数忌妒心理潜伏较深，体现行为时较为隐秘。

（6）干涉。有的人在相处中，偏偏喜欢询问、打听、传播他人的私事，这种人热衷于探听他人的情况，并不一定有什么实际目的，仅仅是以刺探别人隐私而沾沾自喜的低层次的心理满足而已。

（7）敌视。这是交际中比较严重的一种心理障碍。这种人总是以仇视的目光对待别人。对不如自己的人以不宽容表示敌视；对比自己厉害的人用敢怒不敢言的方式表示敌视；对处境与己类似的人则用攻击、中伤的方式表示敌视。

（资料来源：http://www.baidu.com）

幼儿教师对同事的文明用语

（1）对不起，我认为，这事的解决办法是……

（2）您的方法很值得我学习。

（3）别着急，再想一想，肯定有办法的。

（4）我能说说我的想法吗？

（5）看来在这个问题上我们有不同的看法，还需要进一步商讨。

（6）你的想法好独到，非常好！

（7）有不懂的地方你尽量问，我会尽量帮助你的。

（8）让我们共同学习、共同进步。

（9）对不起，我没听明白，请您再讲一遍。

（10）不用谢，这是我应该做的。

（11）×××，麻烦你帮我一下，好吗？

（12）今天她不在，有什么事我可以帮您转告。

（13）有个通知请您记一下。

（14）不好意思，麻烦您了。

（15）谢谢！您辛苦了……

（资料来源：幼儿教师文明用语，全国中小学教师继续教育网。）

教师对同事忌语

（1）不知道，问别人去。

（2）今天你带班，这事该你做。

（3）又不是我带班，关我什么事。

（4）连这么简单的事都办不好。

（5）你怎么做事老拖拖拉拉的。

（6）我就是这个态度，你去找领导好了！

（7）这事我不知道，你别问我。

（8）我正忙着，你眼睛没看见啊。

（9）你唠叨什么，要你来指挥我。

（10）不是和你讲过了吗？怎么还问。

（资料来源：教师对同事忌语，江西省南丰县幼儿园网站。）

 小贴士

幼儿教师与同事沟通之道的几个小贴士

1. 要秉着退让、等待和迂回的原则。

2. 多采取正面的沟通，少猜忌。

3. 双方真诚地交流沟通并交换意见。

4. 学习他人优秀的地方，少一些妒忌之心。

5. 宽容他人，严格要求自己。

6. 不要在背后说长道短。

7. 不要随意发泄情绪，控制好自己的情绪。

8. 多多去换位思考问题。

9. 不要在激动时去处理问题，要心平气和地去沟通。

10. 坚持原则，讲究沟通技巧。

11. 相互理解，注重沟通。

12. 胸怀豁达，忘记过去。

13. 工作要独立，不要依赖他人。
14. 三人行必有我师。

（资料来源：http：//www.baidu.com）

任务3 与相关部门沟通的技巧
Misson three

学习目标

1. 幼儿教师要掌握与相关部门沟通的技巧。
2. 通过良好的沟通掌握与相关部门沟通的语言策略。

任务3.1 与相关部门沟通的技巧

任务导入

　　某幼儿园张老师是幼儿园中沟通障碍的典型之人，与人沟通很成问题。在相关部门办事时，摔门而去，且顶撞相关负责人，产生了极其不好的影响。在与本部门人员进行沟通时，不分尊辈，不分等级，不分职位，缺乏教养，没有最起码教师的基本素质。那么，这样的教师该如何引导其做好与相关部门的沟通？

知识要点

一、与相关部门沟通时的技巧

　　关于交谈从交际礼仪的角度来讲，主要是两个问题。其中一个问题就是交谈内容，即说什么。言为心声，语言传递思想、表达情感。一个有思想、善于表达的人，知道什么内容该说、什么不该说。应注意交谈的禁忌，避免与人言谈时失礼，因说话不当而招惹是非。

（一）研究内容

1. 在职场人际交往中什么内容该说

　　可以谈论轻松愉快的问题，包括天气、体育项目、文学艺术、风土人情、名胜古迹等，这样可在人际交往中制造轻松的氛围。

2. 在职场人际交往中什么内容不该说

　　在职场说话嘴上得有把门的，有些话不能乱说。与人交谈时或参加社交活动时，一般来讲有"六不谈"：

　　第一，不非议党和政府。

第二，不涉及国家秘密与商业秘密。

第三，不随便非议交往对象。

第四，不在背后议论领导、同行和同事。

第五，不谈论格调不高的话题。

第六，不涉及个人隐私问题。

现代社会强调尊重个人隐私，关心有度。那么，哪些个人隐私不大适合随便打探呢？一般有5个问题：一不问收入；二不问年龄；三不问婚姻、家庭；四不问健康问题；五不问个人经历。

（二）注意方式

与人交谈要尊重对方。礼者敬人也，和别人交谈时一定要眼里有事，心里有人。

在日常工作和交往中，要注意谈话礼仪有5个"不"：

1. 不打断对方

不在他人话还没说完时，就将自己的话题接上去，然后使劲将自己脑子里的东西全部倾出。如果你不懂得尊重他人讲话，也许会受到同等对待。因此，应给他人说话的机会，让他人把话讲完。

2. 不补充对方

这是指好为人师，总显得比人家懂得多。"十里不同风，百里不同俗。"人们考虑问题的角度不一样，真正容人的人会给他人说话的机会，给他人表达自己意愿的权利，不去补充他人的话。

3. 不纠正人家

非原则问题，不要随便对他人进行加以判断，大是大非该当别论，小是小非得过且过。

4. 不质疑对方

别随便对别人谈的内容表示怀疑，心里掂量掂量、衡量衡量、评估评估就可以了，别把"聪明"全放在脸上。

5. 不嘲笑对方

对方举止有失态的地方，不宜嘲笑。要给别人留面子、留台阶，表现出一个君子的风度。我们在日常生活和工作之中，有时候会得罪人、伤害人，并非由于原则问题，恰恰是因为这种小是小非。说什么和如何说的问题，都需要注意。

（三）修炼口德

忌讳是因风俗习惯或个人生理缺陷等，对某些事或举动要有所忌讳。几乎每个人都或多或少地有自己的忌讳。说话切忌口无遮拦，一定要"忌口"。切勿触到对方的忌讳，是与人交往必须注意的礼节。说话时，要考虑语言禁忌，就是与人沟通时，要了解哪些对象或哪些话不应该说。

常用的语言忌讳主要包括以下几个方面：

1. 对崇高、神圣的事物和人的禁忌

人们对某些人、某些事物特别崇拜，认为直称其名称是大不敬的行为，因此必须禁忌。对尊者、长者等不能直呼其名，哪怕是读音有点相近也应当回避。

2. 对危险、恐怖、神秘事物的禁忌

例如，"死亡"，战死说"光荣"；在中国北方，老人故世了，以"老了"做解释；老干部故世了，以"见马克思去了"做解释；类似有不下几十个同义词语。

3. 对不洁或难以启齿事物的禁忌

不洁或难以启齿事物大多与人体某些部位有关，有关人体器官、人体若干生理现象等。交际中不得不提到时，应加以避讳。如长途汽车停在路边，让乘客如厕，以"让各位方便一下"来避讳；用餐时如厕，一般以"去洗手间"来避讳。

4. 对个人隐私问题的禁忌

随便谈论个人隐私是失礼的行为。例如，对女性忌说"老"和"丑"。尤其是说一个大龄女子"老了"，会刺痛她的心。作家刘心武在《立体交叉桥》一文中说过这样一段话：有一回，蔡伯都来找侯锐，遇上侯莹，这位虽有点名气，但不懂人情世故的剧作家，当着侯家父母发出了这样的感慨："小莹莹看上去有30多了吧，真快啊，记得我头一回来你们家的时候，她才这么高，像朵花似的，现在……哎!"这话令当父母的非常不悦。

5. 对生理特点的禁忌

有关身体缺陷和生理上的特点，要注意不使用伤人的言辞。在道义上，尽可能避而不用诸如"胖猪""矮冬瓜""瘸子""聋子""白痴"等词语。再如，对胖人忌讳说"肥"；对病人忌讳说"死"；生活中对跛脚老人改说"您老腿脚不利索"；对耳聋的人改说"耳背"；对怀孕应说"有喜"。

（四）与人交谈十戒

一戒不看对象；二戒不分场合；三戒不辨时间；四戒自以为是；五戒重复啰唆；六戒缺少新意；七戒尖酸刻薄；八戒一言不发；九戒虚情假意；十戒揭人隐私。

具有双向性的语言交际活动，特别要求谈话者充分发挥自己的聪明才智，随时注意交谈语境的点滴变化，"以不变应万变"。交谈是受限制的，说话要注意对象、时间、场合。人总是在一定的时间、一定的地点、一定的条件下生活的，在不同的场合，面对不同的人、不同的事，从不同的目的出发，就应该说不同的话、用不同的方式说话，这样才能收到理想的言谈效果。

（五）言语沟通要因人而异

说话要看准对象，要讲究方式，区别对待。

1. 注意对方的性别特征

同性别之间谈话可以随便些，与异性谈话应当心，考虑"男女有别"，尤其是开玩笑时。例如，男同事胖称其为"胖子"，他可能会毫不介意；但女同志身材较胖，不能以"胖""肥"来称呼，夸奖时应说其"丰满"。

2. 注意文化差异

两种文化之间交流和沟通时，要相互理解、相互尊重和相互接受，集中表现在言语表达和意思领会的顺利完成中。如果缺少对两种文化差异的认识，就可能造成语言沟通障碍。

语言沟通必须注意国情，区别对待。比如，形容一个人干活勤恳卖力，汉语一般说"他像一头老黄牛"；而讲英语的人则说"He works like a horse."（他干活像一匹马）。形容一个人身体健壮，汉语说"他壮得像头牛"；而英语却说"He is healthy and like a horse."（他健壮如马）。这种语言表达上的差异就和两个国家传统的农耕方式有关。中国农村历来以牛耕田，而英国的主要役畜却是马。喻体的选择反映了两个国家生活方式上的差异。

3. 注意文化层次、性格差异

说话如果"无的放矢，不看对象"会出现沟通障碍。一个人口普查员问一位乡村老太太："有配偶吗？"老人愣了半天，然后反问："什么是配偶？"普查员只得换一种说法："是老伴。"老太太笑了，说："你说老伴不就得了，俺们哪懂你们文化人说的什么是配偶呢？"当众讲话时，面对的人员构成复杂，其知识水平参差不齐，因此，要顾及大多数人的文化水平，尽量用简朴的语言说明复杂的道理，区别听话人的思想状况和情感需要。性格开朗的人易于"喜形于色"，可以与之侃侃而谈；性格内向的人多半"少言寡语"，则应注意语言委婉、循循善诱；与性格内向、少言寡语的人，一般不要过分地开玩笑。

4. 注意身份、地位的不同

在公众场合和在外人面前，特别当你跟对方位置不对等时，说话要考虑对方的身份与地位，选择语言。待人接物时，交谈的基本技巧是少说多听，因为言多必失。

5. 考虑远近、亲疏关系

职场中远近、亲疏不同，说话的分寸要掌握清楚。如开玩笑，幽默的人一般都心怀善意，只不过是要给人多增加一份快乐而已。按照中国人的习惯，正规场合一般不开玩笑。彼此不十分熟悉的生人、熟人同时在场时，不宜开过深的玩笑。

6. 考虑对方的语言习惯

中国幅员辽阔，不同的地方语言习惯皆不同，往往同样一句话，意义却完全相反。自己认为很合适的语言，让来自不同地方的人听来，可能很刺耳，甚至认为你在侮辱他，造成误会。如北方人称老年男子为"老先生"；但如果在上海嘉定人听来，会当是侮辱他。安徽人称朋友的母亲为"老太婆"，是尊敬她；而在浙江，称朋友的母亲为"老太婆"，简直就是骂人。各地风俗不同，说话上的忌讳各异。在与同事交往的过程中，必须留心对方的语言习惯。即使对方知道你不懂他的忌讳，情有可原，但至少还是冒犯了他。所以应该特别留心，一旦脱口而出，最令人不快。

 案例描述

一位年轻的女教师参加一次妇联组织的演讲比赛。她登上讲台讲了两句，竟一下子卡了壳，台下立即骚动起来，还有人鼓倒掌。带队的女干部和一块儿来的参赛者都为她捏了一把汗。这位女教师并没有像有些演讲者那样忘词后惊慌失措，或头上冒汗、长时间冷场，或面红耳赤地跑下台去。只见她定了定神后，从容自若地说："我刚讲了两句，就赢得了大家的掌声。既然大家这么欣赏我的开头语，那么就让我接着往下说吧。"于是，她又接着往下演讲，结果讲得很顺利、很成功，最后博得了听众友好、热烈的掌声。

 分析

这位女教师演讲时忘了词，但她没有慌张，而是巧妙地组织语言，化险为夷。在社会各部门组织的活动中，表达者的心态尤为重要，平稳的情绪、放松的心情与轻松诙谐的语言，可以取得良好的表达交流效果。

（资料来源：王素珍，幼儿教师口语训练教程，上海：复旦大学出版社，2009.）

 拓展阅读

如何培养良好人际关系

（1）日常树立管理威望。（以身作则，以能服人）

（2）乐于帮助他人，关怀他人。

（3）积极并多参加各类活动。

（4）与人相处，不妨带点傻气，不要过于计较。

（5）言辞幽默。

（6）主动向你周边的人问候。

（7）记住对方姓名，不任意批评别人。

（8）提供知识、资讯给好朋友。

（9）将好朋友介绍给好朋友，好东西与好朋友分享。

（资料来源：沟通技巧之培养人际技术，圣才学习网。）

人际关系五要素

（1）凡事对人皆以真诚的赞赏与感谢为前提。

（2）以间接的语气指出他人的错误。

（3）先说自己错在哪里，然后再批评别人。

（4）说笑前一定要顾及他人的面子。

（5）只要对方稍有改进应立即给予赞赏。（嘉勉要诚恳，赞美要大方）

（资料来源：人际交往五要素，新上海人成功网。）

 小贴士

幼儿教师与相关部门沟通之道的几个小贴士

1. 到相关部门办公要注意先敲门，再进入，办完事不要闲聊。

2. 不要在其他办公室与其进行辩论或争论。

3. 不要到其他办公室闲聊打听。

4. 要掌握与相关部门同事的聊天分寸。

参 考 文 献

[1] 汪秋萍,陈琪. 家园沟通实用技巧[M]. 上海:华东师范大学出版社,2013.

[2] 晏红. 幼儿教师与家长沟通之道[M]. 北京:中国轻工业出版社,2016.

[3] 胡剑红. 破解家园沟通的44个难题[M]. 北京:中国轻工业出版社,2016.

[4] [美]Steffen Saifer. 幼儿教师工作高效应对策略[M]. 曹宇,译. 北京:中国轻工业出版社,2012.

[5] 倪敏. 幼儿教师最需要什么[M]. 南京:南京大学出版社,2011.

[6] 莫源秋. 做幼儿喜爱的魅力教师[M]. 北京:中国轻工业出版社,2014.

[7] 严晓霞. 幼儿园家访存在的问题及对策[J]. 中国科教创新导刊,2012(36):199-200.

[8] 李春刚,单文顶. 幼儿教师家访工作的问题及对策[J]. 家园共育,2015(7-8):119.

[9] 尹国强. 幼儿园家长会的准备与实施[J]. 家园互动. 2009(8):60.

[10] 王萍. 幼儿园如何开好家长会. [J]. 幼教新时空. 2013(2):182-183.

[11] 沈思雪. 家长开放日活动的现状与对策[J]. 教育交付探讨与实践,2016,(1):271-272.

[12] 姜艳萍. 浅谈幼儿园的家长开放日活动[J]. 家园共育,2015(1):43.

[13] 赵晓丹. 幼儿教师的沟通与表达[M]. 北京:北京师范大学出版社,2013.

[14] 曹晶. 教师与幼儿的沟通艺术[M]. 长春:吉林大学出版社,2015.

[15] 吴颖新. 幼儿教师的专业素养[M]. 北京:中国轻工业出版社,2012.

[16] 王爱军. 教师与幼儿成功沟通细节[M]. 上海:上海科学普及出版社,2014.

[17] 林运清. 传统节日对培养幼儿传统文化情感的思考[J]. 今日科苑,2008(12):198-199.

[18] 付伟. 关于加强幼儿园突发事件预防管理工作的思考[J]. 学子,2014(3):27-28.

[19] 王晓业. 浅论节日对幼儿的启蒙教育[J]. 辽宁教育行政学院学报,2013(4):56-58.

[20] 贾鹏云. 浅谈幼儿教学中小班教师与幼儿的沟通[J]. 新课程,2012(5):123.

[21] 杨丽. 浅议亲子活动中教师与家长沟通的策略[J]. 贵州教育,2012(8):19-20.

[22] 廖唐兰,成云. 幼儿园亲子活动对幼儿合作素养的培养研究[J]. 湖北第二师范学院学报,2014(6):103-105.

[23] 罗泽林. 幼儿园亲子运动会中的不适宜行为[J]. 科教导刊,2014(3):210-211.

[24] 夏子仙. 幼儿园生命教育活动实施路径与载体的研究[J]. 生活教育,2014(5):101-105.

[25] 张立英. 幼儿园突发事件处理与应急预案管理的认识[J]. 教育教学论坛,2013(49):263-264.

[26] 牟群英. 例谈幼儿园教学突发事件的类型与处理方法[J]. 早期教育,2012(Z1):86-87.

[27] 冯宝安,杨晓萍. 幼儿园突发事件生成机理与预警实践途径研究[J]. 教育导刊,2012(8):58-61.

[28] 孙晓红. 幼儿教师的语言技能与语言策略[J]. 教育现代化,2015(6):23-24.

[29] 杭梅. 幼儿语言教育与活动指导[M]. 北京:北京师范大学出版社,2012.

［30］杨荣辉．幼儿语言教育活动设计与指导［M]北京：中国劳动社会保障出版社,2014.

［31］吴雪清．幼儿教师口语［M]．上海：华东师范大学出版社,2012.

［32］晏红．幼儿教师与家长沟通之道［M]．北京：中国轻工业出版社,2011.

［33］周兢．幼儿语言教育与活动指导［M]．北京：高等教育出版社,2015.

［34］张波．口才训练教程［M]．北京：机械工业出版社,2014.

［35］李建南．口语交际的艺术［M]．北京：中国青年出版社,1994

［36］国家教育委员会师范教育司．教师口语训练手册(修订版)［M]．北京：首都师范大学出版社,2001.